建筑工程施工技术人员必备口袋丛书

施 工 员

张华明　张　岩　主编
晋宗魁　主审

U0366112

中国建筑工业出版社

图书在版编目（CIP）数据

施工员/张华明，张岩主编．—北京：中国建筑工业出版社，2009

（建筑工程施工技术人员必备口袋丛书）

ISBN 978-7-112-10792-6

Ⅰ．施…　Ⅱ．①张…②张…　Ⅲ．建筑工程—工程施工—基本知识　Ⅳ．TU74

中国版本图书馆 CIP 数据核字（2009）第 032425 号

建筑工程施工技术人员必备口袋丛书

施 工 员

张华明　张　岩　主编

晋宗魁　主审

*

中国建筑工业出版社出版、发行(北京西郊百万庄)

各地新华书店、建筑书店经销

北京永峥排版公司制版

北京市密东印刷有限公司印刷

*

开本：850×1168 毫米　1/64　印张：11½　字数：368 千字

2009 年 6 月第一版　2014 年 6 月第五次印刷

定价：**25.00** 元

ISBN 978-7-112-10792-6

(18046)

本书共分 6 章，第 1 章为施工员的岗位职责；第 2 章为施工组织设计的编制，主要讲述了单位工程施工组织设计的编制内容和方法；第 3 章为施工技术，主要讲述了建筑工程施工技术的基本知识，同时也有新技术、新工艺和新材料的应用；第 4 章为施工质量管理体系与程序，主要讲述了施工质量管理体系的建立与运行以及施工质量的预控措施和管理程序；第 5 章为施工进度计划的安排与控制，主要讲述了施工进度计划的编制方法以及实施、检查与调整；第 6 章为施工过程常见问题的处理。本书注重从基础知识入手，由浅入深，具有针对性、实用性和普及性强的特点。

本书可供工程建设管理及施工一线的技术人员，尤其是刚刚踏上工作岗位的大中专毕业生使用，也可作为相关专业院校师生的学习用书。

* * *

责任编辑：邓 卫

责任设计：董建平

责任校对：兰曼利 王雪竹

编委会名单

主编：张华明　张　岩

参编：杨正凯　李祥军　杨　青　张　琳
　　　傅　玲　刘吉昌

主审：晋宗魁

前　言

　　本书是建筑工程施工技术人员必备丛书系列之一，是为在一线的施工技术人员尤其是刚刚踏上工作岗位的大中专毕业生，能尽快进入工作岗位角色，及时解决施工过程中遇到的问题，提供帮助而组织编写的。

　　本书编写过程中，注重从基础知识入手，由浅入深，具有针对性、实用性和普及性强的特点。本书编写的内容共分为6章，第1章为施工员的岗位职责；第2章为施工组织设计的编制，主要讲述了单位工程施工组织设计的编写内容和方法；第3章为施工技术，主要讲述了建筑工程施工技术的基本知识，同时也有新技术、新工艺和新材料的应用；第4章为施工质量管理体系与程序，主要讲述了施工质量管理体系的建立与运行以及施工质量的预控措施和管理程序；第5章为施工进度计划的安排与控制，主要讲述了施工进度计划的编制方法以及实施、检查与调整；第6章为施工过程常见问题的处理。

本书由山东建筑大学张华明、张岩主编，杨正凯、李祥军、杨青、张琳、傅玲、刘吉昌等参入了本书的编写工作。山东建筑大学晋宗魁对本书进行了审阅。在编写过程中，参考和引用了有关规范、标准、资料和教材，在此，对审阅、参编者和提供帮助的人士致以衷心的感谢。

由于编者的水平有限，书中难免有不妥和错误之处，敬请广大读者批评指正。

编者

目 录

1. 施工员的职责

1.1 施工员的主要工作内容

施工员是基层的技术组织管理人员。主要工作内容是在项目经理领导下，深入施工现场，协助搞好施工监理，与施工队一起复核工程量，提供施工现场所需材料规格、型号和到场日期，做好现场材料的验收签证和管理，及时对隐蔽工程进行验收和工程量签证，协助项目经理做好工程的资料收集、保管和归档，对现场施工的进度和成本负有重要责任。

施工员的工作就是在施工现场具体解决施工组织设计和现场的关系，施工组织设计中的东西要靠施工员在现场监督、测量、检查和验收，并按规定和要求编写施工日志，上报施工进度和质量情况，处理施工现场出现的问题，施工员是工程指挥部和施工队的联络人。

1.2 施工员的岗位职责

（1）在项目经理的直接领导下开展工作，贯彻安全第一、预防为主的方针，按规定搞好安全防范措施，把安全工作落到实处，做到讲效益必须讲安全，抓生产首先必须抓安全；

（2）认真熟悉施工图纸，参加施工图的自审和会审，学习掌握和贯彻工程施工中的各项规章、规范和标准，并严格按照施工图、相关规范和施工组织设计的计划要求组织施工；

（3）编制各项施工组织设计方案和施工安全、质量、技术方案，编制各单项工程进度计划及人力、物力计划和机具、用具、设备使用计划，并报项目经理核准后实施；

（4）编制文明工地实施方案，根据本工程施工现场合理规划布局现场平面图，并安排、实施创建文明工地；

（5）编制工程总进度计划表和月进度计划表及各施工班组的月进度计划表；

（6）定期组织职工开会学习，合理安排、科学引导、顺利完成本工程的各项施工任务；

（7）协同项目经理、认真履行《建设工程施工合同》条款，保证施工顺利进行，维护企业的信誉和经济利益；

（8）督促施工材料、设备按时进场，并处于合格状态，确保工程顺利进行；

（9）做好对作业班组的技术、质量、安全交底工作，并经常性的检查与督促；

（10）向各班组下达施工任务书及材料限额领料单；

（11）合理调配生产要素，严密组织施工，确保工程进度和质量；

（12）认真做好施工日志的记录工作，及时搜集和整理本工程的技术资料和竣工验收资料；

（13）负责对施工现场存在的质量、安全、文明施工等方面的事故隐患和问题进行检验和整顿；

（14）搞好工程项目的成本核算，并将核算结果及时通知承包部门的管理人员，以便及时改进施工计划及方案，争创更高效益；

（15）组织隐蔽工程的验收，参加分部分项工程的质量评定；

（16）参加工程竣工交验，负责工程完好保护；

（17）自觉遵守公司的财务制度，加强自身廉政建设，杜绝本工程的一切不正之风和腐败现象。

2. 施工组织设计的编制

　　施工组织设计是根据基本建设计划和实际要求编制的，用于规划和指导拟建工程项目从施工准备到竣工验收整个建筑施工全过程的技术经济文件。它根据建筑产品及其生产的特点，以及国家基本建设方针和各项具体的技术政策，从施工的全局出发，根据各种具体条件，按照建筑施工的基本规律，运用先进合理的施工技术和流水施工组织的原理与方法，拟定施工方案，安排施工进度，进行现场布置；把设计和施工，技术和经济，施工企业的全局活动和项目的施工组织，以及与项目施工相关的各单位、各部门、各阶段和各项目之间的关系更好的协调起来。使建筑工程的施工得以实现有组织、有计划地连续均衡生产，从而达到安全生产，做到高速度、高质量、高效益地完成项目建设的施工任务，尽快地发挥建设项目的投资效益。

2.1　基本知识

2.1.1　施工组织设计的作用

施工组织设计是建筑工程项目施工生产活动的依据，是实行建筑施工全过程科学管理的重要手段。施工组织设计的作用主要表现在以下几个方面：

（1）是实现基本建设计划，沟通工程设计和施工之间的桥梁。它既要体现拟建工程的设计和使用要求，又要符合建筑施工的客观规律，对施工的全过程起战略部署或战术安排的作用。

（2）科学地进行组织施工，建立正常的施工程序，有计划地开展各项施工过程。

（3）保证各阶段施工准备工作及时地进行，是指导各项施工准备工作的依据。

（4）保证劳动力、机具设备、物资材料等各项资源的供应和使用。

（5）协调各协作单位、各施工单位、各工种、各种资源以及资金、时间和空间等各方面在施工程序、施工现场布置和使用上的相互关系。

（6）明确施工重点和影响工程进度的关键施工

过程，并提出相应的技术、质量和安全施工措施，从而保证施工顺利进行，按期保质保量完成施工任务。

总之，一个科学的施工组织设计，如能够在工程施工中得到贯彻实施，必然能够统筹安排施工的各个环节，协调好各方面的关系，使复杂的建筑施工过程有条、合理地按科学程序顺利进行，从而保证建设项目的各项指标得以实现。

2.1.2 施工组织设计的分类

施工组织设计是一个总的概念，根据基本建设各个不同的阶段、建设工程的规模、工程特点以及工程的技术复杂程度等因素，可相应地编制各种类型与不同深度的施工组织设计。施工组织设计的类型，通常按施工组织设计编制的时间和编制的对象来划分。

2.1.2.1 按施工组织设计编制时间分类

在我国建筑市场运营机制下，承接建筑工程施工的主要渠道是建筑工程的招投标，为此，在编制施工组织设计时，通常依据招投标的时间，分别编制不同内容和要求的施工组织设计。

（1）标前施工组织设计

标前施工组织设计也称投标施工组织设计，是在建筑工程投标之前编制的施工项目管理规划和实现各项目标的组织与技术措施的保证。标前施工组织设计主要依据招标文件进行编制，是对招标文件的响应与承诺。作为投标文件的主要内容，对标书进行统一的规划和决策。标前施工组织设计体现施工企业对投标工程的技术、施工管理等各方面的综合实力，是决定施工企业能否中标的关键因素，又是承包单位进行合同谈判、提出要约和承诺的根据和理由，也是拟定合同文本中相关条款的基础资料。标前施工组织设计主要追求目标是中标和企业经济效益。

（2）标后施工组织设计

标后施工组织设计是在工程项目中标以后，以保证标前施工组织设计和已签订的施工合同中的要约和承诺为前提，以建设项目、施工企业以及施工方案等各项因素为依据编制的，是规划和指导拟建工程项目施工全过程的详细的实施性施工组织设计。标后施工组织设计的追求目标是施工效率和企业经济效益。

2.1.2.2 按施工组织设计编制对象分类

基本建设项目依据建设规模和复杂程度，一般划分成单项工程、单位工程和分部分项工程等不同的工程内容，按上述划分的对象，施工组织设计一般可分为：施工组织总设计、单位工程施工组织设计和分部（分项）工程施工组织设计三类。

（1）施工组织总设计

施工组织总设计是以一个建设项目或一个建筑群体为编制对象，规划其施工全过程的全局性、控制性施工组织文件。施工组织总设计是根据初步设计文件编制的，它是编制单位工程施工组织设计的依据。对大型工业建筑或大型居住建筑群的建设，一般是成立工程建设指挥部，领导施工组织总设计的编制工作。当前对新建的大型工业企业的建筑和大型居住类建筑群，通常采用以下三种方式进行施工组织总设计的编制：一种是成立工程项目管理机构，在工程项目经理的领导下，对整个工程项目的规划、可行性研究、设计、施工、验收、试运转、交工等负全面责任，并由该项目管理机构来组织编制施工组织总设计；另一种是由工程总承包单位（或称总包单位）会同并组织建设单位、设计单位及工程分包单位共同编制，由总包单位负责；第三种是当总包单位并非是一个建筑总公司，没有力量来编制施工组织总设计时，由建设单位委托的监理公司来编制施工组织总设计。

施工组织总设计的主要内容包括：工程概况、施工部署与施工方案、施工总进度计划、施工准备工作及各项资源需要量计划、施工总平面图、主要技术组织措施及主要技术经济指标等。

（2）单位工程施工组织设计

单位工程施工组织设计是以一个单位工程（一个建筑物或构筑物，一个交工系统）为编制对象，用以规划和指导其施工全过程的各项施工活动的综合性技术经济文件。单位工程施工组织设计是根据施工图设计文件编制的，它是编制分部（分项）工程施工作业设计的依据。单位工程施工组织设计一般由工程承包单位根据施工图及实际施工条件负责编制，当该单位工程属于施工组织总设计中的一个项目时，则在编制该单位工程的施工组织设计中，还应考虑施工组织总设计中对该单位工程的约束条件，如工期、施工平面布置、运输、水电管网等。

单位工程施工组织设计的主要内容包括：工程概况和施工条件、施工方案与施工方法、施工进度计划、施工准备工作及各项资源需要量计划、施工平面图、主要技术（如质量、安全、降低施工费用以及冬雨季施工等）组织措施及主要技术经济指标。

（3）分部（分项）工程施工组织设计

分部（分项）工程施工组织设计也称作分部（分项）工程施工作业设计，它是以单位工程中的某项分部分项工程为编制对象，用以具体指导和实施该分部分项工程施工全过程的各项施工活动的技术、经济和组织的综合性文件。通常情况下分部（分项）工程施工组织设计是针对某些重要的、技术复杂的、施工难度大的，或采用新工艺、新技术施工的分部分项工程编制的，是对单位工程施工组织设计的补充和细化。

分部（分项）工程施工作业设计的主要内容包括：工程概况、施工方案和施工方法、施工机械的选择、施工准备、施工进度表、劳动力及材料和机具设备等的需求量计划、施工平面图以及技术（如质量、安全等）组织措施等。

分部（分项）工程施工组织设计是根据单位工程施工组织设计中对该分部分项工程的约束条件，并考虑其前后相邻分部分项工程对该分部分项工程的要求编制的，尽可能为其后的工程创造条件。

2.1.3 施工组织设计的编制依据

编制施工组织设计，必须准备相应的文件和施工资料，不同类型的施工组织设计编制依据也不相同，编制单位工程施工组织设计的依据是：

（1）主管部门的批示文件及建设单位的要求

上级主管部门对该项工程的有关批文和要求；建设单位的意见和对建筑施工的要求；签订的施工合同中的相关规定，如对该工程的开、竣工日期；质量要求；对某些特殊施工技术的要求；建设单位能够提供的条件等。

（2）经过会审的施工图纸

通常包括该项工程的全部施工图纸、会审记录、设计变更、相关标准图和各项技术核定单等；对较复杂的建筑设备工程，还要有设备图纸和设备安装对土建施工的具体要求；设计单位对新结构、新材料、新技术和新工艺的要求。

（3）施工组织总设计

当该单位工程为整个建设项目中的一个项目，必须按照施工组织总设计中的有关规定和要求进行编制，以保证整个建设工程项目的完整性。

（4）建筑施工企业年度施工计划

该项工程的施工安排应考虑本施工企业的年度施工计划，对本施工企业的材料、机械设备、劳动力和技术管理等有统筹的安排。

（5）工程预算文件

工程预算文件为编制施工组织设计提供了工程量和预算成本，为编制施工进度计划、进行方案比较等提供了依据。

（6）标准图集及规范、定额和规划等

国家的施工验收规范、质量标准、操作规程、建设法规、标准图集以及地方性标准图集、施工定额和地方性计价表等文件；建设项目的规划要求。

（7）各项资源供应情况

各项资源配备情况，如施工中需要的劳动力、施工机械和设备；主要建筑材料、成品、半成品的来源、运输条件、运输价格等。

（8）工程地质勘探和当地气象资料

主要包括：施工现场的地形、地貌、地上与地下的障碍物、工程地质和水文地质情况、施工地区的气象资料；永久性和临时性水准点、控制线等；施工场地可利用的范围和面积；交通运输、道路情况等。

（9）建设单位可提供的条件

建设单位可提供的临时性房屋的数量；施工用水、电的供应情况等。

（10）工程协作单位的情况

如规划部门、土地管理部门、环境卫生部门等政府部门对本工程的协作；工程建设单位、监理单位、设计单位、本施工企业的其他部门等对本工程的协作。

（11）类似工程的施工经验资料

调查和借鉴与该工程项目相类似工程的施工资料、施工经验、施工组织设计实例等。

2.1.4　施工组织设计的编制程序

施工组织设计的编制程序，是指对施工组织的各组成部分形成的先后顺序及其相互制约关系的处理。虽然单位工程施工组织设计的作用、编制内容和要求不尽相同，但其编制的程序通常包括如下几个方面：

（1）熟悉、审查设计施工图，到现场进行实地调查并搜集有关施工资料。

（2）划分施工段和施工层，分层分段计算各施工过程的工程量，注意各工程量的单位与相应的定额单位相同。

（3）拟订该单位工程的组织机构以及项目承包方式。

（4）拟订施工方案，确定各工程项目的施工方法。进行技术经济分析比较并选择最优施工方案。

（5）分析拟采用的新技术、新材料、新工艺的技术措施和施工方法。

（6）编制施工进度计划，并进行多项方案比较，选择最优进度方案。

（7）根据施工进度计划和实际条件编制原材料、预制构件、成品、半成品等的需用量计划，列出该工程项目采购计划表。并拟订材料运输方案和制定供应计划。

（8）根据各工程的施工方法和实际条件选择适用的施工机械及机具设备，编制需用量计划表。

（9）根据施工进度计划和实际条件编制总劳动力及各专业劳动力需用量计划表。

（10）计算临时性建筑的数量和面积，包括：仓储面积、堆场面积、工地办公室面积、临时生活性用房面积等。

（11）计算和设计施工临时供水、排水、供电、供暖和供气的用量，布置各种管线的位置和主接口的位置，确定变压器、加压泵等的规格和型号。

（12）根据施工进度计划和实际条件设计施工平面布置图。

（13）拟订保证工程质量、降低工程成本的措施以及冬雨期施工、施工安全和防火等措施。

（14）拟订施工期间的环境保护措施和降低噪声、避免扰民等措施。

2.1.5 施工组织设计的编制原则

编制单位工程施工组织设计，应遵循施工组织总设计的编制原则，同时还应遵循如下基本原则：

（1）做好现场工程技术资料的调查工作

工程技术资料，特别是现场的工程技术资料是编制单位工程施工组织设计的主要根据。原始资料必须真实，数据可靠，特别是水文、地质、材料供应、运输以及水电供应的资料。每个工程各有不同的施工难点，施工组织设计编制前应着重于施工难点的资料收集。有了完整、确切的第一手资料，就可根据实际条件制定相应的施工方案，并对各施工方案进行优化选择。

（2）充分做好施工准备工作

施工准备工作包括开工前的施工准备工作和施工过程中的施工准备工作，充分的施工准备工作是顺利完成建筑施工任务的保障和前提，它贯穿于施工过程的各个阶段，是施工管理的重要内容。

（3）选用先进的施工技术和施工组织措施

采用先进的施工技术是提高劳动生产率、保证工程质量、加快施工速度和降低工程成本的途径。在施工组织方面，应采用流水施工组织方式，运用网络计划技术安排各分部分项工程的施工进度。必须指出，采用先进的施工技术和组织措施，应建立在当前的施工技术水平基础上，实事求是地进行调查研究，拟订经努力后有实现可能的新技术和新方法，并进行科学的技术经济论证之后，方可以选用。

当施工企业采用先进的施工技术时，应采取相应的先进管理方法，从提高企业职工的业务和施工水平入手，提高企业素质，使先进的施工技术和施工组织措施得到充分有效的发挥。

（4）安排合理的施工顺序

按照施工的客观规律和建筑产品的工艺要求，合理地安排施工顺序，是编制单位工程施工组织设计的重要原则。不论何种类型的工程施工，都有其客观的施工顺序，这是必须严格遵守的。

在施工组织中，一般应将工程施工对象按工艺特征进行科学分解，合理地划分施工段和分部分项工程（或施工工序），然后在它们之间组织流水施工作业，使之搭接最大、衔接紧凑、工期较短。合理的施工顺序，不仅要达到紧凑均衡的要求，而且还要注意施工的安全，尤其是立体交叉作业更要采取必要而可靠的安全措施。

（5）土建与设备安装应密切配合

随着科学技术的发展，社会进步和物质文化的提高，建筑施工对象也日趋复杂化和高技术化。要完成一个工程的施工任务，必然涉及多工种、多专业的配合，对工程施工进度的影响也越来越大。单位工程的施工组织设计要有预见性和计划性，既要使各施工过程、专业工种顺利进行施工，又要使它们尽可能实现搭接和交叉，以缩短施工工期，提高经济效益。比如在工业建筑施工中，设备安装工程量较大，为了能使整个厂房提前投产，土建施工应为设备安装创造条件，并使设备安装时间尽可能与土建搭接，特别是对于电站、化工厂及冶金工厂等，设备安装与土建施工的搭接关系更为密切，在土建与设备安装搭接施工时，应考虑到施工安全和对设备的污染，最好采取分区分段进行的方法。另外，对于预埋在建筑结构内部的水电管线、卫生设备的安装，必须做好与土建的交叉配合，以免建筑结构或装饰工程完成后再凿开埋设，造成人力、物力和经济的损失。

（6）进行方案的技术经济分析

任何一个工程的施工，必然有多种施工方案，在单位工程施工组织设计中，应对主要工种工程的施工方案和主要施工机械的作业方案进行多方案技术经济比较，根据各方面的实际情况充分论证，以选择经济合理、技术先进、符合现场实际、适合施工企业的施工方案。这就要求施工企业要有发展观念，注重对以往工程的施工方案进行统计分析，积累数据和经验，或借助于计算机技术对施工方案进行优化选择。

（7）确保工程质量、降低工程成本和安全施工

根据工程的实际情况，在单位工程施工组织设计中，必须提出保障工程质量和安全施工的措施，尤其是对采用的新技术、新工艺和本施工单位较生疏的施工工艺，应有明确的施工质量、施工安全的保证体系和组织机构。

在单位工程施工组织设计中，应提出节约施工费用、降低工程成本的措施，如合理布置施工现场平面，减少构件和材料的二次搬运；合理安排施工进度，充分发挥施工机械的作用，尤其是大型的施工机械（如塔式吊车等），要做到一机多用；合理选择运输方式和运输路线，降低运输成本。

（8）注重环保的原则

建设项目的施工是对自然环境的破坏和改造，在设计和建造的过程中，必须注重环境保护，在施工组织设计中应体现对自然环境保护的具体措施，如建筑施工渣土的处理；建筑施工中的粉尘防护；施工过程中降低噪音的措施、避免或降低工程施工振动措施等。

2.2 施工组织设计的编制内容与方法

各种类型的施工组织设计的深度和广度是根据建设工程的范围、施工条件及工程特点和要求来确定的，但无论何种类型的施工组织设计，都应包括以下基本内容。

2.2.1 工程概况与施工条件

2.2.1.1 工程概况

单位工程施工组织设计中的工程概况，是对拟建建筑工程的工程特点、建设地点特征、施工条件、施工企业组织机构等方面所作的简要的、重点突出的文字说明。对于建筑、结构不复杂及建设规模不大的拟建工程项目，其单位工程的工程概况通常用表格的形式说明，如表2-1所示。对于建筑、

工程概况表　　　　表2-1

单位工程名称	结构类型	建筑面积	出图日期
建设单位	建设单位企业法人	建设单位项目负责人	监理单位原材料料见证、取样、送样人
监理单位	总监理工程师	监理工程师	施工单位原材料见证、取样、送样人
施工单位	施工企业技术负责人	施工单位项目经理	施工单位企业资质
设计单位	设计单位结构工程师	设计单位建筑工程师	设计单位企业资质
建筑物长	建筑物宽	开工日期	竣工日期
层数	层高	檐高	±0.000 相当于绝对标高

单位工程名称		结构类型		建筑面积			出图日期
建筑结构	地基	屋架					
	基础	吊车梁					
	墙体						
	柱						
	梁						
	楼板						
装修要求	内粉						
	外粉						
	门窗						
	楼面						
	地面						
	顶棚						
地质资料	钻探单位						
	持力层土质						
	地耐力						
	地下水位			最高	最低	常年	
技术经济措标	总造价						万元
	单方造价						元/m²
	三材	钢材					kg/m²
		水泥					kg/m²
		木材					m³/m²
编制说明	上级文件和要求						
	施工图纸情况						
	合同签订情况						
	土地征购情况						

单位工程名称		结构类型	建筑面积			出图日期
编制说明	三通一平情况			气温	最高	
					最低	
	主要材料落实情况		气候		冬施起止日期	
					雨施起止日期	
	临设解决办法		雨量		日最大量	
					一次最大量	
					全年	
	其他				其他	

结构较复杂或建设规模较大的拟建工程项目，一般需根据工程概况表达的各部分内容，分别用文字说明或列表说明，参见下列工程概况中各部分的详细内容。有时为了弥补文字叙述的不足，通常绘制拟建工程的平面图、立面图和剖面图等简图，以标注拟建工程的轴线尺寸、总长、总宽、总高、层高等主要尺寸，细部的构造尺寸不必标注，力求图形简明扼要。

在介绍工程概况时，为了说明主要分部分项工程的工程量，一般需附上主要分部分项工程量一览表，如表 2-2 所示。

主要分部分项工程量一览表　　　表 2-2

序号	分部分项工程名称	工程量		序号	分部分项工程名称	工程量	
		单位	数量			单位	数量
1				5	...		
2				6			
3				7			
4				...			

（1）工程建设概况

主要说明：拟建工程的建设单位、工程名称、性质、用途、作用和建设目的等；工程造价、建设资金来源、工程投资额等；开竣工日期；设计单位、施工单位、监理单位名称；施工图纸情况、施工合同、主管部门的有关文件或要求；组织施工的指导思想、编制说明等。通常依据实际情况列表说明，常用表格形式，如表2-3所示。

（2）建筑设计

建筑设计概况主要说明：拟建工程的建筑面积、平面形状、平面组合情况、层数、层高、总高度、总宽度和总长度等尺寸，通常附有拟建工程的平面、立面和剖面简图；室内外装饰的材料要求、构造做法等；楼地面材料种类、构造做法等；门窗类型和油漆要求等；顶棚构造做法和设计要求等；屋面保温隔热和防水层的构造做法和设计要求等。可根据实际情况列表说明，常用表格形式如表2-4所示。

（3）结构设计

结构设计概况主要说明：基础的类型、构造特点、埋置深度等；设备基础的类型、设置位置；桩基础的设置深度、桩径、间距等；主体结构的类型，墙、柱、梁、板等结构构件的材料要求及截面尺寸等；预制构件的类型、单件重量、安装位置等；楼梯的构造形式和结构要求等。可根据实际情况列表说明，常用表格形式如表2-5所示。

工程建设概况一览表　　　　　　　　　　表 2-3

建设单位		建筑结构		装饰要求	
设计单位		层数	屋架	内粉	
施工单位		基础	吊车梁	外粉	
建筑面积/m²		墙体		门窗	
工程造价（万元）		柱		楼面	
计划	开工日期	梁		地面	
	竣工日期	楼板		顶棚	
编制说明	上级文件和要求			地质情况	
	施工图纸情况			地下水位	最高
	合同签订情况				最低
	土地征购情况				常年

25

建设单位		建筑结构		装饰要求	
	三通一平情况			最高	
	主要材料落实情况		气温	最低	
	临时设施解决情况			平均	
	其他			日最大量	
编制说明			雨量	一次最大量	
				全年	
			其他		

建筑设计概况一览表

表 2-4

占地面积（m²）		首层建筑面积（m²）		总建筑面积（m²）	
地上				地上面积	
地下				地下面积	
层数	地上				
	地下				
层高	首层				
	标准层				
	地下				
外墙					
装饰	楼地面	室内	室外		
	墙面				
	顶棚				
	楼梯				
	电梯厅	地面	墙面	顶棚	

27

占地面积 （m²）	首层建筑面积 （m²）	总建筑面积 （m²）
防水	地下	
	屋面	
	厕浴间	
阳台		
雨篷		
保温节能		
绿化		
其他需要说明事项		

结构设计概况一览表　　　　　　　　表2-5

		类型	持力层	承载力标准值		
				桩长	桩径	间距
地基基础	埋深					
	桩基					
	箱或筏	底板		顶板		
	独立基础					
主体	结构形式	桩	梁	板	柱	墙
	主要结构尺寸	桩	梁	板	柱	墙
	抗震设防烈度			人防等级		
	混凝土强度等级及抗渗要求	垫层	基础	板	柱	
		梁	桩	楼梯	墙	地下室
	钢筋					
	特殊结构					
	其他需要说明事项					

（4）设备设计

设备设计概况主要说明：建筑给水排水、采暖、通风、电气、空调、煤气、电梯、消防系统等设备安装工程的设计要求和布置位置等。可根据实际情况列表说明，常用表格形式如表2-6所示。

2.2.1.2 工程地点特征

工程建设地点的特征主要说明：拟建工程的位置、地形、地貌；工程地质条件、不同深度土壤的分析、冻结期间与冻层厚度；水文地质条件、地下水位（包括：最高地下水位、最低地下水位和常年地下水位）、水质、水量、流向等；环境温度和降雨量情况；冬雨期施工起止时间；主导风向、风力和地震烈度等特征。

2.2.1.3 施工条件

施工条件主要说明：水、电、道路及场地平整的"三通一平"；现场临时设施、施工现场及周围环境等情况；当地的交通运输条件；预制构件生产及供应情况；施工机械、设备、劳动力的落实情况；内部承包方式、劳动组织形式及施工技术和管理水平等。通常根据实际情况列表说明，常用表格形式如表2-7所示。

设备安装概况一览表

表 2-6

给水	冷水				排水	雨水			
	热水					污水			
	消防					中水			
强电	高压				弱电	电视			
	低压					电话			
	接地					安全监控			
	防雷					楼宇自控			
						综合布线			
空调系统									
采暖系统									
通风系统									
消防系统									
电梯									

施工条件和施工总体安排一览表　　　　　　表 2-7

工地条件简介		施工安排说明		
项目	说明	项目		说明
场地面积		总工期		日历工期　　　　天
场地地势				实际工期　　　　天
场内外道路		其中	地下工期	
场内地表土质			主体工期	
施工用水			装修工期	
施工用电		单方耗工(工日/m²)		
热源条件		总工日数		
施工通信		冬期施工安排		
地下障碍物		雨期施工安排		

工地条件简介		施工安排说明	
项目	说明	项目	说明
地上障碍物		施工组织流水方法	
空中障碍物		主要垂直运输设备	
周围环境		主要构件的预制	
防火条件		主要构件的运输	
场地预制条件		桩基工程	
临时用房		地下水位	
就地取材		土方施工要求	
周围占地要求		吊装方法	
毗邻建筑情况		内外脚手架	

2.2.1.4 工程施工特点

施工特点主要说明：单位工程施工的关键内容，以便在确定施工方案，组织材料、人力等资源供应，配备技术力量，编制施工进度计划，设计施工平面布置，落实施工准备工作等方面采取有效措施，保证重点施工过程的施工顺利进行，降低工程成本，提高施工企业的经济效益。

不同类型的建筑，不同条件下的工程施工，均有其不同的施工特点。如砖混结构建筑的施工特点主要有：砌筑工程是主体施工的主导施工过程，材料需求量大，要解决好材料的水平和垂直运输问题；楼板现浇或预制，现浇楼板支撑和模板使用量大；预制楼板安装要求高，与墙体砌筑的配合要求高，应组织流水施工；抹灰工程量大；装饰装修占用的工期长，工种繁杂，交叉作业多。又如，现浇钢筋混凝土高层建筑的施工特点主要有：基坑开挖深度大，基坑支护和降低地下水位要求高；建筑物高度大，结构和施工机具设备的稳定性要求高；钢材使用量大，钢筋和钢材加工量大；混凝土浇筑难度高；脚手架搭设要求高，必须进行设计计算；现浇模板使用量大且模板受力较大，须进行模板的设计计算；高层施工安全问题突出等。

2.2.1.5 工程项目组织机构

工程项目组织机构主要说明：建筑施工企业对拟建工程进行项目管理所采取的组织形式、各类人员配备等情况。

在确定项目组织机构时一般应考虑的因素包括：项目性质、工程施工特点、施工企业类型、施工企业人员素质、施工企业的管理水平等。常见的工程项目组织形式有：工作队式、部门控制式、矩阵式、事业部式。选择适宜的施工组织机构，有利于加强对拟建工程项目的管理，使建设项目在工期、质量、安全、工程成本等各方面都得到较好的控制，尤其是便于落实各项责任制，严明考核和奖罚制度，从而保证工程项目的施工以及各项措施顺利实施。

图2-1为某单位工程项目的组织机构示意图。

2.2.2 施工方案与施工方法

单位工程施工组织设计的核心问题是正确选择施工方案与施工方法。施工方案与施工方法合理与否将直接影响工程的施工进度、施工质量、施工工期、施工技术、工程成本等工程施工中的一系列问题，因此必须引起足够的重视。

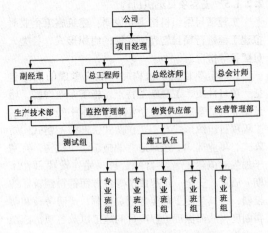

图 2-1　某工程项目组织机构示意图

　　施工方案的选择一般包括：熟悉和研究施工图纸和施工条件，确定施工程序，确定施工起点流向和施工顺序，选择主要分部分项工程的施工方法和施工机械，制定施工技术组织措施等。为了防止施工方案的片面性，一般需对主要施工项目可以采用的几种施工方案和施工方法作技术经济分析和比较，使选定的施工方案和施工方法符合施工现场实际情况，做到技术先进，施工可行，经济合理。

2.2.2.1 确定施工程序

施工程序是指单位工程建设过程中各施工阶段、各分部分项工程、各专业工种之间的先后次序及其制约关系，主要解决时间搭接上的问题。建筑施工有其本身的客观规律，按照反映客观规律的施工程序进行施工，能够使工序衔接紧密，加快施工进度，避免相互干扰和返工，保证施工质量和施工安全。

单位工程的施工程序一般为：落实施工任务，签订施工合同阶段；开工前准备阶段；全面施工阶段；交工验收阶段。每个阶段都必须完成规定的工作内容，并为下一阶段工作创造条件。

（1）落实施工任务，签订施工合同阶段

建筑业企业承接施工任务的方式主要有：业主直接委托得到的建设任务，在招标中中标得到的建设任务。在市场经济条件下，招投标已经成为建筑业企业取得施工任务的主要方式。

无论采取何种方式承接施工任务，施工单位都要检查施工项目是否有批准的正式文件，是否列入基本建设年度计划，是否落实投资等。

承接施工任务时，施工单位必须与建设单位签订施工合同，签订了施工合同的施工项目，才算落实了建设任务。施工合同是建设单位与施工单位根据现行《建筑法》、《合同法》、《招标投标法》、《建设工程施工合同（示范文本）》以及有关规定签订的具有法律效力的文件。双方必须严格履行合同中规定的权利和义务，任何一方不履行合同，都应当承担相应的法律责任。施工单位应注重合同的学习和落实，掌握合同内容，依据施工合同进行施工准备和施工管理。

（2）施工准备阶段

施工准备阶段是在签订施工合同之后，为单位工程开工创造必要技术和物质条件的阶段。施工准备工作一般分成内业准备工作和外业准备工作两部分。

1）内业准备工作通常包括：熟悉施工图纸、进行图纸会审；编制和审批施工预算；编制和审批单位工程施工组织设计；办理施工许可证；进行技术交底；落实施工机具设备和劳动力计划；落实工程的协作单位；对职工进行技术、防火和安全生产教育；对冬雨期施工做必要的安排和准备等工作。

2）外业准备工作主要是针对施工现场的准备，主要包括：场地障碍物（建筑物或构筑物）的拆迁；各种管线的拆迁（包括空中的高低压线路等）；场地平整；设置永久性或半永久性坐标点和水准控制点；按施工平面布置图设置施工用的临时性建筑；平整和铺设预制场地或堆场；平整和铺设施工道路；铺设施工临时用水、电线路；组织施工机具设备进场；按照施工组织设计组织必要的材料、构件、成品或半成品进场储备，并能保证施工中的供应。

施工准备阶段应遵循先内业后外业的程序进行一系列工作，使单位工程具备开工条件，然后填报开工报告，并经主管部门、本施工企业、建设单位和监理单位等部门审查批准后方可正式施工。

（3）全面施工阶段

全面施工阶段即单位工程建造施工形成的阶段，是建设项目中历时最长、资源消耗最大、工作难度最大的阶段，因此组织好该阶段的施工，是保证工程质量、加快施工进度、降低工程成本的关键所在。全面施工阶段的施工程序通常考虑如下两个方面：

1）在全面施工阶段，应按"先地下后地上"、"先深后浅"、"先主体后围护"、"先结构后装修"、"先土建后设备"的一般原则，结合工程的具体情况，确定各分部工程、专业工程之间的先后次序。

2）合理安排土建施工与设备安装的施工程序。工业建筑除了土建施工及水、电、暖、煤气、卫生洁具、通信等建筑设备以外，还有工业管道和工艺设备等生产设备的安装，为了早日竣工投产，不仅要加快土建施工速度，而且应根据厂房的工艺特点、设备的性质、设备的安装方法等因素，合理安排土建施工与设备安装之间的施工程序，确保施工进度计划的实现。通常情况下，土建施工与设备安装可采取以下三种施工程序：

①封闭式施工。即土建主体结构（或装饰装修工程）完成后，再进行设备安装的施工程序。适用于一般机械加工类或安装设备较简单的厂房（如精密仪器厂房、机件加工车间等）。

封闭式施工的优点是：土建施工的工作面大，有利于预制构件的现场预制、拼装和安装前的就位布置，起重机械的开行路线布置方便，适合选择多种类型的起重机械，能够保证主体结构的施工进度；另外，围护结构施工完毕，使设备基础和设备安装施工能在室内进行，不受气候变化影响，减少了设备施工中的防雨、防寒等费用；同时可以利用厂房内桥式吊车为设备基础和设备安装服务。

封闭式施工的缺点是：易造成某些重复性工作，如柱基回填土的重复挖填和地面或运输道路的重复铺设等；设备基础施工时，由于场地空间狭小，基坑土方的开挖不便于采用机械挖土；当设备基础深于厂房基础，或地基土质不佳时，设备基础施工易造成地基不稳定，承载力下降，为此应有相应的措施保障厂房基础的安全，增加了施工成本；另外厂房结构施工不能提前为设备安装提供工作面，使建设总工期加长。

②敞开式施工。即先施工设备基础，进行设备安装，后建厂房的施工程序。适用于重型工业厂房（如电站、冶金厂房、水泥厂的主车间等）。

敞开式施工的优缺点与封闭式施工相反。

③同建式施工。即土建施工与设备安装穿插进行或同时进行的施工程序。当土建施工为设备安装创造了必要的条件，且土建结构全封闭之后，设备无法就位，此时需土建与设备穿插进行施工。适用于多层的现浇结构厂房（如大型空调机房、火电厂输煤系统车间等）。在土建结构施工期间，同时进行设备安装施工。适用于钢结构和预制混凝土构件厂房（如大型火电厂的钢结构锅炉房等）。

（4）交工验收阶段

交工验收阶段是施工的最后阶段。单位工程的全面施工完成后，施工单位应合理安排好工程的收尾工作，先进行内部预验收，严格检查工程质量，整理各项技术经济资料，在此基础上填报"工程竣工报验单"，在监理单位预验收合格后，由建设单位组织监理单位、设计单位、施工单位和质量监督站等部门进行竣工验收，经验收合格后，双方办理交工验收手续及相关事宜，建设工程即可交付使用。

在编制施工组织设计时，应结合工程的具体情况，按以上施工程序，明确各阶段的主要工作内容及其先后次序和制约关系，以保证建设工程的顺利实施。

2.2.2.2 确定施工起点流向

施工起点流向是单位工程在平面或竖向上施工开始的部位和施工流动的方向，主要解决建筑物在空间上的合理施工顺序问题。一般情况下，对于单层建筑物（如单层工业厂房等），只需按其车间、施工段或节间，分区分段地确定其平面上的施工起点流向；对于多层建筑物，除了确定其每层平面上的施工起点流向外，还需确定其层间或单元空间竖向上的施工起点流向，如多层房屋的内墙抹灰施工可采取自上而下、或自下而上进行。

施工起点流向的确定，影响到一系列施工过程的开展和进程，是组织施工的重要一环，一般应综合考虑以下几个因素：

（1）建设单位对房屋建筑使用和生产上的需要

根据建设单位的要求，生产上和使用上要求急的工段或部位先施工。这往往是确定施工起点流向的决定因素，也是施工单位全面履行合同条款的应尽义务。如高层宾馆、饭店、商厦等，可以在主体结构施工到相当层后，即进行下部首层或数层的设备安装与室内外装修，使房屋建筑尽快投入使用，创造效益。

（2）车间的生产工艺流程

这是确定工业建筑施工起点流向的关键因素。如要先试生产的工段应先施工，在生产工艺上影响其他工段试车投产的工段应先施工。

（3）工程现场条件和施工方案

工程现场条件，如施工场地的大小、道路布置等，以及施工方案所采用的施工方法和施工机械，是确定施工起点流向的主要因素。如土方开挖，当选定边开挖边余土外运，则施工起点应选择在远离道路的一侧，由远及近展开施工。又如，在进行结构吊装时，所选用的起重机械以及起重机械的开行路线，决定了预制构件吊装施工的起点流向，也相应地确定了预制构件的布置位置。

（4）分部分项工程的繁简程度以及施工过程之间的相互关系

单位工程各分部分项工程的繁简程度不同，一般情况下对技术复杂、新结构、新工艺、新材料、新技术、工程量大、工期较长的施工段或部位应先施工。如高层框架结构建筑，主楼部分应先施工，裙房部分后施工。

（5）房屋的高低层或高低跨和基础的深浅

当有高低层或高低跨并列时，应从高低层或高低跨并列处开始分别施工。如在高低跨并列的单层工业厂房结构安装中，柱的吊装从并列处开始；在高低跨并列的多层建筑物中，层数多的区段常先施工；又如，屋面防水层施工应按先高后低的方向施工，同一屋面则由檐口到屋脊方向施工；对于基础有深浅变化时，应按先深后浅的顺序施工。

（6）施工组织的分层分段

划分施工层、施工段的部位也是决定施工起点流向时应考虑的因素。在确定施工流向的分段部位时，应尽量利用建筑物的伸缩缝、沉降缝、抗震缝、平面有变化处和留槎接缝不影响结构整体性的部位。

（7）分部分项工程的特点及其相互关系

各分部分项工程的施工起点流向有其自身的特点。如一般基础工程由施工机械和方法决定其平面的施工起点流向；主体结构从平面上看，一般从哪一边先开始都可以，但竖向一般应自下而上施工；装饰工程竖向的施工起点流向比较复杂，室外装饰一般采用自上而下的流向，室内装饰则可采用自上而下、自下而上、自中而下再自上而中三种流向。对于密切相关的分部分项工程，如果前面施工过程的起点流向确定了，则后续施工过程也就随之而定。如单层工业厂房基础土方工程的起点流向一经确定后，也就确定了柱基础、甚至柱预制施工和吊装施工等施工过程的施工起点流向。

下面以多层建筑物室内装饰工程为例加以说明。

1）室内装饰工程采用自上而下的施工流向

该施工流向通常是指主体结构封顶、做好屋面防水层后，室内装饰从顶层开始逐层向下进行。其施工起点流向如图 2-2 所示，有水平向下和垂直向下两种情况，施工中一般采用图 2-2a 所示水平向下的方式较多。这种施工流向的优点是：主体结构完成后，有一定的沉降时间，沉降变化趋于稳定，能保证装饰工程的质量；做好屋面防水层后，可防止雨水或施工用水渗漏而影响装饰工程质量；再者，自上而下的流水施工，各工序之间交叉少，便于组织施工，也便于从上而下清理垃圾。其缺点是不能与主体施工搭接，工期相应较长。

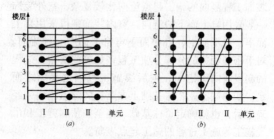

图 2-2 室内装饰工程自上而下的流向
(a) 水平向下；(b) 垂直向下

2）室内装饰工程采用自下而上的施工流向

该施工流向通常是指当主体结构施工完第三或第四层以上时，装饰工程从第一层开始，逐层向上进行。其施工流向如图 2-3 所示，有水平向上和垂直向上两种情况。这种施工流向的优点是：可以与主体结构平行搭接施工，故工期较短，当工期紧迫时可考虑采用这种流向。其缺点是：工序之间交叉多，材料机械供应密度增大，需要较好的施工组织和施工管理；尤其是采用预制楼板时，应防止雨水或施工用水从上层板缝渗漏而影响装饰工程质量，要先做好上层地面再做下层顶棚抹灰。

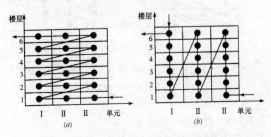

图2-3 室内装饰工程自下而上的流向
(a) 水平向上；(b) 垂直向上

3）室内装饰工程采用自中而下再自上而中的施工流向

该施工流向综合了前两者的优缺点，一般适用于高层建筑的室内装饰施工。其施工起点流向如图2-4所示。

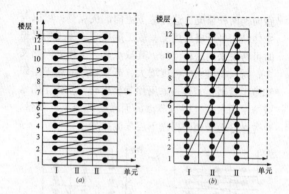

图 2-4　室内装饰工程自中而下再自上而中的流向

(a) 水平向下；(b) 垂直向下

2.2.2.3　确定施工顺序

施工顺序是指单位（或单项）工程内部各分项工程（或工序）之间施工的先后次序。施工顺序合理与否，将直接影响各工程工种之间的配合、工程质量、施工安全、工程成本和施工进度，必须科学合理地确定单位（或单项）工程的施工顺序。在组织单位（或单项）工程施工时，一般将其划分为若干个分部工程（或施工阶段），每一分部工程（或施工阶段）又可划分为若干个分项工程（或工序），并对各个分项工程（或工序）之间的先后顺序作出合理安排。施工顺序的确定既是为了按照客观施工规律组织施工，也是为了解决工种之间在时间上的搭接问题，在保证质量和安全施工的前提下，充分利用空间，争取实现降低工程成本、缩短工期的目的。

（1）确定施工顺序的基本原则

1）符合施工程序的要求

施工程序确定了单位工程的施工阶段或分部工程之间的先后次序，确定施工顺序时必须遵循已确定的施工程序，如先地下后地上、先结构后装修等程序。

2）符合施工工艺的要求

施工工艺是各施工过程之间客观存在的工艺顺序和相互制约关系。随工程结构形式和构造做法的不同而不同，通常情况下是不能违背的。如混凝土的浇筑必须在模板安装、钢筋绑扎完成，并经隐蔽工程验收后才能开始；钢筋混凝土预制构件必须达到一定强度后才能吊装等等。

3）考虑施工方法和施工机械的要求

不同的施工过程都有相应的施工方法，选定施工方法后，亦同时选定了相应的施工机械，在确定施工顺序时，必须考虑所选定的施工方法和施工机械，保证施工顺利实施。如单层工业厂房吊装工程，当采用分件吊装法时，则施工顺序为：吊柱→吊梁→吊屋盖系统；当采用综合吊装法时，则施工顺序为：第一节间吊柱、梁、屋盖系统→第二节间吊柱、梁、屋盖系统→……依此类推直至最后节间。又如，在进行多层框架结构施工时，如采用现场搅拌混凝土，塔式起重机垂直运输，则混凝土的浇筑通常是先浇柱，然后浇梁，最后浇楼板；如采用商品混凝土，混凝土泵输送，则混凝土的浇筑通常是柱、梁、楼板一次浇筑成型。诸如此类的实例在建筑工程施工中尚有许多，在确定施工顺序时，应予以重视。

4）符合施工组织的要求

每一个施工企业都有其不同的施工组织措施，每一种建筑结构的施工也可以采用不同的施工组织措施，施工顺序应与不同的施工组织措施相适应。如有地下室的高层建筑，其地下室的混凝土地坪工程可以安排在其上层楼板施工前进行；也可以在上层楼板施工后进行。从施工组织的角度看，前一种施工顺序较方便，上部空间宽敞，便于利用吊装机械直接向地下室运输浇筑地坪所需的混凝土；而后者，其材料运输和施工较困难。又如，安排室内外装饰工程施工顺序时，可采用多种施工顺序，在选定施工顺序时，应参考施工组织规定的先后顺序。

5）考虑施工质量、安全的要求

建筑施工应始终牢记"质量第一、安全第一"的方针，在确定施工顺序时，要充分考虑施工质量和施工安全的要求。如基坑回填土，特别是从一侧进行回填时，必须在砌体达到必要的强度后才能开始；屋面防水层施工，需待找平层干燥后才能进行；楼梯抹面最好安排在上一层的装饰工程全部完成后进行。以上施工顺序安排主要为满足施工质量要求。又如，脚手架应在每层结构施工之前搭好；多层房屋施工，只有在已经有层间楼板或坚固的铺板把一个一个楼层分开的条件下，才容许同时在各个楼层展开施工。以上施工顺序安排主要为满足安全施工要求。

6）考虑当地气候条件

建筑施工大部分是露天作业为主，受气候影响较大。在确定施工顺序时，应重视当地气候对施工的影响。在我国，中南、华东地区施工时，应多考虑雨期施工的影响；华北、东北、西北地区施工时，应多考虑冬期施工的影响。如土方、砌体、混凝土、屋面等工程应尽量避开冬雨期，冬雨期到来之前，应先完成室外各项施工过程，为室内施工创造条件；冬期室内施工时，先安装玻璃，后做其他装饰工程，有利于保温和养护。

（2）多层砖混结构建筑的施工顺序

多层砖混结构由于其造价低、保温性能好等优越性，在当前部分地区仍被广泛采用，其中尤其是住宅房屋使用量最大。多层砖混结构房屋建筑的施工，其施工阶段一般可划分为：基础工程、主体结构工程、屋面及装饰工程三个阶段。其施工顺序一般有两种方式，如图2-5所示。

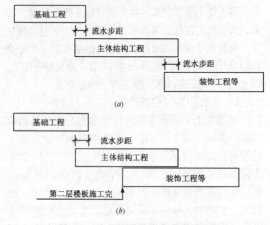

图2-5 多层砖混结构房屋施工顺序

（a）分段流水施工；（b）装饰工程搭接施工

第一种——三个施工阶段划分流水施工段，均采用流水作业，三阶段之间有少量搭接时间，即是它们之间的流水步距，如图 2-5a 所示。该施工顺序能够保证各施工队的工作以及物资的消耗具有连续性和均衡性，各施工工序交叉作业少，是较常采用的一种施工顺序。

第二种——装饰工程阶段在第二层楼板安装并嵌缝灌浆后开始，其余同第一种，如图 2-5b 所示。该施工顺序使装饰施工尽早开始，其他施工阶段基础工程和主体结构工程仍采用流水施工方式，由于装饰施工提前进入，缩短了整个工程的工期，但应注意装饰成品的保护。

水暖卫生器具等管线在基础工程施工阶段，就应插入施工，将给水排水、暖气管道及管沟做好。随着主体结构工程的施工，各种管线工程平行交叉施工，在装饰工程开始之前所有暗管、暗线均安装完成。

图 2-6 为某砖混结构四层住宅楼施工顺序示意图，现将各阶段的施工顺序分别说明如下。

1）基础工程的施工顺序

基础工程施工阶段是指室内地坪（±0.000）以下的工程施工阶段。其施工顺序一般为：土方开挖→垫层施工→基础砌筑（或钢筋混凝土基础施

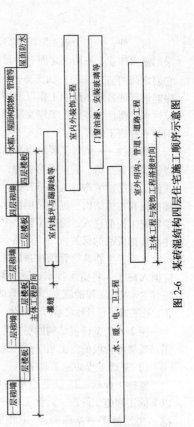

图 2-6 某砖混结构四层住宅施工顺序示意图

工）→铺设防潮层→土方回填。如有地下障碍物、文物、坟穴、防空洞、溶洞、软弱地基等问题，需先进行地基处理；如有桩基础，应先进行桩基础施工；如有地下室，则应在基础砌完或完成一部分后，砌筑地下室墙，在做完防潮层后施工地下室顶板，最后回填土。

基础施工阶段工期要抓紧，尤其是土方开挖与垫层施工在施工安排上要紧凑，间隔时间不宜太长，以防基槽（坑）雨后积水或受冻，影响地基承载力；如采用混凝土垫层，在垫层施工完成后，要留有一定的技术间歇时间，使之具有一定强度后，再进行下道工序的施工；地下设置的各种管沟的挖土、垫层、管沟墙、盖板、管道铺设等应尽可能与基础施工配合，平行搭接进行；基础回填土一般在基础完工后分层回填夯实，以便为后续施工创造工作条件，如便于脚手架的搭设和材料运输等；对零标高以下的房心回填土，一般应与基槽（坑）回填土同时进行，但应注意水、暖气、电、卫生洁具、煤气等各种管道的回填标高，以免日后施工重复开挖回填造成浪费。如不能同时回填，也可于装饰工程之前，与主体结构的施工同时交叉进行。

基础施工阶段的各施工工序一般可划分施工

段，组织流水施工作业，施工段的划分一般与主体结构流水施工的施工段相同。但对于板式基础，需要满堂开挖的砖混结构房屋，通常采用机械挖土方，当占地面积不大时，在土方开挖后还要考虑钎探、验槽等工作，则土方开挖一般不划分施工段。另外，在组织流水施工时，一些零星工作不必单列一个单独的施工过程项目，可以与主要施工过程项目合并在一起组织流水施工，如钎探、验槽等工序可以合并在土方开挖施工过程中；铺设防潮层可以合并在基础砌筑施工过程中等。

2）主体结构工程的施工顺序

主体结构工程施工阶段是砖混结构房屋的主导施工阶段，应作为工程施工的重点来考虑。通常包括以下工作：搭设内外脚手架、布置垂直运输设施、砌筑墙体、安门窗框（先立口）、安预制过梁、现浇构造柱、现浇圈梁、安装预制楼板、现浇部分楼板、安装或现浇楼梯、现浇雨篷和阳台、安装屋面板等分项工程。若楼板、圈梁、楼梯为现浇时，则主体结构工程施工阶段的主要施工顺序为：立构造柱钢筋→砌墙→安构造柱模板→浇构造柱混凝土→安梁、板、梯模板→绑梁、板、梯钢筋→浇梁、板、梯混凝土。若楼板为预制时，墙体砌筑与安装楼板为主导施工过程，在组织流水施工时，通过划分流水施工段，尽量使墙体砌筑形成连续的流水施工作业。根据每个施工段砌墙工程量、工人人数、垂直运输量及吊装机械效率等计算确定流水节拍的大小。至于安装楼板，如能设法做到连续吊装，可与砌墙工程组织流水施工；如不能连续吊装，则和各层现浇混凝土工程一样，只要与砌墙工程紧密配合，保证砌墙连续进行则可。现浇厨房、卫生间楼板的支模板、绑钢筋可安排在墙体砌筑的最后一步插入，在浇筑构造柱、圈梁混凝土的同时浇筑厨房、卫生间楼板混凝土。还应注意，脚手架的搭设也应配合砌体进度逐层逐段进行。

房屋设备安装工程与主体结构工程的交叉施工表现为：在主体结构施工时，应在砌墙或现浇钢筋混凝土楼板的同时，预留上下水管和暖气立管的管洞、电气孔槽、穿线管或预埋木块和其他预埋件。

3）屋面工程的施工顺序

屋面工程的构造层次多，各构造层在施工时，一般要考虑一定的技术间歇时间，以保证各构造层有足够的凝结和干燥的时间。屋面工程的施工顺序一般为：找平层→隔汽层→保温层→找平层→防水层→保护层。对于刚性防水屋面的现浇钢筋混凝土防水层及其分格缝施工，应在主体结构完成后开始并尽快完成，以便为室内装饰施工创造条件。一般情况下，屋面工程的施工可以和装饰工程搭接或平行施工。

4）装饰工程的施工顺序

砖混结构的装饰工程通常在主体结构和屋面工程施工完毕后进行，如果单位工程的工期要求较短时，装饰工程施工可以与主体结构或屋面工程的施工穿插进行，如砖混结构施工第三层时，第一、二层即进行楼地面、墙面抹灰、顶棚抹灰等装饰工程施工。装饰工程根据其装饰的部位，通常分为室内装饰（顶棚、墙面、楼地面、楼梯等抹灰，门窗扇安装、油漆、安玻璃、油墙裙、做踢脚线等）和室外装饰（外墙抹灰、勒脚、散水、台阶、明沟、水落管等）。室内外装饰工程的施工顺序通常有先外后内，先内后外，内外同时进行等三种，具体采用哪种顺序应视施工条件和环境气候而定，通常室外装饰应避开雨期或冬期。当室内为水磨石楼地面时，为防止其施工时水的渗漏对外墙面的影响，应先进行水磨石的施工；如果为了加快脚手架的周转或要赶在冬期之前完成外装饰，则应采用先外后内的装饰施工顺序；如果抹灰工太少，则不宜采用内外同时进行装饰施工。室内外装饰各施工层与施工段之间的施工顺序由施工起点流向而定。当该层装饰、落水管等分项工程都完成后，即开始拆除该层的脚手架。散水及台阶等室外工程需待外脚手架拆除后进行施工。

室内抹灰工程在同一层的顺序一般是：地面→顶棚→墙面，此顺序便于清理地面基层，易于保证地面质量，且便于收集顶棚、墙面落地灰，节约材料。但地面需要养护时间及采取保护措施，影响后续工程，会使工期拉长。如要缩短工期，也可以采用顶棚→墙面→地面的施工顺序，但要注意在做地面面层时应将落地灰和渣子清扫干净，否则会影响面层与楼板的粘结质量，造成地面起鼓等质量隐患。

底层地面一般多是在各层装修做好以后进行。楼梯间的装饰施工，通常在各层装修基本完成后进行，以防止在其他工程施工期间受到损坏，其装饰施工顺序，通常自上而下统一施工，并逐层封闭。门窗扇的安装安排在抹灰之前或之后进行，主要视气候和施工条件而定。若室内抹灰在冬期施工，可先安门窗扇及玻璃，以保护抹灰质量。门窗油漆后再安装玻璃。

5）设备安装工程的施工顺序

混合结构房屋的设备安装工程主要指给水、排水、强电、弱电、暖气、煤气以及卫生洁具等的安装施工。设备安装施工一般应与土建工程施工紧密配合，将其穿插在土建工程施工中相关分部分项工程施工的过程中进行。

①在基础工程施工阶段，回填土施工前，相应的水、电、暖气、煤气等的预埋管沟应穿插在房屋基础施工阶段进行施工，如管沟的垫层、围护墙体等施工完毕。

②在主体结构施工阶段，应同时进行上下水、暖气、煤气等管线的预留洞口的施工；电缆穿线管的预埋，电气孔槽或预埋木砖等的预留或埋设；卫生洁具固定件的埋设等。

③在装饰工程施工阶段，房屋设备安装工程应与其交叉配合施工。如先安装各种管道和附墙暗管、接线盒等预理设施，再进行装饰工程施工；水、电、暖气、煤气、卫生洁具等设备安装一般在楼地面和墙面抹灰前或后穿插施工。室外管网工程的施工可以安排在土建工程前或与其同时施工。

（3）高层框架—剪力墙结构建筑的施工顺序

高层框架结构建筑的施工，按其施工阶段一般可以分为地基与基础工程、主体结构工程、围护和分隔结构工程、屋面及装饰装修工程四个施工阶段，其施工顺序如图2-7所示。

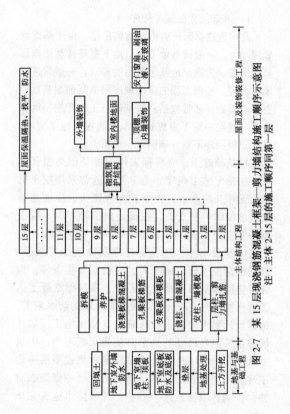

图 2-7 某 15 层现浇钢筋混凝土框架—剪力墙结构施工顺序示意图
注：主体 2~15 层的施工顺序同第一层

1) 基础工程的施工顺序

高层现浇框架—剪力墙结构房屋，由于基础埋置深度大，一般设有地下室，地下室经常利用箱形基础形成。为满足地基承载力的要求，一般需进行地基处理。基础工程的施工顺序根据其地基基础设置方式而定，通常包括：桩基础→土方开挖→地基处理→垫层→地下室底板防水及底板→地下室墙、柱、顶板→地下室外墙防水→回填土。

桩基础施工，应根据采用的桩基础类型和施工方法确定施工顺序。土方开挖通常采用挖土机械大面积开挖基坑，由于挖土深度大，应注意基坑边坡的防护和支护，在确定施工顺序时，应根据基坑支护方法，考虑基坑支护的施工顺序。对于大体积混凝土，还需确定分层浇筑施工顺序，并安排测温工作。施工时，应根据气候条件，加强对垫层和基础混凝土的养护，在基础混凝土达到拆模要求时及时拆模。底板和外墙的防水施工，根据设计要求的防水方法确定其防水施工，如外墙防水采用卷材外防外贴时的施工顺序为：砌筑永久性保护墙→外墙外侧设水泥砂浆找平层→涂刷冷底子油结合层→铺贴卷材防水层→砌筑临时性保护墙并填塞砂浆→养护。外墙防水施工完毕后应尽早回填土，既保护基础，又为上部结构施工创造条件。

2）主体结构工程的施工顺序

主体结构工程施工阶段的主要工作包括：安装垂直运输设备及搭设脚手架，每一层分段施工框架—剪力墙混凝土结构等。其中，每层每段的施工顺序为：测量放线→柱、剪力墙钢筋绑扎→墙柱设备管线预理→验收→墙柱模板支设→验收→浇墙柱混凝土→养护拆模→板梯模板支设→测量放线→板底层钢筋绑扎→设备管线预埋敷设→验收→梁、梯钢筋、板上层钢筋绑扎→验收→浇梁梯板混凝土→养护→拆模。其中柱、墙、梁、板、梯的支模、绑扎钢筋和浇筑混凝土等施工过程的工程量大，耗用的劳动力、材料多，对工程质量、工期起着决定性作用。故需将高层框架—剪力墙结构在平面上分段、在竖向上分层，组织流水施工。

3）围护和分隔结构工程的施工顺序

高层框架—剪力墙结构的围护结构一般采用砌块墙体或幕墙等结构形式，其施工顺序通常根据结构形式的不同来确定。当采用砌筑墙体作围护结构时，其施工主要包括：支设脚手架、砌筑墙体、安装门窗框、安装预制过梁、现浇构造柱等工作。高层建筑砌筑围护结构墙体一般安排在框架—剪力墙结构施工到3~4层（或拟建层数一半）后即插入施工，以缩短工期，同时为后续室内外装饰工程施工创造条件。

高层框架—剪力墙结构的分隔结构一般采用砌块填充墙，其施工组织一般采用与框架—剪力墙结构施工相同的分层分段流水施工，每个填充墙的施工顺序通常为：墙体弹线→墙体砌块排列组合→墙体找平层→墙体砌筑和设置拉结钢筋→安装或浇筑过梁→构造柱施工→养护→填充梁、板底与墙体的空隙。

4）屋面及装饰工程的施工顺序

屋面工程的施工顺序及其与室内外装饰工程的关系和砖混结构建筑施工顺序基本相同。

高层框架—剪力墙结构建筑的装饰工程是综合性的系统工程，其施工顺序与砖混结构建筑的施工顺序基本相同，但要注意目前装饰工程新工艺、新材料层出不穷，安排施工顺序时应综合考虑工艺、材料要求及施工条件等因素。施工前应预先完成与之交叉配合的水、电、暖气、煤气、卫生洁具等设备安装，尤其注意顶棚内的安装未完成之前，不得进行顶棚施工。施工时，先作样板或样板间，经与甲方和监理共同检查认可后方可大面积施工，以保证施工质量。安排立体交叉施工或先后施工衔接的工序时，应特别注意成品保护。

（4）单层装配式工业厂房的施工顺序

单层装配式钢筋混凝土工业厂房的施工，按其施工阶段一般可以分为：基础工程、预制工程、结构安装工程、围护结构工程、屋面及装饰工程五个施工阶段。其施工顺序如图2-8所示。

单层工业厂房的构成主要考虑厂房的生产工艺，与民用建筑相比其结构形式、建筑面积和构造做法等方面都有较大差别，且厂房内部通常布置有设备基础以及各种管网，所以在进行施工组织时，通常应考虑土建施工与各种设备安装和预埋相结合。对于厂房面积和规模较大、生产工艺要求复杂的单层工业厂房，应按生产工艺分区、分工段，这种工业厂房的施工顺序的确定，不仅要考虑土建施工和组织的要求，而且要考虑生产工艺的要求，一般是先生产的工段先施工，从而尽早交付使用，发挥投资效益。下面以中小型工业厂房为例说明其施工顺序。

66

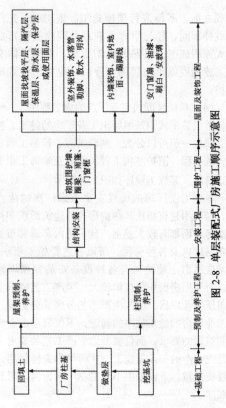

图 2-8 单层装配式厂房施工顺序示意图

1）基础工程的施工顺序

单层工业厂房结构一般采用排架结构，主要支撑构件为单层厂房柱，柱基础一般采用现浇钢筋混凝土杯形基础，基础施工一般采用流水施工组织方式。其施工顺序通常为：挖基坑→做垫层→绑扎钢筋→支模板→浇混凝土基础→养护→拆模→回填土。当中、重型工业厂房建设在土质较差地区时，需采用桩基础，为缩短工期，常将打桩工程安排在准备阶段进行。

对于有设备基础的厂房，厂房柱基础与设备基础施工顺序将影响到主体结构的安装方法和设备安装投入的时间。因此，需结合具体情况决定其施工顺序，通常有两种方案。

①当厂房柱基础的埋置深度大于设备基础埋置深度时，采用"封闭式"施工，即先施工厂房柱基础，再施工设备基础。

一般来说，当厂房的设备基础不大，在厂房结构安装后再施工设备基础，对厂房结构稳定性无影响时，或对于较大较深的设备基础采取了特殊的施工方案（如沉井）时，常采用"封闭式"施工方式。

②当厂房柱基础的埋置深度小于设备基础深度

时，常采用"开敞式"施工，即厂房柱基础与设备基础同时施工。

一般来说，当厂房基础与设备基础埋置深度相同或接近时，两种施工顺序均可选用。只有当设备基础较大、较深，其基坑的挖土范围已与柱基础的基坑挖土范围连成一片或深于厂房柱基础，以及厂房所在地点土质不佳时，方采用"开敞式"施工方式。

单层工业厂房的地基如遇到松软土、洞穴、防空洞或文物等现象时，应在基础施工前进行地基处理，然后依据厂房平面划分施工段，分段组织流水施工，其施工流向一般与现场预制工程施工、结构吊装工程施工相结合。基础施工时，应根据当时的气温条件，加强对垫层和基础混凝土的养护，在基础混凝土达到拆模强度后，应及时拆模，并尽快进行回填土施工，为现场预制工程创造条件。

2）预制工程的施工顺序

单层工业厂房上部结构构件通常采用预制构件，构件预制方式，一般采用加工厂预制和现场预制相结合的方法，通常对于重量较大、尺寸大或运输不便的大型构件，可在拟建厂房现场就地预制，如柱、吊车梁、屋架等。对于种类及规模繁多的异形构件，可在拟建厂房外部集中预制或构件加工厂预制，如门窗过梁、圈梁、连系梁、托架、天窗架等。对于中小型构件，如大型屋面板等标准构件，以及木制品、钢结构构件，如厂房的各种支撑、拉杆等一般由专门的加工厂预制。加工厂生产的预制构件应随着厂房结构安装工程的进展陆续运往现场，以保证结构安装的进度。

单层工业厂房预制工程的施工顺序是：场地平整夯实→支模→扎筋（有时先扎筋后支模）→孔道预留→浇捣混凝土→养护→拆模→混凝土试块试压→预应力钢筋制作和穿筋→预应力筋张拉和锚固→孔道灌浆和养护。

在确定预制方案时，应结合构件的技术特征、当地加工厂的生产能力、工期要求、现场施工及运输条件等因素，综合进行技术经济分析之后确定。现场内部就地预制的构件，一般只要基础回填土完成一部分以后就可以开始制作。但构件在平面上的布置、制作的流程和先后次序，主要取决于结构吊装方案，总的原则是先吊装的先预制。对于多跨大型的单层厂房构件的制作，通常分批、分阶段施工。构件制作的顺序和流向应与厂房的安装顺序以及起重机的开行路线紧密配合，为结构安装工程的施工创造条件。

当采用分件吊装法时，预制构件的施工有三种方案。

①当场地狭小而工期允许时，构件预制可分别进行。首先制作柱和吊车梁，待柱和吊车梁安装完毕后再制作屋架。

②当场地宽敞时，可依次安排柱、吊车梁、屋架的连续制作。

③当场地狭小而工期紧迫时，可首先将柱和梁等在拟建厂房内就地制作，接着或同时在拟建厂房外进行屋架预制。

当采用综合吊装法时，由于结构安装施工是分节间一次安装完厂房所有的构件，因此柱、吊车梁、屋架等构件需按节间依次制作，现场平面布置要求高。此时构件的预制场地应视具体情况确定，可以采用全部构件在拟建厂房内就地预制，或选择部分构件在拟建厂房外预制。

3）结构安装工程的施工顺序

结构安装工程是单层工业厂房施工的主导工程，一般应单独编制施工作业方案，其施工内容主要包括：柱、抗风柱、吊车梁、屋架、天窗架、大型屋面板以及各种支撑等构件的绑扎、吊升、临时固定、校正和最后固定等。对于中、小型单层厂房，选用一台起重机较为经济、合理；对于厂房面积较大的单层厂房，可选用两台或多台起重机械同时安装，此时，柱、吊车梁、屋盖系统等主要构件由不同的起重机械分别组织流水安装施工。

单层厂房构件吊装前的准备工作十分重要，主要包括：检查预制混凝土构件的强度是否达到规定的要求，如柱达到70%设计强度，屋架达到100%设计强度，预应力构件灌浆后的砂浆强度达到15MPa才能吊装就位等；混凝土基础杯底抄平、杯口弹线等；构件吊装前的弹线、强度验算和加固等；起重机械的稳定验算、起重机械的安装调试、铺设起重机开行道路；各种吊装用工具和索具的准备等。

单层厂房的结构安装工程的吊装顺序取决于结构安装方法。一种是分件吊装法，其吊装顺序是：第一次开行吊装所有的柱，吊装、校正和最后固定一次完成；待柱与柱基础杯口接头混凝土达到设计强度的70%后，第二次开行吊装吊车梁、连系梁等构件，同时进行屋架的扶直与就位；第三次开行分节间吊装屋架、天窗架、屋面板及屋面支撑等屋盖系统构件。该吊装方法每次吊装一种类型构件，索具不需更换，劳动力不变更，操作能够很快熟练，安装效率高；缺点是增加了起重机的开行路线。另一种是综合吊装法，其吊装顺序是：先吊装 4～6 根柱，并立即进行校正和最后固定，然后吊装吊车梁、连系梁、屋架、屋面板等构件。待吊装完一个节间的所有构件后，起重机移至下一节间进行吊装。如此依次逐个节间安装，直至整个厂房安装完毕。采用这种吊装方法，起重机停机点少，开行路线短；由于分节间安装，可为后续工程及早提供工作面，使各工序能交叉平行流水作业，有利于加快施工进度。这种安装方法的缺点是安装索具更换频繁，操作熟练程度低，构件供应紧张，平面布置复杂，现场拥挤，影响安装施工效率。

抗风柱的吊装顺序一般有两种方法可供选择，一是在吊装柱的同时先安装该跨一端的抗风柱，并立即进行校正、灌浆固定，然后用缆风绳在抗风柱的四周锚固；另一端则在屋盖吊装完毕后进行吊装，并经校正、灌浆固定后，立即与屋架连接固定；二是待屋盖结构安装完毕后，再吊装全部抗风柱，并立即进行校正、灌浆固定以及与屋架的连接等工作。

结构安装工程的施工流向通常应与预制构件制

作的流向一致。若车间为多跨又有高低跨时，安装流向应从高低跨柱列开始，以适应吊装工艺的要求。

4）围护工程的施工顺序

单层厂房的围护结构通常采用：砌体结构或板材结构等。围护工程施工阶段的施工内容通常根据其采用的围护结构形式而有所不同，对于砌体结构通常包括：搭设脚手架，搭设垂直运输机具，内外墙体砌筑施工，现浇雨篷、圈梁，安装木门窗框等。在厂房结构安装工程结束后，或安装完一部分区段后即可开始内外墙砌筑的分段施工，此时，不同的分项工程之间可组织立体交叉平行流水施工。

脚手架应配合砌筑工程搭设，内隔墙的砌筑应根据其基础形式而定，有的可以在地面工程之前与外墙同时进行，有的则需在地面工程完成后进行。

5）屋面及装饰工程的施工顺序

屋面工程施工一般在砌筑完成后即可进行，也可以穿插在墙体砌筑施工的同时进行，应视现场组织情况而定。其施工顺序与多层砖混结构建筑的屋面工程相同。

装饰工程的施工分为室内装饰（地面的平整、垫层、面层，安装门窗扇，刷白、油漆、安玻璃等）和室外装饰（勾缝、抹灰、水落管、勒脚、散水、明沟等），室内外的装饰施工可根据现场的情况组织平行施工，并可与其他施工过程穿插进行。室内地面应在设备基础、完成了一部分的墙体工程和地下管沟、管道、电缆等地下工程完成铺板后进行；刷白应在墙面干燥和大型屋面板灌缝后进行，并在油漆开始前结束；门窗油漆可在内墙刷白后进行，也可与设备安装同时进行。室外装饰一般自上而下，并随之拆除脚手架，在散水施工前将脚手架拆除完毕。

水、电、暖气、煤气、卫生洁具等安装工程与砖混结构建筑的施工顺序基本相同，但如有空调设备应单独安排其安装施工。对于生产设备的安装，由于专业性强、技术要求高，应遵循有关专业顺序进行，一般由专业公司承担安装任务，并提出相关要求，以便在编制施工组织设计时综合考虑。

以上所述的几种有代表性建筑结构的施工过程和施工顺序，仅适用于一般情况下的施工组织。如建筑结构、现场条件、施工环境等因素有所改变，均会对施工过程和施工顺序的安排产生影响。因此，对每一个单位工程必须根据其施工特点和具体情况，合理地确定其施工顺序，组织不同的流水施工作业方式，以期最大限度地利用空间，争取时间。

2.2.2.4 选择主要分部分项工程的施工方法和施工机械

施工方法是指在单位工程施工中，各分部分项工程施工过程的施工手段和施工工艺，属于单位工程施工方案中的施工技术问题。施工方法在施工方案中具有决定性的作用，施工方法一经确定，则施工机具设备、施工组织管理等各方面，都要围绕选定的施工方法进行安排。

施工方法和施工机械的确定直接影响施工进度、施工质量、施工安全以及工程成本。因此，要根据建筑物（构筑物）的平面形状、尺寸、高度，建筑结构特征、抗震要求，工程量大小，工期长短，资源供应条件，施工现场和周围环境，施工单位技术管理水平和施工习惯等因素，综合分析考虑，制定可行方案，进行技术经济指标分析，优化后再决策。

（1）选择施工方法应考虑的主要问题

1）符合施工组织总设计的要求

单位工程的施工方法和施工机械应尽可能选择施工组织总设计已审定的施工方法和施工机械。如单位工程选用的施工方法和施工机械与施工组织总设计不同时，应进行分析和比较，以说明其优越性。

2）施工方法选择时，应着重考虑影响整个工程施工的分部分项工程的施工方法

影响整个工程施工的分部分项工程是指：工程量大而在单位工程中占有主导地位的分部分项工程，施工技术复杂或采用新技术、新工艺及对工程质量起关键作用的分部分项工程，不熟悉的特殊结构工程或由专业施工单位施工的特殊专业工程。对于以上分部分项工程，要求施工方法详细而具体，必要时可编制单独的分部分项工程的施工作业设计。而对于工人熟悉或按照常规做法施工的分部分项工程，则不必详细拟定，只提出应注意的特殊问题即可。

3）施工方法的选择，应进行可行性分析

国家和各地区颁布有各种建筑施工技术和验收规范、标准和规程等，在选择施工方法时，应考虑是否符合其要求。另外，所选用的施工方法在工程施工中是否有实现的可能性。

4）应考虑对其他施工过程的影响

单位工程施工中，某一分部分项工程的施工，

在施工工艺或施工组织上，必然有与其相关的分部分项工程，在选择其施工方法时，应考虑对这些相关的分部分项工程施工的影响。如现浇钢筋混凝土楼板施工采用满堂脚手架作支柱，纵横交错，必然影响后续工序的平行作业或提前插入施工。如果在可能的条件下改用桁架式支撑体系，就可克服以上缺点。

5）应注重施工质量和施工安全

应始终牢记"质量第一、安全第一"的方针，在选择施工方法时，必须同时确定该施工方法的施工质量保证措施和安全施工措施。

6）应注重降低施工成本

对于各分部分项工程的施工方法，尤其是施工技术复杂、工程量大、使用施工机械量大或新结构、新技术、新工艺的分部分项工程，应提出多种可行的施工方案，进行技术经济比较，力求施工方法能最大限度地降低工程成本。

（2）选择施工机械应考虑的主要问题

1）首先选择主导工程施工的机械

应根据工程特点首先确定单位工程的主导施工过程，然后选择最适宜的主导工程的施工机械。如装配式单层工业厂房施工，其主导施工过程为结构安装工程施工，在选择起重机械时，首先应满足结构安装施工的要求。当结构安装工程工程量大且集中时，一般采用塔式起重机或桅杆式起重机，当工程量小或工程量虽大但又相当分散时，则采用自行杆式起重机。

2）各种辅助机械应与主导工程机械配套

为充分发挥主导工程机械的效率，各种辅助机械应与主导工程机械的生产能力协调配套。如在土方工程施工中，运土汽车的斗容量应为挖土机斗容量的整数倍，汽车的数量应保证挖土机连续作业。

3）应尽量减少施工机械的种类和型号

在同一工地上，为方便机械管理，应力求一机多用及机械的综合利用，提高机械的使用率。当工程量大而且集中时，应选用专业化施工机械；当工程量小而分散时，要选择多用途施工机械。如挖土机可用于挖土、装卸、起重、打桩；起重机可用于吊装和短距离水平运输等。

4）施工机械的选择应切合需要、实际可能、经济合理

各种机械都有其使用性能，即机械的技术条件，主要包括技术性能、工作效率、工作质量、能源耗费、劳动力的使用，安全性和灵活性、通用性

和专用性，维修难易和耐用性等。在选择施工机械时，应充分考虑机械的技术性能，选择既符合工程施工需要，又不任意扩大机械性能的实际可行的施工机械。如选择装配式单层工业厂房结构安装机械，应根据需吊装的构件（柱、屋架、屋面板等）的安装位置、构件重量等因素，计算所需的起重量、起重高度、起重半径以及最小杆长等技术数据，依据计算结果选择适宜的起重机械。不能任意扩大计算结果，选择大吨位的起重机械，造成机械使用浪费，工程成本增加。

5）充分发挥企业现有机械的能力

选择机械应考虑提高企业现有机械的利用率。当本单位的机械能力不能满足工程需要时，则应购置或租赁所需新型或多用途机械。

（3）主要分部分项工程施工方法和施工机械的选择

1）测量放线

①说明测量工作的总要求。测量工作是建筑施工的一项首要工作，在充分了解图纸设计的基础上，精确确定房屋的平面位置和高程控制位置。所以操作人员必须按照操作程序、操作规程进行操作，经常进行仪器、观测点和测量设备的检查验

证，配合好各工序的穿插和检查验收工作。

②建筑工程轴线的控制。确定实测前的准备工作，确定建筑物平面位置的测定方法，首层及各楼层轴线的定位、放线方法及轴线控制要求。

③建筑工程垂直度控制。说明建筑物垂直度控制的方法，包括外围垂直度和内部每层垂直度的控制方法，并说明确保控制质量的措施。如某框架—剪力墙结构工程，建筑物垂直度的控制方法为：外围垂直度的控制采用经纬仪进行控制，在浇混凝土前后分别进行施测，以确保将垂直度偏差控制在规范允许的范围内；内部每层垂直度采用线锤进行控制，并用激光铅直仪进行复核，加强控制力度。

④房屋的沉降观测。可根据设计要求，说明沉降观测的方法、步骤和要求。如某工程根据设计要求，在室外地坪上 0.6m 处设置永久沉降观测点。设置完毕后进行第一次观测，以后每施工完一层作一次沉降观测，且相邻两次观测时间间隔不得大于两个月，竣工后每两个月作一次观测，直到沉降稳定为止。

2）土石方与地基处理工程

①挖土方法。根据土方量大小，确定采用人工挖土还是机械挖土，当采用人工挖土时，应按进度

要求确定劳动力人数，分区分段施工。当采用机械挖土时，应根据土质的组成、地下水位的高低等因素，首先确定机械挖土的方式，再确定挖土机的型号、数量，机械开挖方向与路线，人工如何配合修整基底、边坡等施工方法。

②地面水、地下水的排除方法。确定拦截和排除地表水的排水沟渠位置、流向以及开挖方法，确定降低地下水的集水井、井点等的布置及所需设备的型号、数量。

③开挖深基坑方法。应根据土壤类别及场地周围情况确定边坡的放坡坡度或土壁的支撑形式和设置方法，确保施工安全。

④石方施工。确定石方的爆破或破碎方法，所需机具、材料等。

⑤场地平整。确定场地平整的设计平面，进行土方挖填的平衡计算，绘制土方平衡调配表，确定场地平整的施工方法和相应的施工机械。

⑥确定土方运输方式、运输机械型号及数量。

⑦土方回填的施工方法，填土压实的要求及压实机械选择。

⑧地基处理的方法（换填地基、夯实地基、挤密桩地基、注浆地基等）及相应的材料、机械设备。

3）基础工程

①浅基础工程。主要是垫层、混凝土基础和钢筋混凝土基础施工的技术要求。有地下室时，地下室地板混凝土、外墙体（砖砌外墙、钢筋混凝土外墙）的技术要求。

②地下防水工程。应根据其防水方法（混凝土结构自防水、水泥砂浆抹面防水层、卷材防水层、涂料防水），确定用料要求和相关技术措施等。

③桩基础。明确桩基础的类型和施工方法，施工机械的型号，预制桩的入土方法和入土深度控制、检测、质量要求等。灌注桩的成孔方法、施工控制、质量要求等。

④基础埋置深浅不同时，应确定基础施工的先后顺序，标高控制，质量安全措施等。

⑤各种变形缝。确定留设方法、设置位置及注意事项。

⑥混凝土基础施工缝。确定留置位置、技术要求。

4）混凝土和钢筋混凝土工程

①模板的类型和支模方法的确定。根据不同的结构类型，现场施工条件和企业实际施工装备，确定模板种类（组合式模板、工具式模板、永久性模

板、胶合板模板等）以及支撑方法（钢桁架、钢管支架、托架等），并分别列出采用的项目、部位、数量，明确加工制作的分工，对于比较复杂的模板应进行模板设计并绘制模板放样图。模板工程应向工具化、多样化方向努力，推广"快速脱模"，提高模板周转利用率。采取分段流水工艺，减少模板一次投入量。另外，确定模板供应渠道（如租用或企业内部调拨）。

②隔离剂的选用。确定隔离剂的类型，使用要求。

③钢筋的加工、运输和安装方法的确定。明确构件厂或现场加工的范围（如成型程度是加工成单根、网片或骨架等）；明确除锈、调直、切断、弯曲成型方法；明确钢筋冷拉、施加预应力方法；明确焊接方法（如电弧焊、对焊、点焊、气压焊等）或机械连接方法（如挤压连接、锥螺纹连接、直螺纹连接等）；钢筋运输和安装方法。明确相应机具设备型号、数量。

④混凝土搅拌和运输方法的确定。若当地有商品混凝土供应时，首先应采用商品混凝土，否则，应根据混凝土工程量大小，合理选用搅拌方式，是集中搅拌还是分散搅拌；选用搅拌机型号、数量；

进行配合比设计；确定掺和料、外加剂的品种和数量；确定砂石筛选，计量和后台上料方法；确定混凝土运输方法和运输要求。

⑤混凝土的浇筑。确定混凝土浇筑的起点流向、浇筑顺序、施工缝留设位置、分层高度、工作班制、振捣方法、养护制度及相应机械工具的型号、数量。

⑥冬期或高温条件下浇筑混凝土。应制定相应的防冻或降温措施，落实测温工作，明确外加剂品种、数量和控制方法。

⑦浇筑厚大体积混凝土。明确浇筑方案，制定防止温度裂缝的措施，落实测温孔的设置和测温记录等工作。

⑧有防水要求的特殊混凝土工程。明确混凝土的配合比，明确外加剂的种类、加入数量，做好抗渗试验等工作，明确用料和施工操作等要求，加强检测控制措施，保证混凝土抗渗的质量。

⑨装配式单层工业厂房的牛腿柱和屋架等大型现场预制钢筋混凝土构件。确定柱与屋架现场预制平面布置图，明确预制场地的要求，明确模板设置要求，明确预应力的施加方法。

5）砌体工程

①砌体的组砌方法和质量要求，皮数杆的控制要求，流水段和劳动力组合形式，砌筑用块材的垂直和水平运输方式以及提高运输效率的方法等。

②砌体与钢筋混凝土构造柱、梁、圈梁、楼板、阳台、楼梯等构件的联结要求。

③配筋砌体工程的施工要求。

④砌筑砂浆的配合比计算及原材料要求，拌制和使用时的要求，砂浆的垂直和水平运输方式和运输工具等。

⑤确定脚手架搭设方法及要求，安全网架设的方法。

6）结构安装工程

①确定吊装工程准备工作内容。主要包括：起重机行走路线的压实加固，各种索具、吊具和辅助机械的准备，临时加固，校正和临时固定的工具、设备的准备，吊装质量要求和安全施工等相关技术措施。

②选择起重机械的类型和数量。根据建筑物外形尺寸，所吊装构件外形尺寸、位置、重量、起重高度，工程量和工期，吊装工地的现场条件，工地上可能获得吊装机械的类型等条件综合确定起重机械的类型、型号和数量。

③确定构件的吊装方案。包括：确定吊装方法（分件吊装法、综合吊装法），确定吊装顺序，确定起重机械的行驶路线和停机点，确定构件预制阶段和拼装、吊装阶段的场地平面布置。

④确定构件的吊装工艺。主要包括：柱、吊车梁、屋架等构件的绑扎和加固方法、吊点位置的设置、吊升方法（旋转法或滑行法等）、临时固定方法、校正的方法和要求、最后固定的方法和质量要求。尤其是对跨度较大的建筑物的屋面构件吊装，应认真制定吊装工艺，确定构件吊点位置，确定吊索的长短及夹角大小，垂直度测量方法等。

⑤确定构件运输方案。主要包括：构件运输、装卸、堆放办法，所需的机具设备（如平板拖车、载重汽车、卷扬机及架子车等）型号、数量，以及对运输道路的要求。

7）屋面工程

①屋面各个分项工程（如卷材防水屋面一般有找坡找平层、隔汽层、保温层、防水层、保护层等分项工程；刚性防水屋面一般有隔离层、刚性防水层、保温隔热层等分项工程）的各层材料、操作方法及其质量要求。特别是防水材料应确定其质量要求、施工操作要求等。

②屋面系统的各种节点部位及各种接缝的密封防水施工方法和相关要求。

③屋面材料的运输方式。包括：场地外运输和场地内的水平和垂直运输。

8）装饰装修工程

①明确装修工程进入现场施工的时间、施工顺序和成品保护等具体要求，尽可能做到结构、装修、安装穿插施工，缩短工期。

②对较高级的室内装修应确定样板间的要求，首先进行样板间的施工，通过设计、业主、监理等单位联合认定后，再全面开展工作。

③对于民用建筑需提出室内装饰环境污染控制办法。

④室外装修工程应明确脚手架设置，饰面材料应有防止渗水、防止坠落，金属材料应提出防止锈蚀的措施。

⑤确定分项工程的施工方法和要求，提出所需的机具设备（如机械抹灰需灰浆制备机械、喷灰机械，地面抹光应确定磨光机械等）的型号、数量。

⑥提出各种装饰装修材料的品种、规格、外观、尺寸、质量等要求。

⑦确定装修材料逐层配套堆放的数量和平面位

置，提出材料储存数量和要求。

⑧保证装饰工程施工防火安全的方法。如对材料的防火处理，施工现场防火、电气防火，消防设施的保护。

9）脚手架工程

①明确内外脚手架的用料，搭设、使用、拆除方法及安全措施，低、多层建筑的外墙脚手架大多从地面开始搭设，根据土质情况，应有防止脚手架不均匀下沉的措施。

②高层建筑的外脚手架，应每隔几层与主体结构作固定拉接，以便脚手架整体稳固；且一般不从地面开始一直向上，应分段搭设，一般每段 5~8 层，大多采用工字钢或槽钢作外挑梁或设置钢三脚架外挑等做法。

③应明确特殊部位脚手架的搭设方案。如施工现场的主要出入口处，脚手架应留有较大的空间，便于行人甚至车辆进出，出入口两边和上边均应用双杆处理，并局部设置剪刀撑，并加强与主体结构的拉接固定。

④室内施工脚手架宜采用轻型的工具式脚手架，装拆方便省工、成本低。高度较高或跨度较大的厂房屋顶天花板喷刷工程宜采用移动式脚手架，

省工又不影响其他工程。

⑤脚手架工程还需确定安全网挂设方法、四口五临边防护方案。

10）现场水平垂直运输设施

①确定垂直运输量。对有标准层的需确定标准层运输量，一般列表说明。

②选择垂直运输方式及其机械型号、数量、布置、安全装置、服务范围、穿插班次。明确垂直运输设施使用注意事项和安全防护措施。

③选择水平运输方式及其设备型号、数量，以及配套使用的专用工具设备（如混凝土布料杆、砖车、混凝土车、灰浆车、料斗等）。

④确定地面和楼面上水平运输的行驶路线及其要求。

11）特殊项目

①采用四新（新结构、新工艺、新材料、新技术）的项目及高耸、大跨、重型构件，水下、深基础、软弱地基，冬期施工等项目，均应单独编制如下内容：选择施工方法，阐述工艺流程，需要的平立剖示意图，技术要求，质量安全注意事项，施工进度，劳动组织，材料构件及机械设备需要量等。

②对于大型土石方、打桩、构件吊装等项目，

一般均需单独提出施工方法和技术组织措施。

2.2.2.5　施工方案的技术经济分析

在确定单位工程施工方案中，任何一个分部分项工程，通常都会有几个可行的施工方案，施工方案的技术经济分析的目的就是要在这些施工方案中进行选优，选择一个工期短、质量好、材料省、劳动力安排合理、成本低的最优方案，以提高工程施工的经济效益，降低工程成本和提高工程质量。为此，在进行施工方案技术经济分析时，通常针对各分部分项工程中的主要施工机械的选择、施工方法的选用、施工组织的安排以及缩短施工工期等方面进行定性和定量分析评价。以下通过实例来说明技术经济分析的应用。

（1）主要施工机械的技术经济分析

选择主要施工机械应从机械的多用性、耐久性、经济性及生产率等因素来考虑。

1）主要施工机械的定性分析

主要施工机械的定性分析包括：

①利用企业现有施工机械的可能性。

②可选择的施工机械使用性能，工人操作的难易程度和安全可靠性。

③施工机械的生产率。

④对相关施工作业的影响程度，如土方开挖机械选用时，应考虑相关的土方运输车辆的选用，以及对人工修槽、垫层施工的影响等。又如高层建筑施工中泵送混凝土选用的混凝土泵，应考虑相关的混凝土运输要求，以及对混凝土浇筑、振捣和养护等施工的要求和影响。

2）主要施工机械的定量分析

主要施工机械的定量分析主要针对机械的经济性，包括：机械的原价、保养费、维修费、能耗费、使用年限、折旧费、操作人员工资及期满后的残余价值等进行综合评价。其正确的评价方法是根据投入资金的时间价值和机械的使用年限折算到每个年度的实际摊销费用（即年度费用）来加以比较。计算公式如下：

$$R = P\left[\frac{i(1+i)^N}{(1+i)^N-1}\right] + Q - r\left[\frac{i}{(1+i)^N-1}\right]$$

(2-1)

式中 R——折算成机械的年度费用（元/年）；

              P——机械原价（元）；

              Q——机械的年度保养和维修费（元）；

N——机械的使用年限（年）；

r——机械期满后残余价值（元）；

$\left[\dfrac{i\ (1+i)^N}{(1+i)^N-1}\right]$——资金再生系数，即投入资金 P，复利率为 i，按使用年限 N 年的摊销系数；

$\left[\dfrac{i}{(1+i)^N-1}\right]$——偿还债务系数，即未来 N 年的资金（债务），复利率为 i，在 N 年内每年应偿还金额的系数。

【例题 2-1】某大型建设项目中需购置一台施工机械，现有 A、B 两台性能相似的机械可供选择，这两台机械的有关费用和使用年限如表 2-8 所示。试按上述条件合理选择经济的方案。

A、B 两台机械的有关参数　　　　表 2-8

费　用　名　称	A 机械	B 机械
原价（元）	20000	18000
年度保养和维修费等（元）	1000	1200
使用年限（年）	20	15

费 用 名 称	A 机 械	B 机 械
期满后残余价值（元）	3000	5000
年复利率（%）	8	8

【解】将表 2-8 中两种机械的各参数分别代入公式（2-1）中，得：

$$A 机械的年度费用 = 20000 \times \left[\frac{0.08 \times (1 + 0.08)^{20}}{(1 + 0.08)^{20} - 1} \right]$$

$$+ 1000 - 3000 \times \left[\frac{0.08}{(1 + 0.08)^{20} - 1} \right]$$

$$= 2971.49（元）$$

$$B 机械的年度费用 = 18000 \times \left[\frac{0.08 \times (1 + 0.08)^{15}}{(1 + 0.08)^{15} - 1} \right]$$

$$+ 1200 - 5000 \times \left[\frac{0.08}{(1 + 0.08)^{15} - 1} \right]$$

$$= 3118.78（元）$$

根据此计算选购 A 机械较为经济。

（2）施工方案的技术经济分析

对施工方案进行技术经济分析是编制单位工程施工组织设计工作的重要一环，是选择最优施工方案的有效途径。施工方案的技术经济分析涉及的因素多而复杂，通常只对主要的分部分项工程的施工方案进行技术经济分析。

1）施工方案的定性分析

施工方案的定性分析是结合工程施工的实际经验，对单位工程中各分部分项工程的几个施工方案的优缺点进行比较分析。常包括如下分析指标：

①施工方法和施工技术的先进性和可行性。

②施工操作的难易程度和安全可靠性。

③劳动力和施工机械能否满足该施工方法的需要。

④对后续工程项目施工的影响程度，能否为其提供有利的施工条件。

⑤施工方法和施工技术对保证工程质量、施工进度等方面的措施是否完善可靠。

⑥施工方案对冬、雨期等季节性施工的适应程度。

⑦施工方案对现场文明施工的影响等。

2）施工方案的定量分析

施工方案的定量分析是通过计算各施工方案中的主要技术经济指标，进行综合分析比较，从中选择技术经济指标最优的方案。单位工程的主要技术经济指标，主要包括：单位面积建筑造价、降低成本指标、施工机械化程度、单位面积劳动消耗量、工期指标；另外还包括质量指标、安全指标、三大材料节约指标、劳动生产率指标等。对于分部分项工程通常根据其工程的施工费用进行分析评价。

①单位面积建筑造价

建筑造价指标是建筑产品一次性的综合货币指标，其内容包括人工、材料、机械费用和施工管理费等。为了正确评价施工方案的经济合理性，在计算单位面积建筑造价时，应采用实际的施工造价。

$$单位面积建筑造价 = \frac{建筑实际总造价}{总建筑面积}（元/m^2）$$

$$(2-2)$$

②降低成本指标

降低成本指标是工程经济分析中的一个重要指标，它综合反映了工程项目或分部工程由于采用施工方案不同，而产生的不同经济效果。其指标可采用降低成本额或降低成本率表示。

$$降低成本额 = 预算成本 - 计划成本 \quad (2-3)$$

$$降低成本率 = \frac{降低成本额}{预算成本} \times 100\% \quad (2-4)$$

③材料消耗指标

该指标反映单位工程若干施工方案对主要施工材料的节约情况。

$$主要材料节约量 = 预算用量 - 计划用量$$

$$(2-5)$$

$$主要材料节约率 = \frac{主要材料节约量}{主要材料预算用量} \times 100\%$$

$$(2-6)$$

④施工机械化程度

施工机械化程度是工程项目施工现代化的标志。在工程招标投标中，也是衡量施工企业竞争实力的主要指标之一。为此，在制订施工方案时，应根据企业的实际情况尽可能采用机械化施工，提高项目施工的机械化程度，加快施工进度。施工机械化程度一般可用下式计算指标：

$$施工机械化程度 = \frac{机械完成的实际工程量}{该工程全部工程量} \times 100\%$$

$$(2-7)$$

⑤单位建筑面积劳动消耗量

单位建筑面积劳动消耗量的高低，标志着施工企业的技术水平和管理水平，也是企业经济效益好坏的主要指标。工程的劳动工日数包括主要工种用工、辅助工作用工和准备工作用工等全部用工数。

单位建筑面积劳动消耗量

$$= \frac{\text{完成该工程的全部劳动工日数}}{\text{总建筑面积}} \times 100\% \qquad (2-8)$$

⑥工期指标

建设工程施工工期的长短直接影响企业的经济效益，也决定了建设工程能否尽早发挥作用。为此，进行施工方案比较评价时，在确保工程质量和安全施工的前提下，应当把缩短工期放在首位来考虑。工期指标的确定，通常以国家有关规定以及建设地区类似建筑物的平均工期为参考，把上级指令工期、建设单位要求工期和工程承包合同工期有机地结合起来，根据施工企业的实际情况，采取相关措施，确定一个合理的工期目标。

⑦分部分项工程施工费用分析评价

在单位工程施工组织设计中，常要划分出许多分部分项工程，对这些分部分项工程的施工方案首先要考虑技术上的可能性，即是否能实现，然后是经济上是否合理。如果拟定的若干施工方案经上述定性分析均能满足要求，则为最经济的施工方案即最优方案。因此，对各分部分项工程而言，应计算出各施工方案的施工费用，并加以比较。

由于施工方案的类别较多，故施工方案的技术经济分析应从实际条件出发，切实计算一切发生的费用。如果属固定资产的一次性投资，则应分别计算资金的时间价值；若仅仅是在施工阶段的临时性投资，由于时间短，可不考虑资金的时间价值。

【例题2-2】某工程项目施工中，混凝土制作的技术经济分析，有以下两个可供选择的方案：

（1）现场制作混凝土；

（2）采用商品混凝土。

试根据上述两个方案进行技术经济比较。

【解】

（1）原始资料的搜集和经济分析

①本工程总混凝土需要量为4000m³。如现场制作混凝土，则需设置搅拌机的容量为0.75m³的设备装置。

②根据混凝土供应距离，已算出商品混凝土平均单价为41元/m³。

③现场一个临时搅拌站一次性投资费，包括地坑基础、骨料仓库、设备的运输费、装拆费以及工资等总共为11450元。

④与工期有关的费用，即容量0.75m³搅拌站设备装置的租金与维修费为2450元/月。

⑤与混凝土数量有关的费用，即水泥、骨料、

附加剂、水电及工资等总共 29 元/m³。

（2）技术经济比较

①现场制作混凝土的单价计算公式如下：

$$现场制作混凝土的单价 = \frac{搅拌站一次性投资费}{现场混凝土总需求量}$$

$$+ \frac{与工期有关的费用 \times 工期}{现场混凝土总需求量}$$

$$+ \frac{与混凝土量有关的费用}{现场混凝土总需求量}$$

②当工期为 12 个月时的成本分析：

$$现场制作混凝土的单价 = \frac{11450}{4000} + \frac{2450 \times 12}{4000} + 29$$

$$= 39.21(元/m³) < 41(元/m³)$$

即当工期为 12 个月时，现场制作混凝土的单价小于商品混凝土单价。

③当工期为 24 个月时的成本分析：

$$现场制作混凝土的单价 = \frac{11450}{4000} + \frac{2450 \times 24}{4000} + 29$$

$$= 45.56(元/m³) > 41(元/m³)$$

即当工期为 24 个月时，购买商品混凝土比现场制作混凝土更为经济。

④当工期为多少时（设为 x）这两个方案的费用相同？

$$\frac{11450}{4000} + \frac{2450x}{4000} + 29 = 41$$

$$x = 14.9 \ \text{月}$$

即工期为 14.9 月时，这两个方案的费用相同。

⑤当工期为 12 个月，现场制作混凝土的最少数量为多少（设为 y）时方为经济？

$$\frac{11450}{y} + \frac{2450 \times 12}{y} + 29 = 41$$

$$y = 3404.2 \text{m}^3$$

即当工期为 12 个月时，现场制作混凝土的数量必须大于 3404.2m³ 时方为经济。

由上述计算可以得出，不同的工期或混凝土数量的变化对费用的变化有一定的影响的，根据其变化可绘制出混凝土价格与工期的关系变化图，如图 2-9 所示。进行施工方案的分析比较时，可直接根据该图形进行分析判断。应当指出，商品混凝土的单价与诸多因素有关，如运距等。

通过该例可以看出，在进行施工方案的技术经济比较时，可以通过对施工方案的技术经济相关指标的计算，寻找各种施工方案的经济规律，并分别制成表格或统计曲线以供查用。因此，建筑企业应注重对原始经济资料的积累和总结，使施工方案的经济技术分析更加简便快捷。应当注意，施工方案的经济技术比较必须严格从实际出发，按照实际发生的数据进行计算，决不能为证明某种倾向性方案，而凑合数据，这就不能真正起到客观分析的效果。

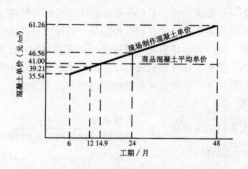

图2-9 不同工期下混凝土制作的经济比较

（3）提高施工机械设备使用率和降低停歇率的比较

对于单位工程施工方案，施工机械化的程度代表了施工方案的先进性，但施工机械使用的同时，必然造成施工机械的停歇而形成工程额外费用的消耗。为此，在确定施工方案时，应注重提高施工机械设备使用率和降低施工机械的停歇率。尤其是单层或多层房屋结构安装方案的确定，应对每个方案编制在正常条件下每天的作业进度计划，列出选用的机械与设备的类型和数量，以及各种机械之间的搭配关系和进度穿插的顺序、安装对象（构件）的型号等相关内容，从而详细地排出以分钟计的施工机械作业进度计划。同时根据每台机械或设备的空歇，可以列出该机械（或设备）的停歇时间并计算出停歇率。在使用机械和设备的类型以及数量相同的条件下，主要机械停歇时间最少的方案为最优方案。

$$施工机械设备使用率 = \frac{该机械实际使用时间}{该机械计划使用的总时间}$$

$$\times 100\% \tag{2-9}$$

$$施工机械设备停歇率 = \frac{该机械实际停歇时间}{该机械计划使用的总时间}$$

$$\times 100\% \tag{2-10}$$

（4）缩短施工工期的经济分析

各施工方案的比较中必然会涉及工期因素，根据缩短施工工期的经济效果进行综合比较，来选择方案。

缩短施工工期的经济效果，用 G 来表示，有以下三个方面：

1）由于工程项目提前交付使用所得的收益 G_1；

2）加速资金周转的经济效益 G_2；

3）节约施工企业间接费的经济效益 G_3。

则缩短施工工期的总经济效益 G 是上述三个方面的效益之和。即：

$$G = G_1 + G_2 + G_3 \qquad (2\text{-}11)$$

以下分别对 G_1、G_2、G_3 进行分析：

①计算工程项目提前交付使用的经济效益

工程项目提前交付使用的经济效益，按下式计算：

$$G_1 = B \ (T_1 - T_2) \qquad (2\text{-}12)$$

式中 B——工程项目提前使用时期内的平均收益；

T_1——计划规定的施工工期；

T_2——实际的施工工期。

【例题2-3】某容量为 20 万 kW 的火电站工程，由于改进了施工组织方案，能提前半年投入生产。该火电站按设计能力每年发电时间为 6000h，每度电的出厂价格为 0.12 元，计划成本为 0.03 元，试计算提前投产的经济效益。

【解】

（1）计算每度电的利润

利润 = 出厂价格 – 计划成本

　　　= 0.12 元/kWh – 0.03 元/kWh

　　　= 0.09 元/kWh

（2）计算火电站提前投产的年平均收益

年平均收益 B = 年生产能力 × 单位产品利润

　　　　　　　= $20 \times 6000 \times 0.09 = 10800$（万元）

（3）①计算提前半年投产的经济效益（G_1）

$G_1 = B(T_1 - T_2) = 10800 \times (1 - 0.5)$

　　　= 5400（万元）

上述计算结果，说明火电站提前半年投产，所得收益为 5400 万元。

②计算工程项目加速资金周转的经济效益

当单位工程的施工工期缩短时，可节约施工中占有的固定生产基金投资，减少流动资金和未完成工程费用。则该项目投资的国民经济效果可按下式确定：

$$G_2 = E_H (K_1 T_1 - K_2 T_2) \qquad (2\text{-}13)$$

式中　K_1——计划的基建投资；

　　　K_2——改进施工工艺后，需要的基建投资；

　T_1、T_2——意义同前；

　　　E_H——该部门投资的定额效果系数。

【例题 2-4】 某工程项目原计划基建投资 2500 万元，建设工期为 3 年。后因改进了施工工艺方案，需要投资 3000 万元，建设工期可缩短 1 年。试求缩短工期 1 年带来的经济效益（该部门投资的定额效果系数为 $E_H = 0.2$）。

【解】

$$G_2 = E_H(K_1 T_1 - K_2 T_2) = 0.2 \times (2500 \times 3 - 3000 \times 2)$$
$$= 300（万元）$$

计算说明缩短 1 年施工工期，使该项目投资能获得 300 万元经济效益。

③计算缩短工期节省的施工企业间接费的经济效益

由于缩短工程项目施工周期，而使施工企业因此节省间接费的经济效益，可按下式计算：

$$G_3 = H_y\left(1 - \frac{T_2}{T_1}\right) \tag{2-14}$$

式中 H_y——基准方案与工期有关的间接费固定部分，即

$$H_y = \frac{C \times H \times R}{(1 + y)(1 + H)} \tag{2-15}$$

式中 C——工程预算造价；

H——工程间接费率；

R——与工期有关的间接费的固定部分比率；

y——计划利润（％）。

【例题2-5】某工程有两种不同的施工方案：第一方案，工期为7个月；第二方案，工期为6个月。工期预算造价为330万元，计划利润（y）为7％，间接费率（H）为18％，间接费中与缩短工期有关的固定部分（R）占50％。试计算该工程由于缩短施工工期的效益。

【解】

（1）计算该工程间接费的固定部分（H_y）

$$H_y = \frac{C \times H \times R}{(1+y)(1+H)} = \frac{330 \times 0.18 \times 0.50}{(1+0.07)(1+0.18)}$$

$$= 23.52（万元）$$

（2）计算该工程缩短工期后，间接费的节约效果

$$G_3 = H_y\left(1 - \frac{T_2}{T_1}\right) = 23.52 \times \left(1 - \frac{6}{7}\right)$$

$$= 3.36（万元）$$

计算说明，该工程缩短工期14％，节约施工间接费的经济效益为3.36万元。

2.2.2.6 施工技术组织措施

施工技术组织措施是指为保证工程施工质量、

安全、进度、成本、环保、季节性施工、文明施工等方面，在技术和组织上所采用的方法。施工技术组织措施的制定应在严格执行施工技术规范、施工验收规范、检验标准、操作规程等前提下，针对工程施工特点，制定既行之有效又切实可行的措施。

（1）保证进度目标的措施

工程施工进度是建筑施工企业履行施工合同的基本义务。对单位工程各施工阶段应严格按单位工程施工进度计划安排的时间进行控制，保证工程按期完工。施工进度的控制必然涉及建设单位、施工企业以及施工条件等多方面的因素，对于施工企业来说，保证施工进度目标控制的措施，应建立在以经济为杠杆，加强施工组织、施工技术、施工管理，加强施工进度的信息反馈，以保证工程各施工阶段、各施工过程按制定的施工进度计划的要求按期完成，从而保证总体施工进度目标。

1）施工组织措施

①建立施工进度控制目标体系和进度控制组织系统，落实各层次进度控制人员的具体任务和工作责任。

②建立进度控制工作制度。如逐级协调、检查的时间、方法等。组织和协调的重要手段是各类会

议，应明确会议的类型、参加单位和人员、召开时间、文件的整理和确认等，综合分析研究解决各种问题。

③建立图纸审查、工程变更与设计变更管理制度。

④建立对影响进度的因素分析和预测的管理制度，对影响工期的风险因素有识别管理手法和防范对策。

⑤组织多种形式的劳动竞赛，有节奏的掀起几次生产高潮，调动职工积极性，保证进度目标实现。

⑥组织流水作业。

⑦季节性施工项目的合理排序。

2）技术措施

①采取能够加快施工进度的施工技术方案和方法。施工方案的选择，不仅应分析其技术的先进性和经济的合理性，还应考虑对施工进度的影响。在工程进度受阻时，应分析是否有施工技术的影响因素，如存在此因素，应考虑为保证施工进度而改变施工技术、施工方法和施工机械的可能性。

②建设单位应加强对设计方案的评审和选用工作，尽量减少设计变更。

③规范操作程序，使施工操作能紧张而有序的进行，避免返工和浪费，以加快施工进度。

④采取网络计划技术及其他科学适用的计划方法，并结合电子计算机的应用，对施工进度实施动态控制。在发生进度延误问题时，能适时调整各工序间的逻辑关系，保证进度目标实现。

3）经济措施

①根据施工进度计划编制资源需求量计划（资源进度计划），包括材料、人工、机械等方面，落实各阶段的资金来源、数量，保证工程进度的需要。

②与建设单位及时办理工程预付款及工程进度款拨付手续，落实实现进度目标的保证资金。

③签订关于工期和进度的经济承包责任书，建立和实施相应的奖惩制度。

④工期提前应提出奖励要求，同时企业内部进行奖励。工期延误如支付相应的赔偿金，企业内部宜应进行惩罚。

⑤加强企业的索赔管理，及时处理工程中的索赔事件。

4）合同管理措施

①加强合同管理，尤其是对有关进度条款的学

习贯彻。

②选择合理的承包、分包方式和合同结构，避免过多的合同交界面而影响工程的施工进度。如分部分项工程的分包合同、分部分项工程的材料供应合同等交界面。

③保持总承包合同与分包合同工期协调一致，以合同形式保证工期进度的实现。

5）信息管理措施

①建立对施工进度能有效控制的监测、分析、调整、反馈信息系统和信息管理工作制度。重视信息技术（包括相应的软件、局域网、互联网以及数据处理设备等）在工程进度控制中的作用，提高信息处理的效率和透明度。

②运用系统原理、封闭循环原理、信息反馈原理、信息时效性原理等，随时监控施工过程的信息流，进行全过程进度控制。

（2）保证质量目标的措施

工程质量是指工程适合一定用途，满足使用者要求所具备的自然属性，主要包括：建筑功能、寿命、可靠性、安全性、经济性和与环境的协调性六个方面。保证工程质量的关键是明确质量目标，建立质量保证体系，尤其是对工程对象经常发生的质量通病制定防治措施。

1）组织措施

①建立健全各级技术责任制，完善企业或项目部内部质量保证体系，明确质量目标及各级技术人员的职责范围，做到职责明确、各负其责。

②推行全面质量管理活动，开展质量红旗竞赛，制定奖优罚劣措施。

③定期进行质量检查活动，召开质量分析和鉴定会议。

④加强人员培训工作，贯彻《建筑工程施工质量验收统一标准》（GB50300-2001）及相关专业工程施工质量验收系列规范。对使用"四新"或有质量通病的分部分项工程，应进行分析讲解，以提高质量监督人员和施工操作人员的质量意识和工作质量，从而确保工程质量。

⑤对影响质量的风险因素（如工程质量不合格导致的损失，包括质量事故引起的直接或间接经济损失，工程修复和补救等措施发生的费用，以及第三者责任损失等）有识别管理办法和防范对策。

2）技术措施

①确定建筑工程定位、放线的控制方法和测量方法，确保建筑轴线、标高控制测量等准确无误的

措施。

②确保地基承载力符合设计要求。确保基础、地下结构、地下防水、土方回填施工质量的措施。

③确保主体承重结构各主要施工过程的质量要求。制定各种材料、成品、半成品、砂浆、混凝土等的质量检验措施和要求。

④对"四新"项目的施工制定质量保证措施和要求。

⑤确保屋面、装修工程施工质量的措施。制定防水材料、装修材料以及成品、半成品的质量检验措施和要求。

⑥根据单位工程施工进度计划，如有冬、雨期施工的工程项目，应制定季节性施工的质量保证措施和要求。

⑦制定解决质量通病的措施。

⑧制定施工质量检验、验收制度和相关的监督制度。

⑨制定各分部分项工程的质量评定目标计划。

（3）保证安全目标的措施

在进行建筑物施工的过程中，任何情况下都应树立"安全第一"的观念，安全为了生产，生产必须保证人身安全。另外，"预防为主"是实现"安全第一"的最重要的手段，即采取正确的措施和方法进行安全控制，从而减少甚至消除事故隐患，尽量把事故消灭在萌芽状态，这是安全控制最重要的思想。为此，必须在组织结构、施工技术等各方面，对施工中可能发生的安全事故隐患进行预测，有针对性地提出预防措施，杜绝施工中安全事故的发生。

1）组织措施

①贯彻执行国家、行业、地区安全法规、标准、规范，如《中华人民共和国安全生产法》、《职业健康安全管理体系规范》（GB/T28001-2001）等。并以此制定本工程安全管理制度和各专业工作队安全技术操作规程。

②明确安全目标，建立安全保证体系和各级安全生产责任制，明确各级施工人员的安全职责，做到责任到人。如对单位工程项目施工而言，项目经理部作为项目安全的主体，以项目经理为首，由项目总工程师、项目副经理、项目各管理部门以及各专业施工队专（兼）职安全员等各方面的管理人员组成工程项目的安全管理和安全保证体系。

③提出安全施工宣传、教育的具体措施，进行安全思想、纪律、知识、技能、法规的教育，加强

安全交底工作；施工班组要坚持每天开好班前会，针对施工中安全问题及时提示；在工人进场上岗前，必须进行安全教育和安全操作培训。

④建立健全安全检查、验收、监督制度，定期进行安全检查活动和召开安全生产分析会议，及时发现不安全因素，及时进行整改。

⑤需要持证上岗的工种必须持证上岗。如电气焊、起重机械的操作等。

⑥对影响安全的风险因素（如在施工活动中，由于操作者失误、操作对象的缺陷以及环境因素等导致的人身伤亡、财产损失和第三者责任等损失），有识别管理办法和防范对策。

⑦对安全事故的处理，做到"四不放"，即事故原因不明、责任不清、责任者未受到教育、没有预防措施或措施不力不得放过。

2）技术措施

①施工准备阶段的安全技术措施

A. 技术准备中要了解工程设计对安全施工的要求，调查工程的自然环境对施工安全及施工对周围环境安全的影响等；

B. 物资准备时要及时供应质量合格的安全防护用品，以满足施工需要；

C. 施工现场准备中，各种临时设施、库房、易燃易爆品存放都必须符合安全规定；

D. 施工队伍准备中，总包、分包单位都应持有《建筑业企业安全许可证》。

②施工阶段的安全技术措施

A. 针对拟建工程地形、地貌、环境、自然气候、气象等情况，提出可能突然发生自然灾害时有关施工安全方面的措施，以减少损失，避免伤亡；

B. 提出易燃、易爆品严格管理、安全使用的措施；

C. 防火、消防措施，有毒、有尘、有害气体环境下的安全措施；

D. 土方、深基施工、高空作业、结构吊装、上下垂直平行施工时的安全措施；

E. 各种机械与机具安全操作要求，外用电梯、井架及塔吊等垂直运输机具安装拆除的要求以及安全防护装置和防倒塌措施，交通车辆的安全管理；

F. 各种电器设备防短路、防触电的安全措施；

G. 狂风、暴雨、雷电等各种特殊天气发生前后的安全检查措施及安全维护制度；

H. 季节性施工的安全措施。夏季作业有防暑降温措施；雨季作业有防雷电、防触电、防沉陷坍塌、防台风、防洪排水措施；冬季作业有防风、防火、防冻、防滑、防煤气中毒措施；

I. 脚手架、吊篮、安全网的设置，各类洞口、临边防止作业人员坠落的措施。现场周围通行道路及居民保护隔离措施；

J. 各施工部位要有明显的安全警示牌；

K. 操作者严格遵照安全操作规程，实行标准化作业；

L. 基坑支护、临时用电、模板搭拆、脚手架搭拆要编写专项施工方案；

M. 针对"四新"工程结构，应制定专门的施工安全技术措施。

（4）降低成本措施

降低成本措施的制定应以工程施工预算为基础，以企业（或施工项目）年度、季度降低成本计划和技术组织措施计划为依据，制定降低成本措施通常掌握以下三个原则，即：全面控制原则、动态控制原则、创收与节约相结合的原则。具体可采取如下措施：

1）建立成本控制组织体系及成本目标责任制，实行全员、全过程成本控制，做好设计变更、索赔等工作，加快工程款回收。

2）临时设施尽量利用场地现有的各项设施，或利用已建工程作临时设施，或采用工具式活动工棚等，以减少临设费用。

3）进行合理的劳动组织，提高劳动效率，尽量避免窝工和怠工现象，减少总用工数。

4）增强物资管理的计划性，从采购、运输、现场管理、材料回收等方面，最大限度地降低材料成本。这是降低工程成本的关键，应设专人进行管理。

5）综合利用吊装机械，提高机械利用率，减少吊次，以节约台班费。缩短大型机械进出场时间，避免多次重复进场使用。

6）增收节支，减少施工管理费的支出。

7）保证工程施工质量，减少返修、返工损失。

8）保证安全生产，减少事故频率，避免意外工伤事故带来的损失。

9）合理进行土石方平衡，以节约土方运输及人工费用。

10）提高模板精度，采用工具式模板、工具式脚手架，加速模板、脚手架等临时性周转材料的周转率，以节约模板和脚手架的分摊费用。

11）采用新技术、新工艺，提高工作效率，降低材料消耗，节约施工总费用。如采用先进的钢筋连接技术，以节约钢筋；在砂浆或混凝土中掺外加剂或掺和料（粉煤灰等），节约水泥用量。

12）编制工程预算时，应"以支定收"，保证预算收入；在施工过程中，要"以收定支"，控制资源消耗和费用支出。

13）加强经常性的分部分项工程成本核算分析及月度成本核算分析，及时反馈，以纠正成本的不利偏差。

14）对费用超支风险因素（如价格、汇率和利率的变化，或资金使用安排不当等风险事件引起的实际费用超出计划费用）有识别管理办法和防范对策。

（5）文明施工措施

文明施工主要指保持施工场地整洁、卫生、施工组织科学、施工程序合理的工程施工现象。实现文明施工，除应做好施工现场的场容管理工作，尚应做好现场的材料、机械、安全、技术、保卫、消防和生活卫生等各方面的管理工作。一个工地的文明施工水平是该工程项目乃至所在施工企业各项管理水平的综合体现，也是企业形象的重要组成部分。现场文明施工通常采取如下措施：

1）建立现场文明施工责任制等管理制度，划分责任区，明确管理负责人，做到各责任区现场清洁整齐。

2）定期进行检查和评比活动，针对薄弱环节，不断总结提高。

3）施工现场围栏与标牌设置规范，标明工程名称、施工单位、现场负责人姓名以及工程简介等内容。现场出入口交通安全，道路通畅，安全与消防设施齐全。

4）临时设施规划整洁，办公室、宿舍、更衣室、食堂、厕所清洁卫生。上下水管线以及照明、动力线路，严格按施工组织设计和施工现场平面图进行布置。

5）各种材料、成品、半成品、构件进场有序，现场材料堆放整齐，分类管理、保护措施得当。

6）采取有效措施防止各种环境污染，如搅拌机冲洗废水、油漆废液等施工废水污染，运输土方与垃圾、白灰堆放等粉尘污染，熬制沥青等废气污染，打桩、振捣混凝土等噪声污染。

7）严格按施工平面图布置施工机械，小型机械和机具放置位置合理，维修与保养工作及时。

8）针对工程和现场情况设置宣传标语和黑板

报，做好宣传和鼓动工作。

2.2.3　施工进度计划的编制

施工进度计划，是在确定了施工方案的基础上，根据施工合同规定的工程工期和技术物资供应等实际施工条件，遵循各施工过程合理的工艺顺序和统筹安排各项施工活动的原则，用图表（横道图和网络图）的形式，对单位工程从开始施工到竣工验收全过程的各分部分项工程施工，确定其在时间上的安排和相互间的搭接关系。单位工程施工进度计划是单位工程施工组织设计的重要内容之一，是施工企业编制月、旬施工计划以及各种物资需求量计划的依据。

2.2.3.1　单位工程施工进度计划的作用

（1）施工进度计划是控制工程施工进度和工程竣工期限等各项施工活动的计划，是直接指导单位工程施工全过程的重要技术文件之一。

（2）通过施工进度计划，可以确定单位工程各个施工过程的施工顺序、施工持续时间及相互衔接和合理配合的关系。

（3）施工进度计划是确定劳动力和各种资源需要量计划的依据，也是编制单位工程施工准备工作计划的依据。

（4）施工进度是施工企业编制年、季、月作业计划的依据。

2.2.3.2 单位工程施工进度计划的分类

单位工程施工进度计划按照对施工项目划分的粗细程度，一般分成控制性施工进度计划和指导性施工进度计划两类。

（1）控制性施工进度计划。它是按分部工程来划分施工项目，控制各分部工程的施工时间及其相互配合、搭接关系的一种进度计划。

它主要适用于工程结构较复杂、规模较大、工期较长而需跨年度施工的工程，如大型公共建筑、大型工业厂房等；还适用于规模不大或结构不复杂，但各种资源（劳动力、材料、机械等）不落实的情况；也适用于工程建设规模、建筑结构可能发生变化的情况。

编制控制性施工进度计划的单位工程，当各分部工程的施工条件基本落实之后，在施工之前还需编制各分部工程的指导性施工进度计划。

（2）指导性施工进度计划。它是按分项工程来划分施工项目，具体指导各分项工程的施工时间及其相互配合、搭接关系的一种进度计划。

它适用于施工任务具体明确、施工条件落实、各项资源供应满足施工要求，施工工期不太长的单位工程。

2.2.3.3 施工进度计划的编制依据

编制单位工程施工进度计划前应搜集和准备所需的相关资料，作为编制的依据，这些资料主要包括：

（1）建设单位或施工合同规定的，并经上级主管部门批准的单位工程开工、竣工时间，即单位工程的要求工期。

（2）施工组织总设计中总进度计划对本单位工程的规定和要求。

（3）建筑总平面图及单位工程全套施工图纸、地质地形图、工艺设计图、设备及其基础图，有关标准图等技术资料。

（4）已确定的单位工程施工方案与施工方法，包括施工程序、顺序、起点流向、施工方法与机械、各种技术组织措施等。

（5）预算文件中的工程量、工料分析等资料。

（6）劳动定额、机械台班定额等定额资料。

（7）施工条件资料，包括：施工现场条件、气候条件、环境条件；施工管理和施工人员的技术素质；主要材料、设备的供应能力等。

（8）其他相关资料，如已签订的施工合同；已建成的类似工程的施工进度计划等。

2.2.3.4　施工进度计划编制内容和步骤

单位工程施工进度计划的编制程序，如图 2-10 所示。根据其编制程序，现将其主要步骤和编制方法分述如下。

（1）拟定工程项目

编制单位工程施工进度计划，是以单位工程所包含的分部分项工程施工过程，作为施工进度计划的基本组成单元进行编制的。为此，编制施工进度计划时，首先按照施工图纸和施工顺序将拟建单位工程的各个施工过程列出，并结合施工方法、施工条件、劳动组织等因素，加以适当调整，使之成为编制施工进度计划所需要的施工项目。

在划分施工项目时，应注意以下问题：

1）施工项目划分的粗细程度。这主要取决于施工进度计划的类型，对于控制性施工进度计划，施工项目可粗一些，一般只列出施工阶段或分部工程名称，如混合结构房屋控制性进度计划，一般将其施工过程划分为基础工程、主体工程、屋面工程、装饰装修工程和设备安装工程等五个施工过程。

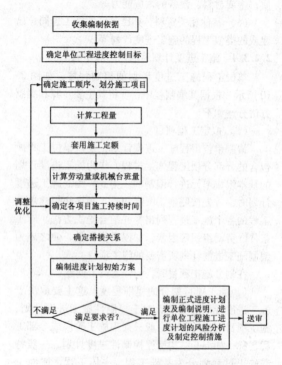

图 2-10 单位工程施工进度计划的编制程序

对于实施性施工进度计划，其施工过程的划分则应细一些，一般应明确到分项工程或更具体，特别是其中的主导施工过程均应详细列出，如分部工程的屋面工程通常应划分为找平层、隔汽层、保温层、防水层、保护层等分项工程。

2）施工项目的划分应与施工方案的要求保持一致。如单层厂房结构安装工程，若采用综合吊装法施工，则施工项目按施工单元（节间、区段）来确定；而采取分件吊装法，则施工项目应按构件来确定，列出柱吊装、梁吊装、屋架扶直就位、屋盖系统吊装等施工项目。

3）施工项目的划分需考虑区分直接施工与间接施工。如在预制加工厂进行构件的制作和运输等工作一般不列入施工项目。

4）将施工项目适当合并，使进度计划简明清晰，突出重点。这里主要考虑将某些能穿插施工的、次要的或工程量不大的分项工程合并到主要分项工程中去，如安装门窗框可以并入砌墙工程；对同一时间由同一施工队完成的施工过程可以合并，如工业厂房各种油漆施工，包括门窗、钢梯、钢支撑等油漆可并为一项；对于零星、次要的施工项目，可统一列入"其他工程"一项中。

5）水、暖、电、卫和设备安装等专业工程的列项。这些工程通常由各专业队负责施工，在施工进度计划中，只需列出项目名称，反映出这些工程与土建工程的配合关系即可，不必细分。

6）施工项目排列顺序的要求。所有的施工项目，应按施工顺序排列，即先施工的排前面，后施工的排后面，所采用施工项目的名称可参考现行定额手册上的项目名称，以方便工程量的计算和套用相应定额。

7）各施工层和施工段的进度不必单独列项目，只要在水平进度线上加以区分和注出各层、各段的日程即可。

8）划分施工项目还应考虑施工工作面。施工工作面亦称工作前线，是指提供工人进行操作的地点范围和工作活动空间。工作面的大小表明了施工对象上能安置多少工人操作或布置施工机械、设备的面积。在确定一个施工过程的工作面时，不仅要考虑前一施工过程可能提供的工作面的大小，还要符合安全技术、施工技术规范的规定以及有利于提高劳动生产率等因素。总之，工作面的确定是否恰当，直接影响到安置施工人员的数量、施工方法和工期。工作面的单位是根据各施工过程的性质、施工方法和使用的工具、设备不同而确定的。

在流水施工中，有的施工过程在施工一开始，就在整个操作面上形成了施工工作面。例如人工开挖基槽就属此类工作面。但是，也有一些工作面的形成是随着前一个施工过程的结束而形成的，例如在现浇钢筋混凝土的流水作业中，支设模板、绑扎钢筋、浇筑混凝土等都是前一个施工过程的结束，为后一个施工过程提供了工作面。

(2) 划分流水施工段

在组织流水施工时，通常把施工对象在平面上划分为若干个劳动量大致相等的施工段落，这些施工段落称为施工段，一般以"M"表示。

划分施工段的目的，是为了组织流水施工，保证不同的施工班组能在不同的施工段上同时进行施工，并使各施工班组能按一定的时间间隔转移到另一个施工段进行连续施工，既消除等待、停歇现象，又互不干扰。因此，划分施工段是组织流水施工的基础。

1) 施工段划分的原则

①施工段的数目要合理。施工段过多，会造成工作面狭窄，减少施工作业的人数，增加总的施工

延续时间而导致工期拖长，而且工作面不能充分利用；施工段过少，则会引起劳动力、机械和材料供应的过分集中，有时还会造成"断流"的现象。

②各施工段的劳动量（或工程量）一般应大致相等（相差幅度宜在15%以内），以保证各施工班组能连续、均衡地施工。

③施工段的划分界限要以保证施工质量且不违反操作规程的要求为前提，一般应尽可能与结构自然界线相一致，如温度缝、抗震缝和沉降缝等处；如必须将分界线设在墙体中间时，应将其设在门窗洞口处，这样可以减少留槎，便于修复墙体。

④充分发挥工人（或机械）的生产效率，不仅要满足专业工种对工作面的要求，而且要使施工段所能容纳的劳动力人数（或机械台班数），满足劳动组合优化要求。

⑤对于多层建筑物，既要在平面上划分施工段，又要在竖向上划分施工层，保证专业班组在施工段和施工层之间，组织有节奏、均衡和连续的流水施工。

2）施工段划分的部位

施工段划分的部位要有利于结构的整体性，应考虑到施工工程轮廓形状、平面组成及结构特点。

在满足施工段划分原则的前提下，可按以下几种情况划分施工段的部位。

①设置温度缝、沉降缝、抗震缝的建筑工程可按此缝为界划分施工段；

②单元式的住宅工程可按单元为界分段，必要时以半个单元为界分段；

③道路、管线等线性长度延伸的建筑工程，可按一定长度作为一个施工段；

④多幢同类型建筑，可以一幢房屋作为一个施工段。

3）施工段数目 M 与施工过程数目 N 的关系

在组织多层结构房屋的流水施工时，为使各施工班组能连续施工，上一层的施工必须在下一层对应部位完成后才能开始。即各施工班组做完第一段后，能立即转入第二段；做完第一层的最后一段后，能立即转入第二层的第一段。因此，每一层的施工段数 M 必须不小于其施工过程数 N，即：

$$M \geqslant N \qquad (2-16)$$

例如：某二层现浇钢筋混凝土结构的建筑物，在组织流水施工时将主体工程划分为支模板、绑扎钢筋和现浇混凝土三个施工过程，即 $N=3$；设每个施工过程在各个施工段上施工持续时间均为 2d，现分析如下：

①$M = N$ 时，即每层划分为三个施工段组织流水施工时，其进度安排如图2-11所示。

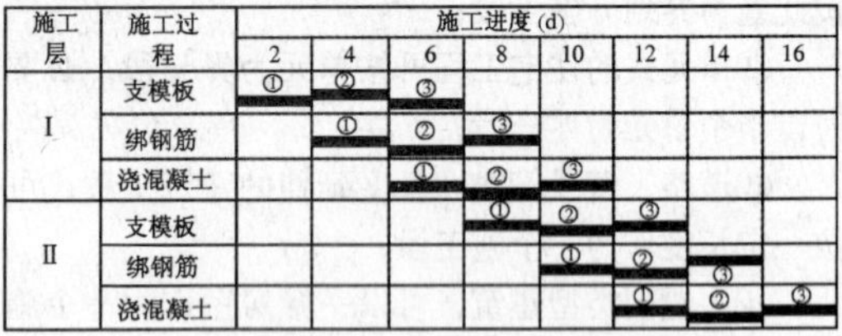

施工层	施工过程	施工进度 (d)							
		2	4	6	8	10	12	14	16
Ⅰ	支模板	①	②	③					
	绑钢筋		①	②	③				
	浇混凝土			①	②	③			
Ⅱ	支模板				①	②	③		
	绑钢筋					①	②	③	
	浇混凝土						①	②	③

图 2-11　$M = N$ 的进度安排

从图2-11可以看出：$M = N$ 时，各施工班组均能连续施工，施工段没有空闲，工作面能充分利用，无停歇现象，不会产生窝工。这是理想化的流水施工方案，此时要求项目管理者，要有较高的管理水平，只能进取，不能后退。

②$M > N$ 时，如每层划分四个施工段组织流水施工时，其进度安排如图2-12所示。

从图2-12可以看出，当 $M > N$ 时，各施工班组的施工仍是连续的，但施工段有空闲，如图2-12中各施工段在第一层混凝土浇筑完毕后，不能马上转入第二层进行施工，均需空闲 3 天，即工作面空闲 3 天。这时，工作面的空闲并不一定有害，有时还是必要的，可用于弥补由于技术间歇和组织管理间歇等要求所必需的时间，如养护、备料和弹线等工作。但施工段数过多，必然使工作面减少，从而减少施工班组的人数，使工期延长。

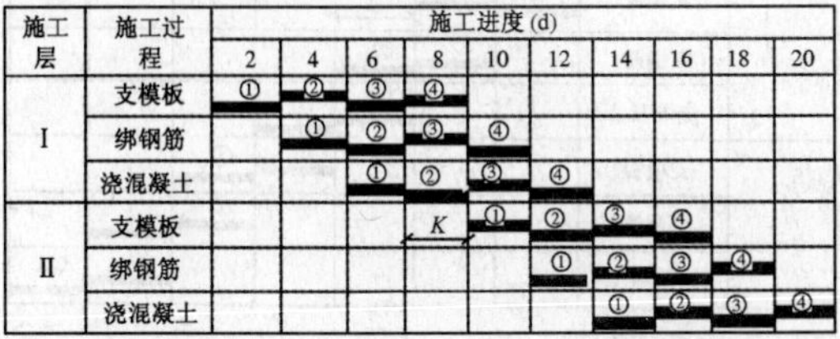

施工层	施工过程	施工进度 (d)									
		2	4	6	8	10	12	14	16	18	20
I	支模板	① ②	③	④							
	绑钢筋		① ②	③	④						
	浇混凝土			① ②	③	④					
II	支模板				*K*	① ②	③	④			
	绑钢筋						① ②	③	④		
	浇混凝土							① ②	③	④	

图 2-12　当 $M > N$ 时的进度安排表

在实际施工中，若某些施工过程需要考虑技术间歇等，则可用下列公式确定每层的最少施工段数：

$$M_{\min} = N + \frac{\sum Z}{K} \qquad (2\text{-}17)$$

式中　$M_{\min}$——每层需划分的最少施工段数；

　　　　N——施工过程数或专业施工班组数；

　　　　$\sum Z$——某些施工过程要求的技术间歇时间

的总和；

K——流水步距。

③当 $M < N$ 时，如每层划分两个施工段组织流水施工时，其进度安排如图 2-13 所示。

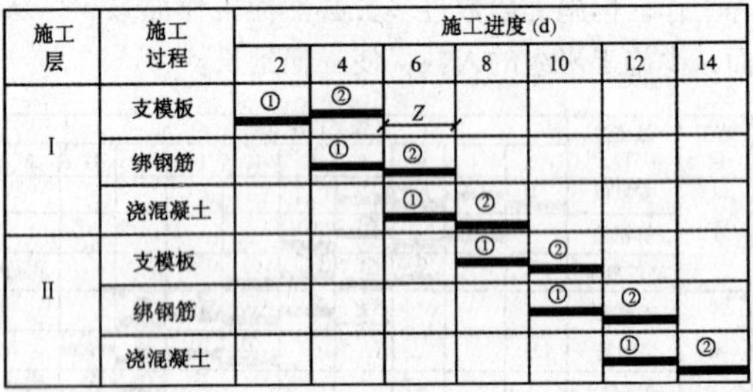

施工层	施工过程	施工进度 (d)						
		2	4	6	8	10	12	14
I	支模板	①	②	Z				
	绑钢筋		①	②				
	浇混凝土			①	②			
II	支模板				①	②		
	绑钢筋					①	②	
	浇混凝土						①	②

图 2-13　当 $M < N$ 时的进度安排表

从图 2-13 可以看出，当 $M < N$ 时，各专业施工班组不能连续施工，施工段没有空闲。在图 2-13 中，支模板施工班组在完成第一层的施工任务后，要停工 2d 才能进行第二层第一段的施工，其他施工班组同样也要停工 2d，因此，工期要延长。这种情况对有数幢同类型的建筑物，可组织建筑物之间的大流水施工，来弥补上述停工现象，但对单一建筑物的流水施工是不适宜的，应加以杜绝。

4）施工层

在组织工程项目流水施工时，为了满足专业施工班组对施工高度和施工工艺的要求，通常将拟建工程项目在竖向上划分为若干个操作层，这些操作层称为施工层。

施工层的划分，要按施工项目的具体情况，根据建筑物的高度和楼层来确定。如砌筑工程的施工高度一般为 1.2m，装饰工程等可按楼层划分施工层。

（3）计算工程量

依据划分的各分部分项工程施工过程和流水施工段，按施工图分别计算各施工过程在各施工段上施工的工程量。对已经形成预算的单位工程，也可直接采用施工图预算的数据，但应注意其工程量应按施工层和施工段分别列出。若施工图预算与某些施工过程有出入，要结合工程项目的实际情况作必要的变更、调整和补充。工程量计算应注意以下问题：

1）注意工程量的计量单位。各分部分项工程的工程量计量单位应与现行定额手册中所规定的单位相一致，以便在计算劳动量、材料需要量和机械数量时可直接套用，避免因换算而发生错误。

2）注意计算工程量时与选定的施工方法和安全技术要求一致。如计算基坑土方工程量时，应根据其开挖方法是单独基坑开挖还是大开挖，其边坡安全防护是放坡还是加支撑等施工内容，确定相应的土方体积计算尺寸。

3）注意结合施工组织的要求，分段、分层计算工程量。当直接采用预算文件中的工程量时，应按施工项目的划分情况将预算文件中有关项目的工程量汇总。如砌筑砖墙项目，预算中是按内墙、外墙，墙厚、砂浆强度等级分别计算工程量，施工进度计划的砌筑砖墙项目则需在此基础上分段、分层汇总计算工程量。

（4）计算劳动量和施工机械台班数量

根据确定的施工项目、工程量和施工方法，即可套用施工定额，计算该施工项目的劳动量或施工机械台班数量。计算公式如下：

$$P = \frac{Q}{S} \qquad (2\text{-}18)$$

$$P = Q \cdot H \qquad (2\text{-}19)$$

式中　P——完成某施工过程所需的劳动量（工日）或机械台班数量（台班）；

　　　Q——完成某施工过程所需的工程量（m^3、m^2、m、t、件、…）；

　　　S——某施工过程采用的产量定额（m^3、

134

m^2、m、t、件、…/工日或台班);

H——某施工过程采用的时间定额(工日或
台班/m^3、m^2、m、t、件、…)。

【例2-6】 已知某单层工业厂房施工,柱基土
方开挖工程量为3980m^3,计划采用人工开挖,每
工日产量定额为6.37m^3,则完成该基坑土方开挖
需要的劳动量为:

$$P = \frac{Q}{S} = \frac{3980}{6.37} = 625 \text{(工日)}$$

若已知时间定额为0.157工日/m^3,则完成该
基坑土方开挖所需的劳动量为:

$$P = QH = 3980 \times 0.157 = 625 \text{(工日)}$$

【例2-7】 某基坑土方工程量为5860m^3,采用
机械挖土,其机械挖土量是整个开挖量的90%,确
定采用挖土机挖土,自卸汽车随挖随运,挖土机的
产量定额为310m^3/台班,自卸汽车的产量定额为
85m^3/台班,试计算确定挖土机及自卸汽车的台班
需要量。

【解】

$$P = \frac{Q}{S} = \frac{5860 \times 0.9}{310} = 17 \text{(台班)}$$

$$P = \frac{Q}{S} = \frac{5860 \times 0.9}{85} = 62 \text{(台班)}$$

运用定额计算施工项目的劳动量或施工机械台班量，应注意以下问题：

1）确定合理的定额水平。当套用本企业制定的施工定额，一般可直接套用；当套用国家或地方颁发的定额，则必须结合本单位工人的实际操作水平、施工机械情况和施工现场条件等因素，确定实际定额水平。

2）对于采用新技术、新工艺、新材料、新结构或特殊施工方法的项目，施工定额中尚未编入，则需参考类似项目的定额、经验资料，或按实际情况确定其定额水平。

3）对于"其他工程"项目的劳动量，不必详细计算，可根据其内容和数量，并结合工程具体情况，以占总的劳动量的百分比（一般为 10%～20%）列入。

4）水、电、暖、卫生设备等设备安装工程项目，一般不必计算劳动量和机械台班需要量，仅安排其与土建工程配合的进度。

5）当同一性质不同类型的分项工程的工程量相等时，平均定额一般可采用其绝对平均值，即：

$$S = \frac{S_1 + S_2 + \cdots + S_n}{n} \qquad (2\text{-}20)$$

式中　　　　　　　　S——平均产量定额；

S_1、S_2、$\cdots S_n$——同一性质不同类型的分项工程的产量定额；

n——分项工程的数量。

6）当同一性质不同类型的分项工程的工程量不相等，或施工项目是由同一工种，但材料、做法和构造都不相同的施工过程合并而成时，平均定额应采用加权平均值，即：

$$\bar{S} = \frac{\sum\limits_{i=1}^{n} Q_i}{\sum\limits_{i=1}^{n} P_i} \qquad (2\text{-}21)$$

式中　　　　　　　　$\bar{S}$——某施工项目加权平均产量定额（m^3、m^2、m、t、件、$\cdots$/工日或台班）；

$\sum\limits_{i=1}^{n} Q_i$——该施工项目总工程量（$m^3$、$m^2$、m、t、件、$\cdots$）；

$\sum\limits_{i=1}^{n} Q_i = Q_1 + Q_2 + \cdots + Q_n$

$\sum\limits_{i=1}^{n} P_i$——该施工项目总劳动量（工日或台班）；

$$\sum_{i=1}^{n} P_i = P_1 + P_2 + \cdots + P_n = \frac{Q_1}{S_1} + \frac{Q_2}{S_2} + \cdots + \frac{Q_n}{S_n}$$

【例2-8】某工程室内楼地面装饰施工分别为水磨石、贴瓷砖和贴花岗石三种施工做法，经计算其工程量分别为 1850m²、682m²、1235m²，所采用的产量定额分别为 2.25m²/工日、3.85m²/工日、6.13m²/工日，计算其加权平均产量定额。

【解】

$$\bar{S} = \frac{\sum\limits_{i=1}^{n} Q_i}{\sum\limits_{i=1}^{n} P_i} = \frac{Q_1 + Q_2 + Q_3}{P_1 + P_2 + P_3}$$

$$= \frac{1850 + 682 + 1235}{\dfrac{1850}{2.25} + \dfrac{682}{3.85} + \dfrac{1235}{6.13}} = 3.14(\text{m}^2/\text{工日})$$

（5）确定各工程项目的工作持续时间

经上述计算出单位工程各分部分项工程施工的劳动量和机械台班数量后，就可以确定各分部分项工程项目的施工天数（工作的持续时间），这是编制施工进度计划的基本条件。

在组织流水施工时，每个专业施工班组在各个施工段上完成各自的施工任务所需要的工作持续时间，称为流水节拍。通常以 t_i 表示，它是流水施工的基本参数之一。

流水节拍的大小，可以反映出流水施工速度的快慢、节奏感的强弱和资源消耗量的多少。根据其数值特征，一般将流水施工又分为等节拍专业流水、异节拍专业流水和无节奏专业流水等施工组织方式。

1）流水节拍的计算

影响流水节拍数值大小的因素主要有：工程项目施工时所采取的施工方案，各施工段投入的劳动力人数或施工机械台班数，工作班次，以及该施工段工程量的多少。为避免施工班组转移时浪费工时，流水节拍在数值上最好是半个工作班的整倍数。其数值的确定，可按以下各种方法进行：

①定额计算法。这是根据各施工段的工程量、能够投入的资源量（工人数、机械台班数和材料量等），按公式（2-22）或公式（2-23）进行计算：

$$t_i = \frac{Q_i}{S_i R_i N_i} = \frac{P_i}{R_i N_i} \tag{2-22}$$

$$t_i = \frac{Q_i H_i}{R_i N_i} = \frac{P_i}{R_i N_i} \tag{2-23}$$

式中　t_i——某专业施工班组在第 i 施工段的流水节拍；

Q_i——某专业施工班组在第 i 施工段上完成的工程量;

S_i——某专业施工班组的计划产量定额;

H_i——某专业施工班组的计划时间定额;

P_i——某专业施工班组在第 i 施工段需要的劳动量或机械台班数量;

$$P_i = \frac{Q_i}{S_i} \text{ (或 } Q_i \cdot H_i)$$

R_i——某专业施工班组投入的工作人数或机械台数;

N_i——某专业施工班组的工作班次。

在公式 (2-22) 和公式 (2-23) 中,S_i 和 H_i 最好是本项目经理部的实际水平。

②经验估算法。它是根据以往的施工经验进行估算。一般为了提高其准确程度,往往先估算出该流水节拍的最长、最短和正常(即最可能)三种时间,然后据此求出期望时间作为某专业施工班组在某施工段上的流水节拍。因此,本法也称为三种时间估算法。一般按公式 (2-24) 进行计算:

$$t_i = \frac{a + 4c + b}{6} \tag{2-24}$$

式中 t_i——某施工过程在某施工段上的流水节拍;

a——某施工过程在某施工段上的最短估算时间；

b——某施工过程在某施工段上的最长估算时间；

c——某施工过程在某施工段上的正常估算时间。

这种方法多适用于采用新工艺、新方法和新材料等没有定额可循的工程项目。

③工期计算法。对某些施工任务在规定日期内必须完成的工程项目，往往采用倒排进度法。具体步骤如下：

A. 根据工期倒排进度，确定某施工过程的工作持续时间；

B. 确定某施工过程在某施工段上的流水节拍。若同一施工过程的流水节拍不等，则用估算法；若流水节拍相等，则按公式（2-25）进行计算：

$$t = \frac{T}{M} \qquad (2-25)$$

式中　t——流水节拍；

　　　T——某施工过程的工作持续时间；

　　　M——某施工过程划分的施工段数。

当施工段数确定后，流水节拍大，则工期相应的就长。因此，从理论上讲，总是希望流水节拍越小越好。但实际上由于受工作面的限制，每一施工过程在各施工段上都有最小的流水节拍，其数值可按公式（2-26）计算：

$$t_{\min} = \frac{A_{\min} u}{S} \qquad (2-26)$$

式中　$t_{\min}$——某施工过程在某施工段的最小流水节拍；

　　$A_{\min}$——每个工人所需最小工作面；

　　u——单位工作面的工程量含量；

　　S——产量定额。

式（2-26）计算出的数值，应取整数或半个工日的整倍数，根据工期计算的流水节拍，应大于最小流水节拍。

2）确定流水节拍的要点

①施工班组人数应符合该施工过程最少劳动组合人数的要求。例如，现浇钢筋混凝土施工过程，包括上料、搅拌、运输、浇捣等施工操作环节，如果人数太少，是无法组织施工的。

②要考虑工作面的大小或某种条件的限制。施工班组人数也不能太多，每个工人的工作面要符合最小工作面的要求，否则，就不能发挥正常的施工

效率或不利于安全生产。

③要考虑各种机械台班的效率（吊装次数）或机械台班产量的大小。

④要考虑各种材料、构件等施工现场堆放量、供应能力及其他有关条件的制约。

⑤要考虑施工及技术条件的要求。例如，不能留施工缝必须连续浇筑的钢筋混凝土工程，有时要按三班制工作的条件决定流水节拍，以确保工程质量。

⑥确定一个分部工程施工过程的流水节拍时，首先应考虑主要的、工程量大的施工过程的节拍（它的节拍值最大，对工程起主要作用），其次确定其他施工过程的节拍值。

⑦流水节拍值一般取整数，必要时可保留 0.5d（台班）的小数值。

（6）初步编制施工进度计划

经上述各项计算，在确定各分部分项工程项目施工顺序和工作持续时间以后，即可以编制施工进度计划的初始方案。此时，必须考虑各分部分项工程的合理施工顺序，尽可能组织流水施工，力求主要工程项目或施工工种连续工作。

1）时间参数的确定

①流水步距

在组织工程项目流水施工时，相邻两个专业施工班组先后进入同一施工段开始施工时的合理时间间隔，称为流水步距。流水步距通常以 $K_{i,i+1}$ 表示，它是流水施工的重要参数之一。

A. 确定流水步距的原则

（A）流水步距要满足相邻两个专业施工班组，在施工顺序上的相互制约关系；

（B）流水步距要保证各专业施工班组都能连续作业；

（C）流水步距要保证相邻两个专业施工班组，在开工时间上最大限度地、合理地搭接，保证工程质量，满足安全生产。

B. 确定流水步距的方法

流水步距的确定方法很多，简捷而实用的方法主要有：图上分析法、分析计算法和"大差"法（潘特考夫斯基法）。下面主要介绍分析计算法和"大差"法。

（A）分析计算法，它是通过分析计算法公式确定流水步距的方法。

在流水施工中，如果同一施工过程在各施工段上的流水节拍相等，则各相邻施工过程之间的流水步距可按下式计算：

$$K_{i,i+1} = t_i + (J_{i,i+1} - C_{i,i+1}) \quad (t_i \leqslant t_{i+1})$$

$$(2-27)$$

$$K_{i,i+1} = t_i + (t_i - t_{i+1})(M-1)$$
$$+ (J_{i,i+1} - C_{i,i+1}) \quad (t_i > t_{i+1})$$

$$(2-28)$$

或 $$K_{i,i+1} = Mt_i - (M-1)t_{i+1} + (J_{i,i+1} - C_{i,i+1})$$

$$(2-29)$$

式中　　t_i——第 i 个施工过程的流水节拍；

t_{i+1}——第 $i+1$ 个施工过程的流水节拍；

$J_{i,i+1}$——第 i 个施工过程与第 $i+1$ 个施工过程之间的间歇时间；

$C_{i,i+1}$——第 i 个施工过程与第 $i+1$ 个施工过程之间的平行搭接时间。

（B）"大差"法，它没有计算公式，其文字表达式为"累加数列错位相减取其最大差"。此法适用于同一施工过程在各施工段上的流水节拍不相等的情况下，即在组织无节奏专业流水施工时，其计算步骤如下：

根据各专业施工班组在各施工段上的流水节拍，求累加数列；

根据施工顺序，对所求相邻两个施工过程的两

145

累加数列，错位相减；

根据错位相减的结果，确定相邻两个专业施工班组之间的流水步距，即取相减结果中数值最大者为相邻两个专业施工班组之间的流水步距。

【例2-9】某工程组织流水时由三个施工过程组成，在平面上划分为四个施工段，每个施工过程的流水节拍如表2-9所示，试确定流水步距。

某工程施工时的流水节拍　　　　　表2-9

施工过程名称	流水节拍（天）			
	I	II	III	IV
A	2	4	3	2
B	3	3	2	2
C	4	2	3	2

【解】

（1）将每个施工过程的流水节拍逐段累加，求得累加数列：

A: 2　6　9　11
B: 3　6　8　10
C: 4　6　9　11

（2）相邻两个施工过程的流水节拍的累加数列

错位相减：

A、B
$$\begin{array}{rrrrr} 2 & 6 & 9 & 11 & \\ - & 3 & 6 & 8 & 10 \\ \hline 2 & 3 & 3 & 3 & -10 \end{array}$$

B、C
$$\begin{array}{rrrrr} 3 & 6 & 8 & 10 & \\ - & 4 & 6 & 9 & 11 \\ \hline 3 & 2 & 2 & 1 & -11 \end{array}$$

（3）取差值最大者作为流水步距，则：

$$K_{A,B} = \max\{2,3,3,3,-10\} = 3(\text{天})$$

$$K_{B,C} = \max\{3,2,2,1,-11\} = 3(\text{天})$$

②技术间歇时间

在组织工程项目流水施工时，除要考虑相邻专业施工班组之间的流水步距外，有时要根据建筑材料或现浇构件等的工艺性质，还要考虑合理的工艺等待间歇时间，这个等待时间称为技术间歇时间，如混凝土浇筑后的养护时间、砂浆抹面和油漆面的干燥时间等。技术间歇时间以 $Z_{i,i+1}$ 表示。

③组织间歇时间

在组织工程项目流水施工中，由于施工技术或施工组织的原因，造成的在流水步距以外增加的间歇时间，称为组织间歇时间，如墙体砌筑前的墙身位置弹线，施工人员、机械转移，回填土前地下管

147

道的检查验收等。组织间歇时间以 $G_{i,i+1}$ 表示。

在组织工程项目流水施工时，技术间歇和组织间歇时间有时要统一考虑，有时要分别考虑，施工中可根据具体情况分别对待。但二者的概念、内容和作用是不同的，必须结合具体情况灵活处理。

④平行搭接时间

在组织工程项目流水施工时，相邻两个专业施工班组在同一施工段上的关系，一般是前后衔接关系，即前一施工班组完成全部任务后一施工班组才能开始。但有时为了缩短工期，在工作面允许的条件下，如果前一个专业施工班组完成部分施工任务后，能够提前为后一个专业施工班组提供工作面，使后者提前进入同一个施工段，两者在同一施工段上平行搭接施工，这个搭接的时间称为平行搭接时间，通常以 $C_{i,i+1}$ 表示。

⑤工期

工期是指完成一项工程任务或一个流水作业施工所需的时间，一般可采用下式计算：

$$T = \sum K_{i,i+1} + T_N \qquad (2\text{-}30)$$

式中　$\sum K_{i,i+1}$——流水施工中各施工过程的流水步距之和；

T_N——流水施工中最后一个施工过程在

各施工段上的延续时间。

2）施工进度计划的表达方式

施工进度计划可以用横道图、斜线图和网络图表示。

3）编制步骤

①首先划分主要施工阶段或分部工程，分析每个主要施工阶段或分部工程的主导施工过程，优先安排主导施工过程的施工进度，使其尽可能连续施工。其他施工过程尽可能与主导施工过程配合穿插、搭接或平行作业，形成主要施工阶段或分部工程的流水作业图。如单层工业厂房建筑施工，主要施工阶段为结构构件的结构安装工程，应首先编制该阶段的流水作业进度计划，然后再编制其他施工阶段的流水施工计划。

②在安排好主要施工阶段或分部工程的进度计划后，根据主要施工阶段或分部工程的要求，编制其他施工阶段或分部工程的进度计划。对于其他施工阶段或分部工程，也要分析其阶段内的主导工程，先安排主导施工项目施工，再安排其他施工项目的施工进度，形成其他施工阶段或分部工程的流水作业图。如单层工业厂房建筑施工，厂房构件的预制施工阶段，应根据结构安装的要求和进度，安

排好各种构件的现场预制进度和构件的运输时间安排等项目施工。

③按照施工程序，将各施工阶段或分部工程的流水作业图最大限度地合理搭接起来，一般需考虑相邻施工阶段或分部工程的前者最后一个分项工程与后者的第一个分项工程的施工顺序关系。最后汇总为单位工程的初始进度计划。如单层工业厂房建筑施工，当采用分件安装法施工时，吊车梁、连系梁等构件的预制与柱吊装可以穿插进行施工等。

（7）施工进度计划的检查与调整

对初排的施工进度计划，难免出现一些不足之处，为了使初排的施工进度满足规定的目标，应根据上级要求、合同规定、施工条件及经济效益等因素，对初排的施工进度计划进行检查和调整。

1）施工进度计划的检查

①先检查各施工项目间的施工顺序是否合理。施工顺序的安排应符合建筑施工技术、工艺和组织的基本规律和要求，各施工项目之间的平行搭接和技术间歇应科学合理。

②检查工期是否合理。施工进度计划安排的施工工期首先应满足上级规定或施工合同的要求；其次应满足连续均衡施工，具有较好的经济效果，即

安排工期要合理，并不一定是越短越好。

③检查资源供应是否均衡。施工进度计划的劳动力、材料、机械设备等各项资源的供应与使用，应避免集中，尽量做到连续均衡。主要施工机械的使用率合理。

2）施工进度计划的调整

经过检查，对于施工进度计划的不当之处应作调整。其调整的方法是：

①增加或缩短某些施工项目的工作持续时间，以改变工期和资源状态。

②在施工顺序允许的情况下，将某些施工项目的施工时间向前或向后移动，优化资源供应。

③必要时可考虑改变施工技术方法或施工组织措施，以期满足施工顺序、工期、资源等方面的目标需要。

（8）施工进度计划的审核

单位工程施工进度计划编制完成后，一般应报上级主管部门和建设单位、监理单位等建设管理单位审核，施工进度计划审核的主要内容有：

1）单位工程施工进度目标应符合总进度目标及施工合同工期的要求，符合其开竣工日期的规定，分期施工应满足分批交工的需要和配套交工的要求。

2）施工进度计划的内容全面无遗漏，能保证施工质量和安全的需要。

3）合理安排施工程序和作业顺序。

4）资源供应能保证施工进度计划的实现，且较均衡。

5）能清楚分析进度计划实施中的风险，并制定防范对策和应变预案。

6）各项进度保证计划措施周到可行、切实有效。

应当指出，施工进度计划的编制步骤之间不是孤立的，而是存在相互联系、相互依赖的关系，有的可以同时进行。建筑施工本身是一个复杂的生产过程，受到周围许多客观因素的影响，在施工过程中，由于资源供应、机械使用以及自然条件等发生变化，都会影响施工进度。因此，在工程施工过程中，应随时掌握施工动态，并经常检查和调整施工进度计划。

2.2.3.5 单位工程各项资源需求量计划

单位工程施工进度计划编制确定以后，根据单位工程施工图、工程量计算资料、施工方案、施工进度计划等有关技术资料，分别计算出各分部分项工程的劳动力、材料、施工机械等资源的每天需用量，将其汇总后，分别编制劳动力需要量计划，各种主要材料、构件和半成品需要量计划及各种施工机械的需要量计划。依据单位工程的各种资源需求量计划，进行各项工程的施工准备，做好各种资源的供应、调度、平衡和落实工作。

（1）劳动力需要量计划

依据单位工程的施工进度计划、施工方案和劳动定额等相关资料，编制劳动力需要量计划。该计划主要反映单位工程施工中，所需各种技工、普工人数，它是进行施工现场劳动力调配、平衡以及安排生活福利设施的主要依据。其编制方法是：将施工进度计划表上每天（或旬、月）施工的项目所需工人按工种分别统计，得出每天（或旬、月）所需工种及其人数，再按时间进度要求汇总。劳动力需求量计划的表格形式如表2-10所示。

劳动力需求量计划表 表2-10

序号	专业工种		劳动量工日	需要人数及时间						备注
	名称	级别		年　　月			年　　月			
				上旬	中旬	下旬	上旬	中旬	下旬	

153

（2）主要材料需要量计划

依据单位工程施工进度计划、施工预算的工料分析等技术资料，编制主要材料需求量计划。该计划主要反映单位工程施工中，各种主要材料的需要量和使用时间，它是施工现场备料、确定仓储和堆场面积，以及安排材料运输的依据。其编制方法是：通过对施工进度计划表中的各分部分项施工过程所需的材料进行分析，分别按材料的品种、规格、数量和使用时间进行汇总，并制成表格。主要材料需求量计划的表格形式如表 2-11 所示。

主要材料需求量计划表　　　　表 2-11

序号	材料名称	规格	需求量		需用时间	备注
			单位	数量		

（3）预制加工品需要量计划

预制加工品主要包括混凝土制品、木结构制品、钢结构制品以及门窗等。预制加工品需要量计划依据施工图、施工方案、施工方法和施工进度计划等要求编制而成。该计划主要反映单位工程施工中，各种预制构件的需要量、使用时间或供应时间，它是落实构件加工单位、确定现场的堆场面积，以及安排构件加工、构件运输和构件进场的依据。其编制方法是：通过对施工进度计划表中的各分部分项施工过程所需的构件按钢结构、木构件、钢筋混凝土构件等不同类型分别进行分析，提出构件的名称、规格、数量和使用时间，并进行汇总制成表格。预制加工品需求量计划的表格形式如表2-12 所示。

预制加工品需求量计划表　　　表 2-12

序号	预制加工品名称	型号图号	规格尺寸	需要量		使用部位	加工单位	供应时间	备注
				单位	数量				

（4）施工机械需要量计划

依据施工方案、施工方法和施工进度计划等技术资料，编制施工机械需要量计划。该计划主要反映单位工程施工中，各种施工机械和机具的需要量和使用时间，它是落实施工机械和机具设备的来源、组织设备进场，以及安排设备运输的依据。其编制方法是：通过对施工进度计划表中的各分部分项施工过程每天所需的机械和机具设备进行分析，分别按所需设备的机械类型、数量和使用日期进行汇总，并制成表格。施工机械需求量计划的表格形式如表 2-13 所示。

施工机械需求量计划表　　　　表 2-13

序号	施工机械名称	型号	规格	电功率（kV·A）	需要数量	设备来源	进场或安装时间	出场或拆卸时间	备注

（5）生产工艺设备需要量计划

依据生产工艺布置图和设备安装的进度要求等技术资料，编制生产工艺设备需要量计划。该计划主要说明生产性工艺设备的需要量和安装时间，它是进行生产性工艺设备的订货、组织设备运输和进场，以及安排设备安装的依据。其编制方法是：通过对施工进度计划表中的生产性工艺设备的安装进度进行分析，分别列出所需设备的类型、数量和安装以及进场时间并进行汇总制成表格。生产工艺设备需求量计划的表格形式如表 2-14 所示。

生产工艺设备需求量计划表　　表 2-14

序号	生产工艺设备名称	型号	规格	电功率 (kV·A)	需要量		设备来源	进场时间	备注
					单位	数量			

2.2.3.6　施工准备工作计划

依据施工进度计划和各分部分项工程的施工方案等工程施工的技术文件，编制施工准备计划。它主要反映工程施工前和施工过程中必要的施工准备工作，是施工企业落实安排施工准备工作的依据。其编制方法是：分析施工进度计划表中的各分部分项施工过程的施工方案和施工方法，分别列出施工准备工作内容和完成时间要求等各项内容，并制成表格或用横道图、网络图来表示，从而保证施工准备工作有计划地进行，并便于检查、监督施工准备工作的进展情况。施工准备工作计划的表格形式如表 2-15 所示。

施工准备工作计划表　　　表 2-15

序号	施工准备工作名称	施工准备工作内容（量化指标体系）	主办单位（负责人）	协办单位（负责人）	完成时间	备注

2.2.3.7　施工进度计划技术经济评价

单位工程施工进度计划编制完成后，应对其进行技术经济评价，以判断其优劣。其主要评价指标包括以下几项：

（1）工期指标

1）总工期：自开工之日到竣工之日的全部日历天数。

2）提前时间

提前时间 = 上级要求或合同要求工期

　　　　　－ 计划工期　　　　　　（2-31）

3）节约时间

节约时间 = 定额工期 － 计划工期　（2-32）

（2）劳动量消耗的均衡性指标

用劳动量不均衡系数（k）加以评价

$$k = \frac{高峰施工人数}{施工期内每天平均施工人数} \qquad (2\text{-}33)$$

对于单位工程施工或各个专业工种来说，每天出勤的工人人数应力求不发生过大的变动，即劳动量消耗应力求均衡，为了反映劳动量消耗的均衡情况，应画出劳动量消耗的动态曲线图。在劳动量消耗动态曲线图上，不允许出现短时期的高峰或长时期的低陷情况，允许出现短时期的甚至是很大的低陷。最理想的情况是 k 接近于 1，在 2 以内为好，超过 2 则不正常。当一个施工单位在一个工地上有许多单位工程时，则一个单位工程的劳动量消耗是否均衡就不是主要的问题，此时，应控制全工地的劳动量动态曲线图，力求在全工地范围内的劳动量消耗均衡。

（3）主要施工机械的利用程度

主要施工机械一般是指挖土机、塔式起重机、混凝土搅拌机、混凝土泵等台班费用高、进出场费用大的机械，提高其利用程度有利于降低施工费用，加快施工进度。主要施工机械利用率的计算公式为：

主要施工机械利用率 =

$$\frac{\text{作业期内施工机械工作时间(台日或台时数)}}{\text{作业期内施工机械制度时间(台日或台时数)}}$$

(2-34)

(4) 单方用工数

$$\text{总单方用工数} = \frac{\text{单位工程用工数(工日)}}{\text{建筑面积(m}^2\text{)}}$$

(2-35)

$$\text{分部工程单方用工数} = \frac{\text{分部工程用工数(工日)}}{\text{建筑面积(m}^2\text{)}}$$

(2-36)

(5) 工日节约率

总工日节约率 =

$$\frac{\text{施工预算用工数(工日)} - \text{计划用工数(工日)}}{\text{施工预算用工数(工日)}} \times 100\%$$

(2-37)

(6) 大型机械单方台班用量

$$\text{大型机械单方台班用量} = \frac{\text{大型机械台班用量(台班)}}{\text{建筑面积(m}^2\text{)}}$$

(2-38)

(7) 建安工人日产值

建安工人日产值 =

$$\frac{\text{计划施工工程工作量（元）}}{\text{施工进度计划日期×每日平均人数（工日）}} \quad (2\text{-}39)$$

2.2.4 施工平面图设计

单位工程施工平面图是对拟建单位工程施工现场所作的平面规划和空间布置图。它是根据拟建工程的规模、施工方案、施工进度计划及施工现场的条件等因素，按照一定的设计原则，正确地解决施工期间所需的各种暂设工程同永久性工程和拟建工程之间的合理位置关系。单位工程施工平面图是进行施工现场布置的依据，是实现施工现场有计划有组织进行文明施工的先决条件，因此它是单位工程施工组织设计的重要组成部分。贯彻和执行科学合理的施工平面布置，会使施工现场秩序井然，施工顺利进行，保证进度，提高效率和经济效果。否则，会导致施工现场的混乱，造成不良后果。

2.2.4.1 施工平面图设计的依据

在进行单位工程施工平面图设计前，首先应认真研究施工方案和施工进度计划，对施工现场以及周围的环境作深入的调查研究，充分分析设计施工平面图的原始资料，使平面布置与施工现场的实际情况相符，使施工平面图设计确实起到指导施工现

场空间布置的作用。施工平面图设计所依据的主要资料包括:

(1) 有关拟建工程的原始资料

1) 自然条件调查资料。如气象、地形地貌、水文及工程地质资料,周围环境和障碍物等。主要用于布置地表水和地下水的排水沟,确定易燃、易爆及有碍人体健康的设施的布置,安排冬雨期施工期间所需设备的地点。

2) 技术经济调查资料。如交通运输、水源、电源、气源、物资资源等情况。主要用于布置水、电、管线和道路等。

3) 社会调查资料。如社会劳动力和生活设施,参加施工各单位的情况,建设单位可为施工提供的房屋和其他生活设施。它可以确定可利用的房屋和设施情况,对布置临时设施有重要作用。

(2) 有关的设计资料、图纸等

1) 建筑总平面图。图上包括一切地下、地上原有和拟建的房屋和构筑物的位置和尺寸。它是正确确定临时房屋和其他设施位置,以及修建工地运输道路和排水设施等所需的资料。

2) 一切原有和拟建的地下、地上管道位置资料。在设计施工平面图时,可考虑利用这些管道或需考虑提前拆除或迁移，并需注意不得在拟建的管道位置上面建临时建筑物。

3）建筑区域的竖向设计资料和土方平衡图。它在布置水、电管线、道路以及安排土方的挖填、取土或弃土地点时有用。

4）本工程如属群体工程之一，应符合施工组织总设计和施工总平面图的要求。

（3）单位工程施工组织设计的施工方案、进度计划、资源需要量计划等施工资料

1）单位工程施工方案。据此可以确定垂直运输机械和其他施工机具的位置、数量和规划场地。

2）施工进度计划。从中可了解各施工阶段的情况，以便分阶段布置施工现场。

3）资源需要计划。即各种劳动力、材料、构件、半成品等需要量计划，可以确定宿舍、食堂的面积、位置，仓库和堆场的面积、形式、位置等。

（4）与施工现场布置有关的建设法律、法规和规范等资料

这些资料一般包括：《建设工程施工现场管理规定》、《文物保护法》、《环境保护法》、《环境噪声污染防治法》、《消防法》、《消防条例》、《环境管理体系标准汇编》（GB/T24000 - ISO 14000）、

《建设工程施工现场综合考评试行办法》、《建筑施工安全检查标准》等。另外，施工平面图布置时还应遵守有关企业的施工现场管理标准和规定。遵守以上法律法规和规定，可以使施工平面图的布置安全有序，整洁卫生，不扰民，不损害公众利益，做到文明施工。

2.2.4.2 施工平面图设计的内容

单位工程施工平面图主要表达单位工程施工现场的平面布置情况，通常包括如下内容：

（1）已建和拟建的地上和地下的一切建筑物、构筑物以及其他设施（如道路和管线等）的位置和尺寸；

（2）测量放线标桩（如坐标控制点和水准点）位置，地形等高线和土方取弃场地；

（3）移动式起重机开行路线、轨道布置和固定式垂直运输设备位置；

（4）建筑材料、构件、成品、半成品以及施工机具等的仓库和堆场；

（5）各种生产性设施，如办公室、工具房、实验室、搅拌站、钢筋棚、木工棚、消防设施、安全设施，以及为满足施工要求而设置的其他设施；

（6）生活福利性设施，如宿舍、食堂、卫生间、车棚等；

（7）场外交通引入位置和场内道路的布置；

（8）临时给水排水管线、临时用电（包括电力、通信等）线路、蒸汽及压缩空气管道等布置；

（9）临时围墙及一切保安和消防设施等；

（10）必要的图例、比例尺、方向及风向标记等。

2.2.4.3 施工平面图设计的基本原则

（1）在保证施工顺利进行的前提下，现场布置尽量要紧凑，节约用地，便于管理，不占或少占农田。并减少施工用的管线，降低成本。

（2）合理地组织现场的运输，在保证现场运输道路畅通的前提下，最大限度地减少场内运输，特别是场内二次搬运，各种材料尽可能按计划分期分批进场，充分利用场地。各种材料堆放位置，应根据使用时间的要求，尽量靠近使用地点，运距最短，既节约劳动力，也减少材料多次转运中的消耗，可降低成本。

（3）控制临时设施规模，降低临时设施费用。在满足施工的条件下，尽可能利用施工现场附近的原有建筑物作为施工临时设施，尽量采用装配式的临时设施，从而减少临时设施的费用。

（4）临时设施的布置，应便于施工管理及工人的生产和生活，使工人至施工区的距离最近，往返时间最少，办公用房应靠近施工现场，福利设施应布置在生活区范围之内。

（5）遵循建设法律法规对施工现场管理提出的要求，为生产、生活、安全、消防、环保、市容、卫生防疫、劳动保护等提供方便条件。

2.2.4.4 施工平面图设计的步骤与方法

单位工程施工平面图设计步骤，如图2-14所示。

以上步骤在实际设计中，往往互相牵连，互相影响。为此，要多次、反复地进行研究分析。同时应注意，单位工程施工平面布置除应考虑在平面上的布置是否合理外，还必须考虑它们的空间条件是否可能和科学合理，特别要注意安全问题。

（1）垂直运输机械的布置

垂直运输机械在建筑施工中主要担负垂直运送建筑材料、机具设备以及人员上下的任务。其布置位置直接影响仓库、搅拌站、各种材料和构件等位置及道路和水、电线路的布置等，因此，它的布置是施工现场全局的中心环节，必须首先予以确定。

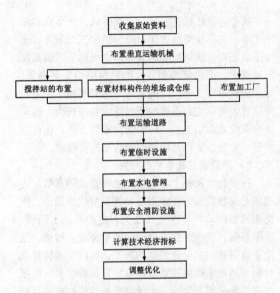

图 2-14 单位工程施工平面图的设计步骤

　　单位工程施工中常用的垂直运输机械包括：自行杆式起重机、塔式起重机、井架或龙门架、施工电梯以及混凝土泵或泵车等。由于各种垂直运输机械性能不同，其布置的位置也不相同。

　　1) 自行杆式起重机的布置

这类起重机械主要包括：履带式、汽车式和轮胎式等。它移动灵活方便，能为整个工地服务，多用于现场构件或材料等的装卸，也可用于建筑高度不算很大，而建筑面积较大的房屋结构安装施工。如装配式单层工业厂房的主体结构安装施工。其布置位置主要确定起重机的开行路线和停机点，通常依据装配式单层工业厂房的结构安装方法，构件的重量、安装位置以及构件的安装工艺来确定。

2）固定塔式起重机的布置

这类起重机械主要包括：附着塔式起重机、内爬塔式起重机等。在施工现场其设置位置固定，依据建筑物作依托，设置高度大。由于采用上回转、水平吊臂，使该类起重机械服务半径大大增加。适用于高层和超高层建筑物的施工，可以完成构件或材料等的水平运输和垂直运输。其布置位置一般根据建筑物的平面尺寸、形状以及安装构件或吊运材料的重量、位置和尺寸等确定。附着塔式起重机一般布置在建筑物外中部的位置，并靠近场地较宽的一侧，使起重机械能够直接从材料或工具的堆场起吊，减少现场的二次搬运。依据建筑物的平面尺寸确定其水平吊臂的长度，应尽量避免出现吊装死角。内爬塔式起重机通常依托高层建筑的电梯间或走廊的位置设置，随建筑物建造高度的增加，每三至五层爬升一次，其布置方式如图2-15所示。

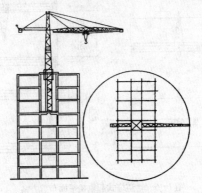

图2-15　内爬塔式起重机平面布置方案

3）轨道塔式起重机的布置

这类起重机械通常设置在沿建筑物长向布置的轨道上，可以在轨道上移动，从而扩大起重机的服务范围。按起重机的回转方式一般有：上回转式和下回转式等。其布置位置取决于建筑物的平面形状、尺寸、构件重量、起重机的性能以及四周的施工场地条件等因素。其平面布置方案通常采用以下四种，如图 2-16 所示。

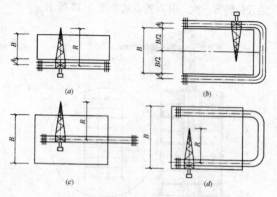

图 2-16 轨道塔式起重机平面布置方案
(a) 单侧布置；(b) 双侧布置；
(c) 跨内中部布置；(d) 跨内环形布置

①单侧布置

当建筑物宽度较小，可在场地较宽的一面沿建筑物的长向布置，其优点是轨道长度较短，并有较宽的场地堆放材料和构件。起重机起重半径 R 应满足下式要求：

$$R \geqslant B + A \qquad (2-40)$$

式中 R——塔式起重机的最大回转半径（m）；

　　　B——建筑物平面的最大宽度（m）；

　　　A——塔轨中心线至外墙外边线的距离（m）。

一般当无阳台时，A = 安全网宽度 + 安全网外侧至轨道中心线距离；

当有阳台时，A = 阳台宽度 + 安全网宽度 + 安全网外侧至轨道中心线距离。

②双侧布置（或环形布置）

当建筑物较宽，构件重量较重时，可采用双侧布置（或环形布置）。起重机起重半径 R 应满足下式要求：

$$R \geqslant \frac{B}{2} + A \tag{2-41}$$

③跨内中部布置

当建筑物周围场地狭窄，或建筑物较宽，构件较重时，采用跨内中部布置。起重机起重半径应满足下式要求：

$$R \geqslant \frac{B}{2} \tag{2-42}$$

④跨内环形布置

当建筑物较宽，采用跨内中部布置不能满足构件吊装要求，且不可能跨外布置时，应选择跨内环形布置。

4）井架或龙门架的布置

井架和龙门架是固定式垂直运输机械，其稳定性好、运输量大，是施工中最常用的，也是最为简便的垂直运输机械，采用附着式可搭设超过100m的高度。井架内设吊盘（也可在吊盘下加设混凝土料斗），井架上可视需要设置拔杆，其起重量一般为0.5～1.5t，回转半径可达10m。

井字架或龙门架的布置，主要是根据机械性能，工程的平面形状和尺寸，流水段划分情况，材料来向和已有运输道路情况而定。布置的原则是，充分发挥起重机械的能力，并使地面和楼面的水平运输距离最短。布置时应考虑以下几个方面的因素：

①当建筑物呈长条形，层数、高度相同时，一般布置在流水段分界处或长度方向居中位置。

②当建筑物各部位高度不同时，应布置在高低分界线较高部位一侧。

③其布置位置以窗口处为宜，以方便材料的运输，并避免砌墙留槎和减少井架拆除后的修补工作。

④一般考虑布置在现场较宽的一面，因为这一

面便于堆放材料和构件，以达到缩短运距的要求。

⑤井字架、龙门架的数量要根据施工进度，提升的材料和构件数量，台班工作效率等因素计算确定，其服务范围一般为 50~60m。

⑥卷扬机应设置安全作业棚，其位置不应距起重机械太近，以便操作人员的视线能看到整个升降过程。一般要求此距离大于建筑物高度，水平距外脚手架 3m 以上。

⑦井架应立在外脚手架之外并有一定距离为宜，一般为 50~60cm。

⑧缆风绳设置，高度在 15m 以下时设一道，15m 以上时每增高 10m 增设一道，宜用钢丝绳，并与地面夹角成 45°，当附着于建筑物时可不设缆风绳。

5）建筑施工电梯的布置

建筑施工电梯（亦称施工升降机或外用电梯）是高层建筑施工中运输施工人员及建筑器材的主要垂直运输设施，它附着在建筑物外墙或其他结构部位上，随建筑物升高，架设高度可达 200m 以上。

在确定建筑施工电梯的位置时，应考虑便利施工人员上下和物料集散；电梯口至各施工处的平均距离应最短；便于安装附墙装置；接近电源，有良好的夜间照明。

6) 混凝土泵和泵车的布置

在高层建筑施工中，混凝土的垂直运输量十分巨大，通常采用泵送方法进行。混凝土泵是在压力推动下沿管道输送混凝土的一种设备，它能一次连续完成水平运输和垂直运输，配以布料杆或布料机还可以有效地进行布料和浇筑。在泵送混凝土的施工中，混凝土泵和泵车的停放布置是一个关键，不仅影响混凝土输送管的配置，同时也影响到泵送混凝土的施工能否按质按量完成，其布置通常考虑如下几个方面：

①混凝土泵设置处的场地应平整坚实，具有重车行走条件，且有足够的场地、道路畅通，使供料调车方便；

②混凝土泵应尽量靠近浇筑地点，以减少管道的长度以及混凝土泵送压力；

③其停放位置靠近排水设施，供水、供电方便，便于泵车清洗；

④混凝土泵作业范围内，不得有障碍物、高压电线，同时要有防范高空坠物的措施，保障作业安全；

⑤当高层建筑采用接力泵泵送混凝土时，其设置位置应使上、下泵的输送能力匹配，同时应验算

其楼面结构部位的承载力，必要时采取加固措施；

（2）搅拌站、加工厂及各种材料、构件、堆场或仓库的布置

搅拌站、加工厂及各种材料、构件的堆场或仓库的位置应尽量靠近使用地点或在塔式起重机服务范围之内，同时应尽量靠近施工道路，便于运输和装卸。

这些加工厂占地面积大小取决于加工设备尺寸、工艺流程、设施的建筑设计，以及安全和防火方面的要求，通常可参照表2-16、表2-17的有关经验指标加以确定。

工地作业棚面积指标参考表　　表2-16

序号	名　称	单位	建筑面积（m²）	备　注
1	木工作业棚	每人	2	占地为建筑面积2~3倍
2	电锯房（34′~36′圆锯1台）	每座	80	
3	电锯房（小圆锯1台）	每座	40	
4	钢筋作业棚	每人	3	占地为建筑面积3~4倍

序号	名　　称	单位	建筑面积（m²）	备　注
5	卷扬机棚	每台	6～12	
6	搅拌棚	每座	10～18	
7	烘炉房	每座	30～40	
8	焊工房	每座	20～40	
9	电工房	每座	15	
10	白铁工房	每座	20	
11	油漆工房	每座	20	
12	机、钳工房	每座	20	
13	立式锅炉房	每台	5～10	
14	发电机房	每千瓦	0.2～0.3	
15	水泵房	每台	3～8	
16	空压机房（移动式）	每台	18～30	
17	空压机房（固定式）	每台	9～15	

1）搅拌站的布置

搅拌站主要指混凝土搅拌机和砂浆搅拌机，其型号、规格、数量在施工方案中予以确定。其布置通常考虑如下几个方面：

临时加工场面积指标参考表 表2-17

序号	加工场名称	年产量		单位产量所需建筑面积	占地总面积 (m²)	备注
		单位	数量			
1	混凝土搅拌站	m³	3200	0.022 (m²/m³)		400L 搅拌站 2 台
		m³	4800	0.021 (m²/m³)		400L 搅拌站 3 台
		m³	6400	0.020 (m²/m³)		400L 搅拌站 4 台
2	临时性混凝土预制场	m³	1000	0.25 (m²/m³)	2000	生产屋面板和中小型梁柱板等，配有蒸养设施
		m³	2000	0.20 (m²/m³)	3000	
		m³	3000	0.15 (m²/m³)	4000	
		m³	4000	0.125 (m²/m³)	小于 6000	
3	半永久性混凝土预制厂	m³	3000	0.6 (m²/m³)	9000~12000	
		m³	5000	0.4 (m²/m³)	12000~15000	
		m³	10000	0.3 (m²/m³)	15000~20000	
4	木材加工厂	m³	15000	0.0244 (m²/m³)	1800~3600	进行原木、木方加工
		m³	24000	0.0199 (m²/m³)	2200~4800	
		m³	30000	0.0181 (m²/m³)	3000~5500	

序号	加工场名称	年产量		单位产量所需建筑面积	占地总面积（m²）	备注
		单位	数量			
4	综合木工加工厂	m³	200	0.30（m²/m³）	100	加工门窗、模板、地板、屋架等
		m³	500	0.25（m²/m³）	200	
		m³	1000	0.20（m²/m³）	300	
		m³	2000	0.15（m²/m³）	420	
	粗木加工厂	m³	5000	0.12（m²/m³）	1350	加工屋架、模板
		m³	10000	0.10（m²/m³）	2500	
		m³	15000	0.09（m²/m³）	3750	
		m³	20000	0.08（m²/m³）	4800	
	细木加工厂	m³	5	0.0140（m²/m³）	7000	加工门窗、地板
		m³	10	0.0114（m²/m³）	10000	
		m³	15	0.0106（m²/m³）	14000	

序号	加工场名称	年产量 数量	年产量 单位	单位产量所需建筑面积（m²/t）	占地总面积（m²）	备注
4	钢筋加工工厂	200	t	0.35（m²/t）	280～560	加工、成型、焊接
		500	t	0.25（m²/t）	380～750	
		1000	t	0.20（m²/t）	400～800	
		2000	t	0.15（m²/t）	450～900	
	现场钢筋调直加工拉直场 卷场机棚 冷拉场 时效场	所需场地（长×宽） 70～80m×3～4m 15～20（m²） 40～60m×3～4m 30～40m×6～8m				包括材料和成品堆放
5	钢筋对焊 对焊场地 对焊棚	所需场地（长×宽） 30～40m×4～5m 15～24（m²）				包括材料和成品堆放

续表

序号	加工场名称	年产量 数量	年产量 单位	单位产量所需建筑面积（m²/台）	占地总面积（m²）	备注
5	钢筋冷加工 冷拉剪断机 冷扎机 弯曲机 φ12 以下 弯曲机 φ40 以下		所需场地 40~50 30~40 50~60 60~70			按一批加工数量计算
6	金属结构加工（包括一般铁件）		所需场地（m²/t） 年产 500t 为 10 年产 1000t 为 8 年产 2000t 为 6 年产 3000t 为 5			按一批加工数量计算
7	石灰消化	贮灰池 淋灰池 淋灰槽		5×3=15（m²） 4×3=12（m²） 3×2=6（m²）		每两个贮灰池配一个淋灰池
8	沥青锅场地		20~24（m²）			台班产量 1~1.5t/台

①搅拌站应尽可能布置在垂直运输机械附近，以减少混凝土及砂浆的水平运距。当选择塔吊运输方案时，混凝土搅拌机的出料斗（车）应在塔吊的服务范围之内，可以直接挂钩起吊。

②搅拌站应布置在道路附近，便于砂石进场及拌合物的运输。

③搅拌站应有后台上料的场地，以布置水泥、砂、石等搅拌所用材料的堆场及仓库。

④有特大体积混凝土施工时，搅拌站尽可能靠近使用地点。

⑤搅拌站四周应设排水沟，使得清洗机械的污水排走，避免现场积水。

⑥混凝土搅拌机每台所需面积为 $25m^2$ 左右，冬季施工时，考虑保温与供热设施等面积为 $50m^2$ 左右；砂浆搅拌机每台所需面积为 $15m^2$ 左右，冬季施工时面积为 $30m^2$ 左右。

2）加工厂的布置

①木材、钢筋、水电卫安装等加工棚宜设置于建筑物四周稍远处，并有相应的材料及成品堆场。

②石灰及淋灰池可根据情况布置在砂浆搅拌机附近。并注意当地的主导风向，通常布置在场地的下风口的位置。

③木工间、电焊间、沥青熬制间等易燃或有明火的现场加工棚，要离开易燃易爆物品仓库，布置在施工现场的下风向，并通入给水排水管道，附近应设有灭火器、砂箱或消防水池等设施。

3）仓库的布置

在布置仓库位置时，首先应根据仓库放置的材料以及施工进度计划对该材料的需求量计算仓库所需的面积。其次按材料的性质以及使用情况考虑仓库的位置。现场常设仓库的布置要点如下：

①水泥仓库要考虑防止水泥受潮，应选择地势较高、排水方便的地方，同时应尽量靠近搅拌机。

②各种易燃、易爆物品或有毒物品的仓库，如各种油漆、油料、亚硝酸钠、装饰材料等，应与其他物品隔开存放，室内应有较好的通风条件，存量不宜过多，应根据施工进度有计划的进出。仓库内禁止火种进入并配有灭火设备。

③木材、钢筋及水电器材等仓库，应与加工棚结合布置，以便就近取材加工。

4）材料堆场的布置

各种材料堆场的面积应根据施工进度计划对材料的需用量的大小、使用时间的长短、供应与运输情况等计算确定。布置时应遵循的一般原则是：先用先堆，后用后堆；先堆主体施工材料，后堆装饰施工材料；堆场应尽量靠近使用地点，并尽量布置在塔吊服务范围内；堆场交通方便，便于材料的装卸。如砂石尽可能布置在搅拌机后台附近，并按不同粒径规格分别堆放。

在基坑边堆放材料时，应设定与基坑边的安全距离，一般不小于0.8m，必要时应对基坑边坡稳定性进行验算，防止塌方事故；围墙边堆放砂、石、石灰等散状材料时，应作高度限制，防止挤倒围墙造成意外伤害；楼层堆物，应规定其数量、位置，防止压断楼板造成坠落事故。

5）预制构件的布置

预制构件的堆放位置应根据吊装方案，大型构件一般需布置在起重机械服务范围内，堆放数量应根据施工进度、运输能力和施工条件等因素确定，实行分期分批配套进场，吊完一层楼（或一个施工段）再进场一批构件，以节省堆放面积。

（3）运输道路的布置

施工现场应优先利用永久性道路，或先建永久性道路的路基，作为施工道路使用，在工程竣工前再铺路面。运输道路应按现场各种设施的需要进行布置，既要考虑各种施工设施的需要，如材料堆场、加工棚、仓库等设施，还要考虑各种生活性设施，如办公室、食堂、宿舍等设施。施工道路应畅通无阻。为此，运输道路一般应围绕拟建建筑物布置成环形，道路每隔一定距离要设置一个回车场。道路的路面宽度根据通行要求确定，如为单车道其宽度一般不小于 3.5m；如为双车道其宽度一般应大于 6m。道路两侧应结合地形设置排水沟，沟深不小于 0.4m，底宽不小于 0.3m。

（4）行政管理及文化生活临时设施布置

建筑施工临时设施主要包括：办公室、宿舍、工人休息室、食堂、开水房、厕所、门卫等，布置时首先应计算各种临时设施所需的建筑面积，其次应考虑使用方便，有利于生产、安全防火和劳动保护等要求。临时设施应尽可能采用活动式结构或就地取材设置，应充分考虑使用建设单位提供的原有的建筑设施，以节省临时设施费用。通常情况下，办公室应尽量靠近施工现场，与工地出入口联系方便；工人休息室应尽量靠近工人作业区，宿舍应布置在安全的上风向位置，门卫及收发室应布置在出入口处，以方便对外交往和联系。

（5）施工给水排水管网的布置

1）施工给水管网的布置

现场用水包括：施工用水、安全消防用水以及生活用水等。布置时首先进行用水量的计算和设计。布置要点如下：

①施工给水管网的设计计算，主要包括：用水量计算（包括生产用水、机械用水、生活用水、消防用水等）以及给水管径的确定。根据实践经验，面积在 5000~10000m² 的单位工程施工给水总管直径一般为 110mm，支管直径一般为 25~40mm。然后进行给水管网的布置，主要包括：水源选择、取水设施、贮水设施、配水布置等。

②施工用的临时给水管，应尽量由建设单位的干管接入，或直接由城市给水管网接入。布置现场管网时，应力求管网总长度最短，且方便现场其他设施的布置。管线可暗铺，也可明铺，视当时的气温条件和使用期限的长短而定。其布置形式有环形、枝形、混合式三种。

③给水管网应按防火要求布置消火栓，消防水管的直径一般不小于 100mm，消火栓应沿道路布置，距路边不大于 2m，距建筑物外墙不应小于 5m，也不应大于 25m，消火栓的间距不应超过 120m，且应设有明显的标志，周围 3m 以内不准堆放建筑材料。

④高层建筑施工给水系统应设置蓄水池和加压泵,以满足高空用水的需求。

2) 施工排水管网的布置

施工现场排水包括:施工用水排除、生活用水排除、地表水排除、地下水排除等。其布置要点如下:

①当单位工程属于群体工程之一时,现场排水系统将在施工组织总设计中考虑。若是单独一个工程时,应单独考虑,通常与城市排水管网相结合。

②为排除地面水和地下水,应及时修通永久性地下排水道,并结合现场地形在建筑物周围设置排泄地面水和地下水的沟渠。

③在山坡地施工时,应设有拦截山水下泻的沟渠和排泄通道,防止冲毁在建工程和各种设施。

(6) 施工供电线路的布置

1) 单位工程施工用电,要与建设项目施工用电综合考虑,在全工地的施工平面中安排。如属于独立的单位工程,要先计算出施工用电总量(包括动力用电量和照明用电量等),并选择相应变压器,然后计算导线截面积,并确定供电形式。

2) 为了维修方便,施工现场一般采用架空配电线路,并尽量使其线路最短。要求现场架空线与施工建筑物水平距离不小于1m，线与地面距离不小于4m，跨越建筑物或临时设施时，垂直距离不小于2.5m，线间距不小于0.3m。

3）现场线路应尽量架设在道路的一侧，且尽量保持线路水平，以免电杆受力不均，在低压线路中，电杆间距应为25～40m，分支线及引入线均应由电杆处接出，不得在两杆之间接线。

4）线路应布置在起重机的回转半径之外。否则应搭设防护栏，其高度要超过线路2m，机械运转时还应采取相应措施，以确保安全。现场机械较多时，可采用埋地电缆，以减少互相干扰。

5）变压器应远离交通要道口处，布置在现场边缘高压线接入处，离地应大于3m，四周设有高度大于1.7m的铁丝网防护栏，并有明显标志。

需注意的是建筑施工是一个复杂多变的生产过程，不同的工程性质和不同的施工阶段，各有不同的施工特点和要求，对现场所需的各种施工设备，也各有不同的内容和要求。各种施工机械、材料、构件等随着工程的进展而逐渐进场，又随着工程的进展而不断消耗、变动。因此，在整个施工过程中，工地上的实际布置情况是动态变化的。因而，对于大型建筑工程、施工期限较长或建筑工地较为狭窄的工程，为了把各施工阶段工地上的合理布置情况反映出来，需要结合实际，按不同的施工阶段设计几张施工平面图。如一般中小型工程只要设计绘制主体结构施工阶段的施工平面图即可；高层建筑施工一般应分别设计绘制基础施工阶段、主体施工阶段、装修施工阶段的施工平面图；单层工业厂房施工一般应设计绘制预制施工阶段和结构吊装阶段的施工平面图。

2.2.4.5　施工平面图的绘制

经上述各设计步骤，分别确定了施工现场平面布置的相关内容。在此基础上，结合具体工程的特点和各项条件，全面考虑、统筹安排，正确处理各项设计内容的相互联系和相互制约关系，初排施工平面图布置方案。然后，对布置方案进行技术经济的优化分析，以确定出最佳布置方案。必要时用草图设计多个不同的布置方案，进行多方案的平面布置分析，以选择平面布置合理、施工费用较低的平面布置方案，作为正式施工平面方案。依据该布置方案，绘制施工平面布置图。绘制施工平面布置图的基本要求是：表达内容完整，比例准确，图例规范，线条粗细分明、标准，字迹端正，图面整洁、美观。绘制施工平面布置图的一般步骤为：

（1）确定图幅的大小和绘图比例

图幅大小和绘图比例应根据工地大小及布置的内容多少来确定。图幅一般可选用 1 号图纸或 2 号图纸，比例一般采用 1:200 或 1:500。

（2）合理地规划和设计图面

绘制施工平面图，应以拟建单位工程为中心，突出其位置，其他各项设施围绕拟建工程设置。同时应表达现场周边的环境与现状（例如原有的道路、建筑物、构筑物等），并要留出一定的图面绘制指北针、图例和标注文字说明等的位置。为此，对整个图面应统一规划设计。

（3）绘制建筑总平面图中的有关内容

依据拟建工程的建筑总平面图，将现场测量的方格网、现场内外原有的和拟建的建筑物、构筑物和运输道路等其他设施按比例准确地绘制在图面上。

（4）绘制为施工服务的各种临时设施

根据施工平面布置要求和面积计算的结果，将所确定的施工道路、仓库、堆场、加工厂、施工机械、搅拌站等的位置、尺寸和水电管网的布置按比例准确地绘制在施工平面图上。

（5）绘制其他辅助性内容

按规范规定的线型、线条、图例等对草图进行加工，标上图例、比例、指北针等，并作必要的文字说明，则成为正式的施工总平面图。

施工平面图中常用图例见表 2-18。

施工平面图常用图例　　表 2-18

序号	名　　称	图　　例
一、地形及控制点		
1	室内标高	151.00(±0.00) ▽
2	室外标高	●143.00　▼143.00
3	原有建筑	
4	窑洞：地上、地下	∩∩　∩∪
5	蒙古包	
6	坟地、有树坟地	⊥　⊥⁰
7	钻孔	⊙钻
8	等高线：基本的、补助的	6

序号	名 称	图 例
9	土堤、土堆	
10	坑穴	
11	现在永久公路	
12	拟建永久道路	
13	施工用临时道路	
二、建筑、构筑物		
1	新建建筑物	
2	将来拟建建筑物	
3	临时房屋：密闭式、敞棚式	
4	实体围墙及大门	

序号	名　　称	图　例
5	通透围墙及大门	
6	建筑工地界线	—‥—‥—‥—
7	工地内的分区线	— — — — —
8	烟囱	
9	水塔	
10	测量坐标	X105.00 Y425.00
11	建筑坐标	A105.00 B425.00

三、材料、构件堆场

1	散状材料临时露天场地	
2	其他材料露天堆场或露天作业场	
3	施工期间利用的永久堆场	
4	土堆	
5	砂堆	

序号	名　　　称	图　例
6	砾石、碎石堆	
7	块石堆	
8	砖堆	
9	钢筋堆场	
10	型钢堆场	
11	铁管堆场	
12	钢筋成品场	
13	钢结构场	
14	屋面板存放场	
15	砌块存放场	
16	墙板存放场	
17	一般构件存放场	

序号	名　　称	图　　例
18	原木堆场	
19	锯材堆场	
20	细木成品场	
21	粗木成品场	
22	矿渣、灰渣堆	
23	废料堆场	
24	脚手、模板堆场	

四、动力设施		
1	临时水塔	
2	临时水池	
3	贮水池	
4	永久井	
5	临时井	

序号	名　　称	图　例
6	加压站	
7	原有的上水管线	
8	临时给水管线	—s—s—
9	给水阀门（水嘴）	—⋈—
10	支管接管位置	—s—↑
11	消火栓（原有）	
12	消火栓（临时）	
13	消火栓	
14	原有上下水井	
15	拟建上下水井	
16	临时上下水井	
17	原有排水管线	—I—I—
18	临时排水管线	—P—
19	临时排水沟	

序号	名　　称	图　　例
20	原有化粪池	◣▨
21	拟建化粪池	▨
22	水源	◉—
23	电源	∅
24	总降压变电站	M
25	发电站	∿
26	变电站	∧
27	变压器	◯◯
28	投光灯	◯⫶
29	电杆	—○—
30	现有高压 6kV 线路	— WW_6 — WW_6 —
31	施工期间利用的永久高压 6kV 线路	— LWW_6 — LWW_6 —

序号	名 称	图 例
32	临时高压 3 ~ 5kV 线路	— $W_{3.5}$ — $W_{3.5}$ —
33	现有低压线路	— VV — VV —
34	施工期间利用的永久低压线路	— LVV — LVV —
35	临时低压线路	— V — V —
36	电话线	— · O · — · O · —
37	现有暖气管道	— T — T —
38	临时暖气管道	— Z —
39	空压机站	
40	临时压缩空气管道	— VS

五、施工机械

| 1 | 塔轨 | |
| 2 | 塔吊 | |

序号	名　　称	图　例
3	井架	
4	门架	
5	卷扬机	
6	履带式起重机	
7	汽车式起重机	
8	缆式起重机	
9	铁路式起重机	
10	皮带运输机	
11	外用电梯	
12	少先吊	
13	推土机	

序号	名　　称	图　例
14	挖土机：正铲	
	反铲	
	抓铲	
	拉铲	
15	铲运机	
16	混凝土搅拌机	
17	灰浆搅拌机	
18	洗石机	
19	打桩机	
20	水泵	
21	圆锯	

序号	名　称	图　例
六、其他		
1	脚手架	⊐⊐⊐▬
2	壁板插放架	┼┼┼┼┼┼┼┼┼┼┼┼┼
3	淋灰池	灰
4	沥青锅	○
5	避雷针	个
七、绿化		
1	常绿针叶树	
2	落叶针叶树	
3	常绿阔叶乔木	
4	落叶阔叶乔木	
5	常绿阔叶灌木	
6	落叶阔叶灌木	

序号	名　称	图　例
7	竹类	
8	花卉	
9	草坪	
10	花坛	
11	绿篱	
12	植草砖铺地	

2.2.4.6　施工平面图的技术经济分析

　　单位工程施工平面布置依据其布置要求、现场条件以及工程特点等因素，其布置可形成多个不同的布置方案，为从中选出最经济、最合理的施工平面布置方案，同时也为检验布置方案的质量，应对施工平面布置方案进行技术经济分析比较，常用指标如下：

　　（1）施工用地面积和施工占地系数

$$施工占地系数 = \frac{施工占地面积（m^2）}{建筑面积（m^2）} \times 100\%$$

$$(2-43)$$

（2）施工场地利用率

$$施工场地利用率 = \frac{施工设施占地面积（m^2）}{施工用地面积（m^2）}$$
$$\times 100\% \qquad (2-44)$$

（3）临时设施投资率

$$临时设施投资率 = \frac{临时设施费用总和（元）}{工程总造价（元）}$$
$$\times 100\% \qquad (2-45)$$

3. 施 工 技 术

3.1 土方工程

3.1.1 概述

土方工程主要是指土的挖掘、填筑和运输等土方施工过程，以及在土方施工中必要的施工排水、降水、土壁支撑等施工准备工作和辅助工程。在土木工程施工中，较常见的土方工程主要包括：场地平整、基坑（槽）开挖、地坪填土、路基填筑及基坑回填土等。

土方工程的施工特点主要表现在：（1）土方工程的工程量大，劳动强度高。在组织土方工程施工时，应尽可能采用机械化施工手段，合理选用施工新技术，以降低施工人员的劳动强度，提高劳动生产率，缩短施工工期，降低工程成本；（2）土方工程施工的质量要求高。如，基坑土方的开挖，应严格控制开挖的位置、高程以及基坑的长、宽、高尺寸等；同时应注重土方施工的边坡稳定以及基坑底的承载力是否满足设计要求等；（3）土方工程的施工条件复杂。土方工程施工大多为露天作业，必然受环境以及气候等因素的影响。另外，土石方的种类多、组成复杂，且其施工对象主要为天然土，施工中受地质、水文、地下障碍物等因素的影响较大。因此，在组织土方工程施工前，应进行详细的现场调查，了解和分析各项技术资料，制定合理的施工方案。

3.1.1.1　土的工程分类

在建筑工程施工中，土方的开挖是土方工程施工的主导施工过程，为了合理选择土方开挖施工方法，根据土的开挖难易程度，将土分为松软土、普通土、坚土、砂砾坚土、软石、次坚石、坚石和特坚石八种类型。其中，前四类属于一般土，后四类属岩石。该分类既明确了土方的施工方法和施工机具，又为确定建筑安装工程劳动定额提供了依据。

土的工程分类及开挖方法见表3-1。

土的工程分类

表 3-1

序号	土的类别	土的名称	密度 （kg/m³）	开挖方法 及工具
1	一类土 （松软土）	砂；粉土；冲积砂土层；种植土；泥炭（淤泥）	600～1500	能用锹、锄头挖掘

序号	土的类别	土的名称	密度（kg/m³）	开挖方法及工具
2	二类土（普通土）	粉质黏土；潮湿的黄土；夹有碎石、卵石的砂；种植土；填筑土及亚砂土	1100～1600	用锹、锄头挖掘，少许用镐翻松
3	三类土（坚土）	软及中等密实黏土；重粉质黏土；粗砾石；干黄土及含碎石、卵石的黄土、粉质黏土；压实的填筑土	1750～1900	主要用镐，少许用锹、锄头挖掘，部分用撬棍
4	四类土（砂砾坚土）	重黏土及含碎石、卵石的黏土；粗卵石；密实的黄土；天然级配砂石；软泥灰岩及蛋白石	1900	整个用镐、撬棍，然后用锹挖掘。部分用楔子及大锤
5	五类土（软石）	硬质黏土；中等密实的页岩；泥灰岩；白垩土；胶结不紧的砾岩；软的石灰岩	1100～2700	用镐或撬棍、大锤挖掘，部分使用爆破方法

序号	土的类别	土的名称	密度 (kg/m³)	开挖方法及工具
6	六类土（次坚石）	泥岩；砂岩；砾岩；坚实的页岩；泥灰岩；密实的石灰岩；风化花岗岩；片麻岩	2200~2900	用爆破方法开挖，部分用风镐
7	七类土（坚石）	大理岩；辉绿岩；玢岩；粗、中粒花岗岩；坚实的白云岩、砂岩、砾岩、片麻岩、石灰岩、风化痕迹的安山岩、玄武岩	2500~3100	用爆破方法
8	八类土（特坚石）	安山岩；玄武岩；花岗片麻岩；坚实的细粒花岗岩、闪长岩、石英岩、辉长岩、辉绿岩；玢岩	2700~3300	用爆破方法

3. 1. 1. 2　土的工程性质

土的工程性质对土方工程施工有直接影响，也是进行土方施工设计必须掌握的基本资料。土体的性质与土的组成有关，土体的基本构成主要由三相组成，即：固相（土体的固体颗粒含量）、气相（主要是空气）、液相（主要是水分）。

在进行土的成分分析时，土的性质较多，如，土的密实度、孔隙率、抗剪强度、土压力、可松性、含水量、渗透性等。在这里仅对土方施工中常用的基本性质说明如下。

(1) 土的天然密度和土的干密度

1) 土的天然密度

土在天然状态下单位体积的质量，叫做土的天然密度，用 ρ 表示，计算公式为：

$$\rho = \frac{m}{V} \tag{3-1}$$

式中　m——土的总质量（kg）；

　　　V——土的体积（m³）。

土的天然密度随着土的颗粒组成，孔隙多少和水分含量的大小而变化。一般黏土的密度约为 $1.6 \sim 2.2 t/m^3$，天然密度大的土较坚实，挖掘困难。

2) 土的干密度

单位体积内土的固体颗粒质量与土的总体积的

比值，叫做土的干密度，用 ρ_d 表示，计算公式为：

$$\rho_d = \frac{m_s}{V} \qquad (3-2)$$

式中　m_s——土的固体颗粒质量（kg）。

土的干密度愈大，表明土愈密实，在土方填筑时，常以土的干密度来控制土的夯实标准。一般干密度在 $1.6t/m^3$ 以上。如果已知土的天然密度 ρ 和含水量 W，可按下式求干密度：

$$\rho_d = \frac{\rho}{1+W} \qquad (3-3)$$

（2）土的含水量

土的干湿程度，用含水量表示，即土中水的质量与土的固体颗粒质量之比，用百分率表达，土的含水量，用 W 表示，计算公式为：

$$W = \frac{m_w}{m_s} \times 100\% = \frac{m - m_s}{m_s} \times 100\% \qquad (3-4)$$

式中　m_w——土中水的质量（kg），为含水状态时

土的质量与烘干后的土质量之差；

m_s——土中固体颗粒的质量（kg），为烘干后土的质量。

土的含水量对土方边坡稳定性及填土压实的质量都有影响。通常含水量在 5% 以下的称为干土，

含水量在 5% ~30% 之间的称潮湿土，大于 30% 称湿土。

（3）土的可松性

土具有可松性即自然状态下的土，经过开挖后，其体积因松散而增大，以后虽经回填压实，仍不能恢复到原来的密实度。土的可松性程度用可松性系数表示，即

$$K_S = \frac{V_2}{V_1} \tag{3-5}$$

$$K_S' = \frac{V_3}{V_1} \tag{3-6}$$

式中 K_S——最初可松性系数；

K_S'——最终可松性系数；

V_1——土在天然状态下的体积（m^3）；

V_2——土经开挖后的松散体积（m^3）；

V_3——土经回填压实后的体积（m^3）。

由于土方工程量是以自然状态的体积来计算的，所以在土方调配、计算土方机械生产率及运输工具数量等的时候，必须考虑土的可松性。如：在土方工程中，K_S 是计算土方施工机械及运土车辆等的重要参数，K_S' 是计算场地平整标高及填方时所需挖土量等的重要参数。各类土的可松性系数见

表 3-2。

土的可松性系数   表 3-2

土的类别	可松性系数	
	K_s	K'_s
第一类（松软土）	1.08 ~ 1.17	1.01 ~ 1.04
第二类（普通土）	1.14 ~ 1.28	1.02 ~ 1.05
第三类（坚土）	1.24 ~ 1.30	1.04 ~ 1.07
第四类（砾砂坚土）	1.26 ~ 1.37	1.06 ~ 1.09
第五类（软石）	1.30 ~ 1.45	1.10 ~ 1.20
第六类（次坚石）	1.30 ~ 1.45	1.10 ~ 1.20
第七类（坚石）	1.30 ~ 1.45	1.10 ~ 1.20
第八类（特坚石）	1.45 ~ 1.50	1.20 ~ 1.30

（4）土的渗透性

土的渗透性是指土体被水透过的性质。土体孔隙中的自由水在重力作用下会发生流动，当基坑开挖至地下水位以下时，施工中的排水破坏了地下水的平衡，形成基坑周围的地下水与基坑底面的水位差，地下水会不断地流入到基坑中。地下水在土中渗透时受到土颗粒的阻力，其大小与土的渗透性及地下水渗流路线长短有关，即：

$$v = Ki \qquad (3-7)$$

式中　　K——土的渗透系数（m/d）；

　　　　v——水的渗流速度（m/d）；

　　　　i——水力坡度。

另外，土的渗透系数与土质的组成有关，其大小反映出土的透水性的强弱，通常由实验确定，表3-3 为几种土体的渗透系数 K 的数值，仅供参考。

土的渗透系数 K 参考值　　　表 3-3

土的种类	K（m/d）	土的种类	K（m/d）
黏土、粉质黏土	<0.1	含黏土的中砂及纯细砂	20 ~ 25
粉质黏土	0.1 ~ 0.5	含黏土的粗砂及纯中砂	35 ~ 50
含黏土的砂土	0.5 ~ 10	纯粗砂	50 ~ 75
纯粉砂	1.5 ~ 5.0	粗沙夹砾石	50 ~ 100
含黏土的细砂	10 ~ 15	砾石	100 ~ 200

3.1.2　场地平整

场地平整就是将自然地面改造成人们所要求的

设计平面的施工过程。即在施工区域内将天然地面削高填洼，使大型土方机械有较大的工作面，能充分发挥其工作效能，并为建筑物的定位放线工作提供条件。在进行场地平整施工前，要确定场地设计标高，计算挖填方工程量，确定挖填方的平衡调配，并根据工程规模、工期要求、现有土方机械设备条件等因素，拟定土方施工方案。

3.1.2.1 场地平整土方量计算

场地平整土方量的计算可用多种方法，如断面法、方格网法等。对于起伏变化不大的场地较常采用方格网法，其场地平整土方量的计算步骤为：

（1）划分场地平整方格网。即在已有的地形图上，划分若干边长相等的方格网，方格网边长一般取 10~40m，较常用的为 20m × 20m 的方格。

（2）确定方格网各角点的自然地面标高。即根据地形图上的等高线用插入法或采用现场实测等方法确定方格网各角点的自然地面标高。

（3）计算场地平整初步设计标高 H_0。场地平整初步设计标高的计算原则是场地内挖填方平衡，即场地内的挖方土方体积与填方所需土方体积相等。其计算方法可按下式：

$$H_0 = \frac{\sum H_1 + 2\sum H_2 + 3\sum H_3 + 4\sum H_4}{4N} \quad (3-8)$$

式中　H_1——一个方格独有的角点标高;

　　　H_2——两个方格共有的角点标高;

　　　H_3——三个方格共有的角点标高;

　　　H_4——四个方格共有的角点标高。

　　　N——方格数。

（4）场地设计标高的调整。在实际工程中,对计算得到的初步设计标高 H_0,应根据土的可松性、借土或弃土以及场地泄水等因素进行调整,分别计算各方格角点实际施工时的设计标高。

（5）计算场地各方格角点的施工高度。场地各方格角点的设计标高与自然地面标高的差即为方格角点的挖、填施工高度。

（6）确定"零点"和"零线"。"零点"即为场地平整施工中不挖不填的点。确定"零点"的方法是:先确定方格网中角点施工高度有挖、填变化的方格边;然后用插入法计算方格边上"零点"的位置,标示于图上。将"零点"连接起来即为场地平整施工中的"零线",它是土方量计算时挖方与填方的分界线。

（7）计算场地挖填土方量。场地挖填土方量的计算，是先计算方格网中各方格的挖填土方量，然后进行汇总得到整个场地的挖填土方量。各方格的土方量计算，是根据方格角点的施工高度按四棱柱法或三棱柱法计算公式分别进行计算。

(8) 四周边坡土方量计算。场地四周边坡土方量计算，是在场地角点边坡坡度确定后，绘出边坡平面轮廓尺寸图，然后将边坡划分为两种近似的几何形体即三角棱锥体和三角棱柱体分别计算，将各分段计算的结果相加，求出边坡土方的总挖、填方土方量。

3.1.2.2 土方调配

土方调配，就是对挖土的利用、堆弃和填土的取得三者之间关系进行综合协调的处理，使土方工程施工费用少，施工方便，工期短。因此，它是进行场地平整施工设计的一个重要内容。

土方调配的原则：

(1) 应力求达到挖、填方平衡和运距最短。有时，仅局限于一个场地范围内的挖填平衡难以满足上述原则，在满足经济合理的前提下，可根据场地和周围地形条件，考虑就近借土或就近弃土。

(2) 应考虑近期施工和后期利用相结合。当工程分批分期施工时，先期工程的土方余额应结合后期工程的需要。考虑其利用的数量和堆放位置，以便就近调配，力求避免重复挖运和场地混乱，为后期工程创造良好的工作面和施工条件。

（3）应采取分区与全场相结合。分区土方的调配，必须配合全场性的土方调配进行，切不可只顾局部的平衡而妨害全局。

（4）土方调配还应尽可能与大型地下建筑物的施工相结合。如大型建筑物位于填土区时，为了避免土方的重复挖、填和运输，应将部分填土区予以保留，待基础施工之后再行填土。同时，应在附近挖方工程中按需要留下部分土方，以便就近调配。

土方调配的设计步骤：

划分调配区，计算各调配区土方量和各调配区之间的平均运距（或单位土方造价或单位土方施工费用），确定土方调配的最优方案，绘制土方调配图表。

3.1.3 土方边坡与土壁支护

在土方开挖施工中，为了确保施工安全，防止土壁坍塌，当挖方深度（或填方高度）超过一定限度时，则应设置边坡。如场地受限不能放坡或为了减少挖方量不采用放坡时，应设置基坑支护结构，以保证土壁的稳定。

3.1.3.1 土方边坡

在浅基础土方开挖施工中，设置一定的土方边坡，是保证土壁稳定，且比较经济的手段。

（1）土方的直壁开挖

当地下水位低于基坑（槽）底，土质均匀时，在湿度正常的土层中开挖基坑（槽）或管沟且敞露时间不长时，较经济的土方开挖方式是垂直开挖不加支撑，但挖土深度不宜超过表3-4的规定。

直立土壁不加支撑的挖土深度　　　表3-4

土　的　类　别	挖方深度（m）
密实、中密的砂土和碎石（填充物为砂土）	1.00
硬塑、可塑的粉土及粉质黏土	1.25
硬塑、可塑的黏土和碎石类土（填充物为黏性土）	1.50
坚硬的黏土	2.00

（2）土方边坡的设置

土方边坡通常可做成直线形、折线形或阶梯形，如图3-1所示。

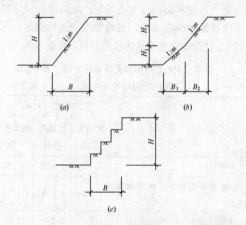

图3-1　基坑边坡

(a) 直线形边坡；(b) 折线形边坡；(c) 阶梯形边坡

土方边坡坡度以其挖方深度（或填方高度）H 与其底边宽度 B 之比表示，如图3-1所示，即：

$$土方边坡坡度 = \frac{H}{B} = \frac{1}{B/H} = 1:m \qquad (3\text{-}9)$$

式中，$m = B/H$ 称为边坡系数。

217

土方边坡的大小与土质、开挖深度、开挖方法、边坡留置时间的长短，附近有无荷载、堆土、车辆，以及排水情况有关。当土质均匀、地质条件较好且地下水位低于基坑（槽）底或管沟底面标高时，深度在5m之内不加支撑的边坡最陡坡度见表3-5。

深度在5m之内不加支撑基坑（槽）或
管沟的边坡最陡坡度 表3-5

土 的 类 别	边坡坡度（1:m）		
	坡顶无荷载	坡顶有静载	坡顶有动载
中密的砂土	1:100	1:1.25	1:1.50
中密的碎石类土（填充物为砂土）	1:0.75	1:1.00	1:1.25
硬塑的粉土	1:0.67	1:0.75	1:1.00
中密的碎石类土（填充物为黏性土）	1:0.50	1:0.67	1:0.75
硬塑的粉质黏土、黏土	1:0.33	1:0.50	1:0.67
老黄土	1:0.01	1:0.25	1:0.33
软土（经过井点降水后）	1:1.00	—	—

注：静载指堆土或材料等，动载指机械挖土或汽车运输作业等。

3.1.3.2 土壁支护

开挖基坑（槽）时，如地质条件及周围环境许可，采用放坡开挖是较经济的。但在建筑稠密地区施工，或有地下水渗入基坑（槽）时，往往不可能按要求的坡度放坡开挖。尤其是随着建筑的发展，高层建筑的深基础施工越来越多，放坡开挖不但是不经济，许多情况下是不可能的，这时就需要进行基坑（槽）支护，以保证施工的顺利和安全，并减少对相邻建筑、管线等的不利影响。

基坑（槽）支护结构的主要作用是支撑土壁，此外，钢板桩、混凝土板桩及水泥土搅拌桩等围护结构还兼有不同程度的隔水作用。

基坑（槽）支护结构的形式有多种，根据受力状态可分为横撑式支撑、重力式支护结构、板桩式支护结构等，其中，板桩式支护结构又分为悬臂式和支撑式。

（1）横撑式支撑

开挖较窄的沟槽，多用横撑式土壁支撑。横撑式土壁支撑根据挡土板的不同，分为水平挡土板式（如图 3-2a 所示）以及垂直挡土板式（如图 3-2b 所示）。其挡土板的布置又分间断式和连续式两种。湿度小的黏性土挖土深度小于 3m 时，可用间断式水平挡土板支撑；对松散、湿度大的土可用连续式水平挡土板支撑，挖土深度可达5m。对松散和湿度很高的土可用垂直挡土板式支撑，其挖土深度不限。

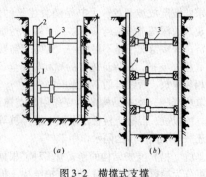

图3-2 横撑式支撑

(a) 断续式水平挡土板支撑；(b) 垂直挡土板支撑

1—水平挡土板；2—垂直支撑；3—工具式支撑；

4—垂直挡土板；5—水平支撑

采用横撑式支撑时，应随挖随撑，支撑牢固。施工中应经常检查，如有松动变形等现象时，应及时加固或更换。支撑的拆除，应按回填土顺序，依次进行。多层支撑拆除时，应按自下而上的顺序，在下层支撑拆除且回填土完成后才能拆除上层的支撑。拆除支撑时，应防止附近建筑物和构筑物等产生下沉和破坏，必要时应采取妥善的保护和加固措施。

（2）板式支护结构

板式支护结构由两大系统组成：挡墙系统和支撑（或拉锚）系统。对于悬臂式板桩支护结构则不设支撑（或拉锚）。

1）挡墙系统

挡墙系统按所用的材料和做法常有：型钢桩、钢板桩、钢筋混凝土板桩、灌注桩及地下连续墙等。

用于基坑侧壁支护的型钢有 H 型钢、工字钢、槽钢等。它适用于地下水位低于基坑底面的黏土、碎石类土等稳定性较好的土层。桩距根据土质和挖土深度而定。对松散土质在型钢桩之间可加挡土板。当地下水高于基坑底面时，应先采取降水措施。

钢板桩支护结构适用于开挖深度不大于 5m 的软土地基。当开挖深度在 4 ~ 5m 时需设置支撑（或拉锚）系统。常用的钢板桩有平板形和波浪形等形式，如图 3-3 所示。

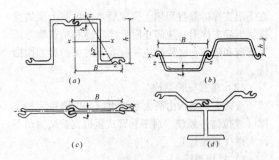

图 3-3　常用钢板桩截面形式

(a) "Z" 字形；(b) 槽形；(c) "一" 字形；

(d) 部分加 "I" 字钢

钢板桩之间通过锁口互相连接，形成一道连续的挡墙。由于锁口的连接，使钢板桩连接牢固，形成整体。同时也具有较好的隔水能力。钢板桩截面积小，易于打入，槽形、"Z" 字形等波浪式钢板桩截面抗弯能力较好。钢板桩在基础施工完毕后还可拔出重复使用，因此较经济实用，在实际工程中应用较为广泛。

混凝土和钢筋混凝土排桩支护结构，这种支护结构主要是指混凝土和钢筋混凝土钻孔灌注桩、沉管灌注桩等。在桩的顶部设钢筋混凝土圈梁

（也称腰梁）以增强整体性，并随着基坑开挖深度加大，在露出的排桩壁上设置一道或几道内支撑。所以这种桩刚度较大，抗弯能力强，变形相对较小，有利于保护周围环境，而且价格较低，经济效益较好。

钢筋混凝土钻孔灌注桩常用的桩径为 600 ~ 1100mm，多用于深度为 7 ~ 13m 的基坑，在两层地下室及其以下的深基坑支护结构中优先考虑使用。沉管灌注桩常用的桩径为 500 ~ 800mm，多用于深度为 - 10m 以下的基坑。另外，在单层地下室基坑中还常使用桩径为 800 ~ 1200mm 的人工挖孔桩作为支护结构。

地下连续墙多用于 - 12m 以下、地下水位高、软土地基深基坑的挡墙支护结构。尤其是与邻近建筑物、道路、地下设施距离很近时，地下连续墙是首选的支护结构形式。在我国目前应用较多，如北京王府井宾馆、上海国际贸易中心大厦、上海金茂大厦等著名的高层建筑的基础施工都曾采用地下连续墙。

地下连续墙的常用厚度为 600 ~ 1000mm，也有施工 450mm 厚的地下连续墙。其结构刚度大，变形小，既能挡土又能挡水。但单纯用于临时性的支护结构，费用过高，如设计上考虑挡墙与承重结构合一功能，则较为理想。

2）基坑内支撑系统

当挡墙系统不能满足土壁侧压力或挡墙的抗弯刚度较差时，可采用钢结构或钢筋混凝土结构设置基坑内支撑。

钢结构支撑多用大型钢管、H型钢和格构式钢支撑。钢结构支撑拼装和拆除方便、迅速，为工具式支撑，可多次重复使用，而且可根据控制变形的需要施加预顶力，有一定的优点。但与钢筋混凝土结构支撑相比，它的变形相对较大，且由于圆钢管和型钢的承载能力不如钢筋混凝土结构支撑的承载能力大，因而支撑水平向的间距不能很大，对于机械挖土不太方便。

在我国近年来的深基坑支护结构中钢筋混凝土结构支撑是较常用的一种支撑形式，大多利用土模或模板随着挖土逐层现浇，截面尺寸和配筋根据支撑布置和杆件内力大小而定。它刚度大，变形小，能有效地控制挡墙变形和周围地面的变形，宜用于较深基坑和周围环境要求较高的地区。但在施工中要尽快形成支撑，减少土壤蠕变变形和时间效应变形。

钢筋混凝土支撑通常为现场浇筑形成，其布置形式可随基坑形状而变化，因而有多种，如对撑、角撑和架式支撑、圆形、拱形、椭圆形等多种形式的支撑，如图 3-4 所示。

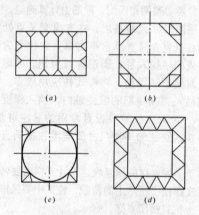

图 3-4　钢筋混凝土支撑形式

(a) 对撑；(b) 角撑；(c) 圆形支撑；

(d) 桁架式支撑

钢筋混凝土支撑的混凝土强度等级一般采用 C30，截面尺寸由计算确定。腰梁的截面尺寸有

600mm × 800mm （高×宽）、800mm × 1000mm 和 1000mm × 1200mm；支撑的截面尺寸常为 600mm × 800mm（高×宽）、800mm × 1000mm、800mm × 1200mm 和 1000mm × 1200mm。支撑的截面尺寸在高度方向要与腰梁相匹配，配筋由计算确定。

对平面尺寸大的基坑，在支撑交叉点处需设立柱，在垂直方向支承水平支撑。立柱可为四个角钢组成的格构式柱、圆钢管或型钢。考虑到承台施工时便于穿钢筋，格构式柱应用较多。立柱的下端插入工程使用的灌注桩内，插入深度不宜小于2m，否则立柱就要设置专用的灌注桩基础，因此格构式立柱的平面尺寸要与灌注桩的直径相匹配。

对于多层支撑的深基坑，设计支撑时要考虑挖土机上支撑挖土所产生的荷载，施工中要采取措施避免挖土机直接压支撑。

如果基坑的宽（长）度很大，所处地区的土质又较好，在内部设置支撑需耗费大量材料，而且不便于挖土施工，此时可考虑选用土层锚杆来拉结固定挡墙，可取得较好的经济效益。

3）拉锚支护结构

拉锚支护结构由挡墙、拉杆以及锚固体组成，如图 3-5 所示。其挡墙多以型钢桩、钢板桩、钢筋混凝土板桩为主。拉杆通常采用钢筋或钢绞线，拉杆中间应设置紧固装置。以锚桩为锚固体的，称为桩式地面拉锚；以锚板为锚固体的，称为板式地面拉锚。

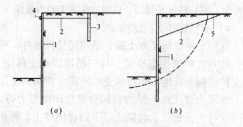

图 3-5　拉锚支护结构

（*a*）桩式地面拉锚；（*b*）板式地面拉锚

1—挡墙；2—拉杆；3—锚桩；4—围檩；5—地面板

桩式地面拉锚如图 3-5*a*，其拉杆一般水平设置，通过开沟浅埋于地表下。拉杆的一端与挡墙顶部围檩相连，另一端锚固在锚碇上，用来承受挡墙传来的土压力、水压力以及附加荷载引起的侧压力。这种地面拉锚围护结构简单且便于施工，整个围护系统均在基坑开挖之前完成，施工安全，质量容易保证。因此，在条件许可的前提下，这种围护结构是一种经济易行的方式。但锚碇位置应处于地层滑动面之外，因此需要较开阔的施工场地。

板式地面拉锚如图3-5b，其拉杆是通过倾斜钻孔来设置的，因此对钻孔精度要求较高。也可以在设置地面时，将拉杆水平铺设，这种方法施工较为简便。

4）土层锚杆支护结构

这种支护结构又称土锚，是利用受拉杆件，它的一端与支护结构等联结，另一端锚固在土体中，将支护结构和其他结构所承受的荷载（侧向的土压力、水压力以及水上浮力和风力带来的倾覆力等）通过拉杆传递到处于稳定土层中的锚固体上，再由锚固体将传来的荷载分散到周围稳定的土层中去。

土层锚杆支承支护结构的最大优点是在基坑施工时坑内无支撑，开挖土方和地下结构施工不受支撑干扰，施工作业面宽敞，目前在高层建筑深基坑工程中的应用已日益增多。土层锚杆的应用已由非黏性土层发展到黏性土层，近年来，已有将土层锚杆应用到软黏土层中的成功实例。另外，土层锚杆不仅用于临时支护结构，而且在永久性建筑工程中亦得到广泛的应用，如桥梁工程中的悬索桥、山体边坡稳定、高耸构筑物等。

土层锚杆由锚头（亦称锚具）、钢拉杆（钢索）、塑料套管定位分隔器（钢绞线）以及水泥砂浆等组成，它与挡土桩墙相连组成支护结构，如图3-6所示。

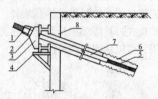

图3-6　土层锚杆支护结构构造

1—锚具；2—垫板；3—台座；4—托架；5—拉杆；

6—锚固体；7—套管；8—围护挡墙

土层锚杆主要有三种基本类型，如图3-7所示。

第一种类型锚杆由圆柱形注浆体和钢筋或钢索构成，如图3-7a所示，孔内注水泥浆（注浆压力为 $0.3 \sim 0.5 \text{MPa}$）、水泥砂浆或其他化学注液。适用于拉力不高，临时性锚杆以及岩石性锚杆。

第二种锚杆类型为扩大的圆柱体，注入压力灌浆液而形成，适用于黏性土和无黏性土，当拉力要求较大时采取较高的压力进行注浆（注浆压力

2MPa 到 5MPa)。在黏性土中形成较小扩大区，在无黏性土中，可得到较大扩大区。如图 3-7b 所示。

第三种锚杆类型是采用特殊的扩孔装置在孔眼内长度方向扩 1 个或几个扩孔圆柱体，如图 3-7c 所示。这类锚杆要有特制机械扩孔装置，通过中心杆压力将扩张式刀具缓缓张开刮土。在黏性土和砂土中都适用，可以达到较高的拉拔力。

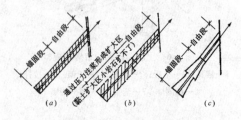

图 3-7　土层锚杆的类型

土层锚杆施工工程序包括：钻孔、拉杆的制作和安装、灌浆和张拉锚固等。在正式开工之前还需进行必要的准备工作。

（3）重力式支护结构

重力式支护结构是通过加固基坑侧壁形成一定厚度的重力式挡墙，达到挡土目的。常用的有水泥土搅拌桩、土钉墙等。

水泥土搅拌桩（或称深层搅拌水泥桩）是近年来发展起来的一种重力式支护结构。它是采用水泥作固化剂，通过深层搅拌机在地基土中就地将原状土和水泥强制拌和，形成具有一定强度和整体结构性的深层搅拌水泥土挡墙，简称水泥土墙。如图3-8所示。用于支护结构的水泥土其水泥掺量通常为12%~15%（单位土体的水泥掺量与土的重力密度之比），水泥土的强度可达0.8~1.2MPa。其渗透系数很小，一般不大于10~6cm/s。由水泥土搅拌桩搭接而形成的水泥土墙，可兼作止水结构，它既具有挡土作用，又兼有隔水作用。适用于4~6m深的基坑，最大可达7~8m。

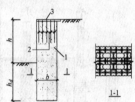

图3-8　水泥土墙
1—搅拌桩；2—插筋；3—面板

水泥土墙通常布置成格栅式，如图3-8断面1-1所示，格栅的置换率（加固土的面积：水泥土墙的总面积）一般为 0.6~0.8。墙体的宽度 b、插入深度 h_d 根据基坑开挖深度 h 估算，一般采用 $b = (0.6~0.8) h$，$h_d = (0.8~1.2) h$。

水泥土搅拌桩施工工艺可采用"一次喷浆、二次搅拌"或"二次喷浆、三次搅拌"工艺，主要依据水泥掺入量及土质情况而定。水泥掺量较小，土质较松时，可用前者；反之，可用后者。"一次喷浆、二次搅拌"的施工工艺流程如图 3-9 所示。当采用"二次喷浆、三次搅拌"工艺时可在图示步骤（e）作业时进行注浆，以后再重复一次（d）与（e）的过程。

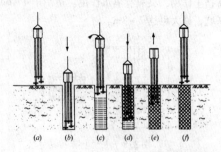

图 3-9 "一次喷浆、二次搅拌"施工流程

（a）定位；（b）预埋下沉；（c）提升喷浆搅拌；
（d）重复下沉搅拌；（e）重复提升搅拌；（f）成桩结束

232

3.1.4 土方工程的排水与降水

在基坑开挖过程中，当基底低于地下水位时，由于土的含水层被切断，地下水会不断地渗入坑内。雨期施工时，地面水也会不断流入坑内。如果不采取降水措施，把流入基坑内的水及时排走或把地下水位降低，不仅会使施工条件恶化，而且地基土被水泡软后，容易造成边坡塌方并使地基的承载力下降。另外，当基坑下遇有承压含水层时，若不降水减压，则基底可能被冲溃破坏。因此，为了保证工程质量和施工安全，在基坑开挖前或开挖过程中，必须采取措施，控制地下水位，使地基土在开挖及基础施工时保持干燥。

降水的方法可分为重力降水（如集水井、明渠等）和强制降水（如轻型井点、喷射井点、管井井点、深井井点、电渗井点等）。其中集水井降水和轻型井点降水较多采用。

3.1.4.1 集水井降水

集水井降水是在基坑或沟槽开挖时，沿坑底的周围或中央开挖排水沟，沿排水沟每隔一定距离设置集水井，使涌入到基坑中的地下水通过排水沟流入集水井内，然后用水泵抽出坑外，如图 3-10

所示。

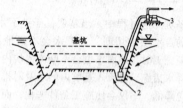

图 3-10　集水井降水
1—排水沟；2—集水井；3—水泵

　　四周的排水沟及集水井一般应设置在基础范围以外、地下水流的上游，基坑面积较大时，可在基础范围内设置盲沟排水。根据地下水量、基坑平面形状及水泵能力，集水井每隔 20 ~ 40m 设置一个。

　　集水井的直径或宽度，一般为 0.6 ~ 0.8m。其深度随着挖土的加深而加深，要保持低于挖土面 0.7 ~ 1.0m，井壁可用竹、木等简易加固。当基坑挖至设计标高后，井底应低于坑底 1 ~ 2m，铺设碎石滤水层，以免在抽水时将泥砂抽出，防止井底的土被搅动，并做好较坚固的井壁。

　　集水井降水方法比较简单、经济，对周围影

响小，因而应用较广。但当涌水量较大，水位差较大或土质为细砂或粉砂，易产生流砂、边坡塌方及管涌等时，此时应考虑采用其他方法进行降水。

3.1.4.2 流砂现象及其防治方法

当基槽（坑）的开挖深度低于地下水位，土质组成为细砂或粉砂时，如采用集水井降水，坑底下面的土有时会形成流动状态，随地下水一起涌入到基坑中，这种现象称为流砂现象。发生流砂时，土体丧失承载能力，土边挖边冒，使土方施工条件恶化，难以达到设计深度。严重时会造成边坡塌方及附近建筑物下沉、倾斜、倒塌等。因此，在施工中，必须对工程地质和水文地质资料进行详细调查研究，采取有效措施，防止流砂产生。

实践经验表明，具备下列性质的土，在一定动水压力作用下，就有可能发生流砂现象：①土的颗粒组成中，黏粒含量小于 10%，粉粒（颗粒为 0.005~0.05mm）含量大于 75%；②颗粒级配中，土的不均匀系数小于 5；③土的天然孔隙比大于 0.75；④土的天然含水量大于 30%。因此，流砂现象经常发生在细砂、粉砂及亚砂土中。经验还表明：在可能发生流砂的土质处，基坑挖深超过地下水位线 0.5m 左右，就会发生流砂现象。

由上述分析可以看出，在基坑开挖施工中，防治流砂的原则是"治流砂必治水"。主要途径有消除、减少或平衡动水压力。其具体措施有：

(1) 抢挖法：即组织分段抢挖，使挖土速度超过冒砂速度，挖到标高后立即铺竹筏、芦席，并抛大石块以平衡动水压力，压住流砂。此法可解决轻微流砂现象。

(2) 打板桩法：将板桩打入坑底下面一定深度，增加地下水从坑外流入坑内的渗流长度，以减小水力坡度，从而减小动水压力，防止流砂产生。

(3) 水下挖土法：不排水施工，使坑内水压与地下水压平衡，消除动水压力，从而防止流砂产生。此法在沉井挖土下沉过程中较常采用。

(4) 井点降低地下水位：采用轻型井点等降水方法，使地下水的渗流方向向下，水不致渗入坑内，同时又增大了土料间的压力，从而可有效地防止流砂形成。因此，此法应用较为广泛且可靠。

(5) 地下连续墙法：此法是在基坑周围先灌一道混凝土或钢筋混凝土的连续墙，以支承土壁、拦截水流，可防止流砂的产生。

此外，在含有大量地下水土层或沼泽地区施工时，还可以采取土壤冻结法等。对位于流砂地区的基础工程，应尽可能用桩基或沉井施工，以节约防治流砂所增加的费用。

3.1.4.3 井点降低地下水位

井点降低地下水位（简称井点降水），就是在基坑开挖前，预先在基坑四周埋设一定数量的滤水管（井），利用抽水设备从中抽出地下水，使地下水位降落到坑底以下，直至施工结束为止。

井点降水的作用：（1）防止地下水涌入基坑内；（2）防止边坡由于地下水的渗流而引起塌方；（3）使坑底的土层消除地下水位差引起的压力，因此防止了坑底的管涌现象；（4）降水后使支护板桩减少了横向荷载；（5）消除了地下水的渗流，也就防止了流砂现象；（6）降低地下水位后，还能使土壤固结，增加地基的承载能力。

（1）井点降低地下水位的类型及适用范围

井点降低地下水位的方法有：轻型井点、喷射井点、电渗井点、管井井点及深井井点等。降水方法的选用，应根据土的渗透系数、降低水位的深度、工程特点、设备条件及经济比较等具体条件选择，参照表3-6。

各种井点的适用范围 表 3-6

井点类别	土的渗透系数 （m/d）	降水深度（m）
一级轻型井点	0.1 ~ 50	3 ~ 6
多级轻型井点	0.1 ~ 50	视井点级数而定
喷射井点	0.1 ~ 50	8 ~ 20
电渗井点	< 0.1	视选用的井点而定
管井井点	20 ~ 200	3 ~ 5
深井井点	10 ~ 250	> 15

（2）轻型井点降水的组成

轻型井点降低地下水位，是指沿基坑周围以一定的间距埋入井点管（下端为滤管），在地面上用集水总管将各井点管连接起来，并在一定位置设置抽水设备，利用真空泵和离心泵的真空吸力作用，使地下水经滤管进入井管，然后经总管排入抽水设备，从而降低地下水位。其主要组成包括：管路系统和抽水设备两部分，如图 3-11 所示。

轻型井点降水的管路系统包括滤管、井点管、弯联管及集水总管等。

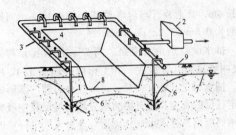

图 3-11　轻型井点法降低地下水位全貌图

1—井点管；2—泵站；3—集水总管；4—弯联管；

5—滤管；6—降低后的地下水位；7—原地下水位；

8—基坑底面；9—地面

滤管为进水设备，通常采用长 1.0～1.5m、直径 38mm 或 51mm 的无缝钢管制成，管壁钻有直径为 12～19mm 的滤孔。骨架管外面包以两层孔径不同的铜丝布或塑料布滤网。为使流水畅通，在骨架与滤网之间用塑料管或梯形钢丝隔开，塑料管沿骨架绕成螺旋形。滤网外面再绕一层粗钢丝保护网，滤管下端为一铸铁塞头，滤管上端与井点管连接。

井点管常采用直径为 38mm 或 51mm、长 5～7m 的钢管。井点管上端用弯联管与集水总管相连。集水总管采用直径为 100～127mm 的无缝钢管，每段长 4m，其上装有与弯联管连接的短接头，间距一般为 0.8m、1.2m 或 1.6m。

抽水设备是由真空泵、离心泵和水气分离器（又叫集水箱）等组成，其工作原理如图 3-12 所示。抽水时先开动真空泵，将水气分离器内部形成一定程度的真空，使土中的水分和空气受真空吸力作用而吸出，进入水气分离器。当进入水气分离器内的水达到一定高度，即可开动离心泵。在水气分

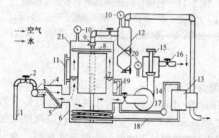

图 3-12　轻型井点抽水设备工作简图

1—井点管；2—弯联管；3—集水总管；4—过滤箱；

5—过滤网；6—水气分离器；7—浮箱；8—挡水布；

9—阀门；10—真空表；11—水位计；12—副水气分离器；

13—真空泵；14—离心泵；15—压力箱；16—出水管；

17—冷却泵；18—冷却水管；19—冷却水箱；

20—压力表；21—真空调节阀

离器内的水和空气向两个方向流去；水经离心泵排出，空气集中在上部由真空泵排出，少量从空气中带来的水从放水口放出。一套抽水设备的负荷长度（即集水总管长度）一般为 100～120m。常用的 W5、W6 型干式真空泵，其最大负荷长度分别为 100m 和 120m。

（3）轻型井点降水的布置

轻型井点降水的布置主要包括：平面布置和高程布置。确定布置方案时，应根据基坑大小与深度、土质、地下水位高低与流向以及降水深度要求等而定。

1）轻型井点的平面布置

轻型井点降水的平面布置可采用单排布置、双排布置、U 形布置以及环形布置四种形式，如图 3-13 所示。

当基坑或沟槽宽度小于 6m，水位降低值不大于 5m 时，可用单排线状井点，井点应布置在地下水流的上游一侧，两端延伸长度一般不小于沟槽宽度，如图 3-13a 所示。

沟槽宽度大于 6m，或土质不良，宜用双排井点，如图 3-13b 所示。

面积较大的基坑宜用环状井点，如图 3-13c

所示。

如考虑挖土机械和运输车辆出入基坑，可将环形井点布置的一侧打开，形成 U 形布置，如图 3-13d 所示。

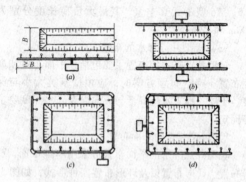

图 3-13 轻型井点降水的平面布置
(a) 单排布置；(b) 双排布置；
(c) 环形布置；(d) U 形布置

进行平面布置时，环状井点四角部分应适当加密。井点管距离基坑一般为 0.7~1.0m，以防井点漏气。井点管间距一般用 0.8~1.6m，或由计算和经验确定。

2) 轻型井点的高程布置

高程布置就是确定井点管埋深，即滤管上口至总管埋设面的距离，可按下式计算，如图 3-14 所示。

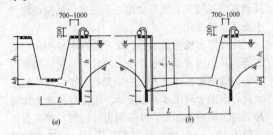

图 3-14 高程布置计算

（a）单排布置；（b）双排、U 形或环形布置

$$h \geqslant h_1 + \Delta h + iL \qquad (3-10)$$

式中　h——井点管埋深（m）；

h_1——总管埋设面至基底的距离（m）；

Δh——基底至降低后的地下水位线的距离（m），一般取 0.5~1.0m；

i——水力坡度：单排布置 $i = 1/4 \sim 1/5$；双排布置 $i = 1/7$；环形布置 $i = 1/10$；

L——井点管至水井中心的水平距离（m）。

243

（4）轻型井点施工工艺

轻型井点施工工艺程序为：放线定位→铺设总管→冲孔→埋管→用弯联管将井点管与总管接通→安装抽水设备与总管连通→安装集水箱和排水管→开动真空泵排气，再开动离心泵抽水→测量观测井中地下水位变化。

冲孔即形成井点水井，其方法有水冲法和套管法等，其中较常采用水冲法。冲孔时，先用起重设备将冲管吊起，插在井点的位置上，然后开动高压水泵，借助于高压水冲刷土体，用冲管扰动土体助冲，将土层冲成圆孔，冲管则边冲边沉。冲孔直径一般为 300 mm，以保证井管四周有一定厚度的砂滤层；冲孔深度宜比滤管底深 0.5 m 左右，以防冲管拔出时部分土颗粒沉于底部而触及滤管底部。

井孔冲成后，立即拔出冲管，插入井点管，并在井点管与孔壁之间迅速填灌砂滤层，以防孔壁塌土。砂滤层宜选用干净粗砂，填灌要均匀，并填至滤管顶上 1~1.5m，以保证水流畅通。

井点填砂后，应用 1m 以上厚度的黏土封口，以防井点漏气。

井点系统全部安装完毕后，需进行试抽，以检查有无漏气、淤塞等现象以及出水是否正常，如有异常情况，应检修好方可使用。

（5）轻型井点的使用

轻型井点使用时，应保证连续不断地抽水，并备有双电源以防断电。一般在抽水 3 ~ 5d 后水位降落漏斗基本趋于稳定。正常出水规律是"先大后小，先浑后清"。

如井点管不上水或水一直较浑，或出现清后又浑等情况，应立即检查纠正。真空度是判断井点系统良好与否的尺度，应经常观测，一般应不低于55.3 ~ 66.7 MPa。判断井点管是否淤塞，可通过听管内水流声、手扶管壁感到振动、夏冬季时期用手摸管子感觉其冷热潮干等简便方法进行检查，或设置透明的弯联管直接观测井点管工作情况。如井点淤塞太多，严重影响降水效果时，应逐个用高压水反冲洗井点管或拔出重新埋设。

3.1.5 土方机械化施工

土方工程施工，由于其工程量大、劳动强度高，所以除少量或零星土施工采用人工外，一般均应采用机械化、半机械化的施工方法，以减轻繁重的体力劳动，加快施工进度，降低工程成本。

土方工程的施工机械种类、数量繁多，有推土机、铲运机、平地机、松土机、单斗挖土机及多斗挖土机以及各种碾压、夯实机械等。在房屋建筑工程施工中，尤以推土机、铲运机和单斗挖土机应用最为广泛，也具有代表性。下面介绍这几种类型机械的性能、适用范围及施工方法。

3.1.5.1 推土机

推土机实际上为一装有铲刀的拖拉机。其行走方式有轮胎式和履带式两种，铲刀的操纵机构有机械式和液压式两种。索式推土机的铲刀借本身自重切入土中，在硬土中切土深度较小。液压式推土机系用油压操纵，故能使铲刀强制切入土中，切土深度较大。

推土机的特点是操纵灵活、运转方便、所需工作面较小，功率较大，行驶快，易于转移，能爬30°左右的缓坡，用途很广。适用于地形起伏不大的场地平整，铲除腐殖土，并推送到附近的弃土区；开挖深度不大于 1.5m 的基坑；回填基坑和沟槽；填筑高度在 1.5m 以内的路基、堤坝；平整其他机械卸置的土堆；推送松散的硬土、岩石和冻土；配合铲运机、挖土机工作等。推土机可挖掘一～四类土壤，为提高生产效率，对三、四类土宜事先翻松。推运距离宜在100m以内，以40~60m效率最高。

推土机的生产率主要决定于推土刀推移土壤的体积及切土、推土、回程等工作的循环时间。为此，可采用顺地面坡度下坡推土，2~3台推土机并列推土，分批集中一次推送以及槽形推土等方法来提高生产效率。如推运较松的土壤，且运距较大时，还可在铲刀两侧加挡土板。

3.1.5.2 铲运机

铲运机由牵引机械和土斗组成，其操纵机构分液压式和机械式两种。按其行驶方式有拖式和自行式两种。

铲运机的特点是能综合完成挖土、运土、平土或填土以及碾压等全部土方施工工序；其优点是行驶速度快，操纵灵活，运转方便，生产率高。

铲运机适用于开挖一~三类土。在土方工程中常应用于坡度在20°以内的大面积场地平整，开挖大型基坑、沟槽以及填筑路基、堤坝等工程。

铲运机的运行路线，对提高生产效率影响很大，应根据填方区的分布情况并结合当地具体条件进行合理选择。通常有以下几种形式，如图3-15所示。

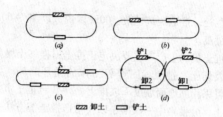

图 3-15　铲运机运行路线

(a)、(b) 环形路线；(c) 大环形路线；

(d) "8" 字形路线

3.1.5.3　挖掘机

挖掘机按行走方式分为履带式和轮胎式两种。按传动方式分为机械传动和液压传动两种。斗容量有 $0.2m^3$、$0.4m^3$、$1.0m^3$、$1.5m^3$、$2.5m^3$ 等多种，工作装置有正铲、反铲、抓铲和拉铲四种，其中使用较多的是正铲与反铲。

（1）正铲挖掘机

正铲挖掘机挖掘力大，生产效率高，适用于开挖停机面以上的一～四类土方，但需与汽车配合完成整个挖运工作。

正铲挖掘机的作业方式根据开挖路线与汽车相对位置的不同分为正向开挖、侧向卸土以及正向开挖、后方卸土两种，如图 3-16 所示。其生产率主要决定于每斗作业的循环延续时间。为了提高其生产率，除了工作面高度必须满足装满土斗的要求之外，还要考虑开挖方式和与运土机械配合。尽量减少回转角度，缩短每个循环的延续时间，因此，在上述两种作业方式中，正向开挖、侧向卸土生产率较高。

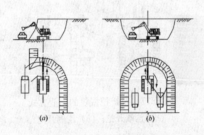

图 3-16　正铲挖掘机的作业方式
(a) 正向开挖、侧向卸土；
(b) 正向开挖、后方卸土

（2）反铲挖掘机

反铲挖掘机由于其铲口向下，适用于开挖停机面以下的一~三类的砂土或黏性土。一般反铲挖掘机的最大挖土深度 4~6m，经济合理的挖土深度为

3～5m。反铲也需要配备运土汽车进行运输。

反铲挖掘机的作业方式根据挖掘机与开挖的沟（槽）相对位置不同分为沟端开挖法和沟侧开挖法两种，如图 3-17 所示。当开挖宽度较大的沟（槽）时，可用 2～3 台挖掘机并列开挖。运土汽车应尽量接近挖掘机，以提高挖掘机的工作效率。

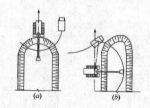

图 3-17　反铲挖掘机的作业方式
（a）沟端开挖；（b）沟侧开挖

（3）抓铲挖掘机

抓铲挖掘机一般为机械式，其作业特点是：直上直下，自重切土，挖掘力较小。适用于开挖停机面以下的一、二类较松软的土。尤其对施工面狭窄而深的基坑、深槽、深井采用抓铲可取得理想效果，如沉井施工等。抓铲还可用于挖取水中淤泥、装卸碎石、矿渣等松散材料。

（4）拉铲挖掘机

拉铲挖掘机的土斗用钢丝绳悬挂在挖土机长臂上，挖土时土斗在自重作用下落到地面切入土中。其挖土特点是：后退向下，自重切土。其挖土深度和挖土半径均较大，能开挖停机面以下的一、二类土，但不如反铲挖土机动作灵活准确，适用于开挖大型基坑及水下挖土、填筑路基、修筑堤坝等。

3.1.6 土方的填筑与压实

在建筑工程施工中，要发生大量的土方填筑与压实施工，如基础施工后的回填，场地平整的填筑，路基、地坪等的填筑等。在进行填筑前，应根据结构类型、填料性质以及现场条件等因素，制定填筑方案，对拟压实的填土提出质量要求。

3.1.6.1 土料的选择

填方土料应符合设计要求，保证填方的强度与稳定性。如设计无要求时，应符合下列规定：

（1）选用砂土或碎石土时，级配应良好。

（2）以砾石、卵石或块石作填料，分层夯实时其最大粒径不宜大于400mm；分层压实时其最大粒径不宜大于200mm。

（3）以粉质黏土、粉土作填料时，应控制其含水量为最优含水量。

(4) 如采用工业废料作为填土，必须保证其性能的稳定性。

(5) 含水量大的土、有机土、含水溶性硫酸盐大于5%的土、淤泥、冻土、膨胀土不应作为回填土。

(6) 碎块草皮和有机质含量大于8%的土，仅用于无压实的填方。

3.1.6.2　填筑方法

土方填筑的方法根据作业主体的不同分为人工填土和机械填土。

人工填土一般用手推车运土，人工用锹、镐、锄等工具进行填筑，从最低部分开始由一端向另一端自下而上分层铺填。

机械填土可用推土机、铲运机或自卸汽车等进行作业。用自卸汽车填土，需用推土机将土推开铺平，采用机械填土时，可利用行驶的机械进行部分压实工作。

填土必须分层进行，并逐层压实。特别是机械填土，不得居高临下、不分层次、一次倾倒填满。压实填土的施工缝各层应错开搭接，在施工缝的搭接处，应适当增加压实遍数。

在雨季、冬季进行压实填土施工时，应采取防雨、防冻措施，防止填料（粉质黏土、粉土）受雨水淋湿或冻结，并应采取措施防止出现"橡皮土"。

3.1.6.3 压实方法

填土压实方法有碾压法、夯实法和振动压实法等几种，此外还可利用运土机械压实。

（1）碾压法

碾压法是用滚动的鼓筒或轮子的压力压实土壤。适用于大面积填土工程，如场地平整、路基填筑、大型车间的室内填土等工程。碾压机械有平碾（也称压路机）、羊足碾和汽胎碾等。羊足碾需要较大的牵引力而且只能用于压实黏性土。汽胎碾在工作时是弹性体，给土的压力较均匀，填土质量较好。应用最普遍的是刚性平碾，适用于碾压各类土方。

按碾轮重量，平碾又分为轻型（5t 以下）、中型（8t 以下）和重型（10t 左右）三种。轻型平碾压实土层的厚度不大，但土层上部可变得较密实。当用轻型平碾初碾后，再用重型平碾碾压，会取得较好的压实效果。如直接用重型平碾碾压松土，则形成强烈的起伏现象，其碾压效果较差。

（2）夯实法

夯实法是利用夯锤自由下落的冲击力来压实土壤，主要用于小面积回填土。夯实机械类型较多，有木夯、石夯、蛙式打夯机以及利用挖土机或起重机装上夯板后的夯实机等。其中蛙式打夯机轻巧灵活，构造简单，在小型土方工程中应用最广。

夯实法的优点是可以压实较厚的土层。用重型夯土机（如 1t 以上的重锤）时，其夯实厚度可达 1~1.5m。但对木夯、石夯或蛙式打夯机等夯实工具，其夯实厚度较小，一般均在 200mm 以内。

（3）振动压实法

振动压实法是将重锤放在土层的表面或内部，借助于振动设备使重锤振动，土壤颗粒即发生相对位移达到紧密状态。振动压实机械常用的有振动压路机、平板振动器等。此法主要用于振实非黏性土。

近年来，又将碾压和振动结合而设计和制造出振动平碾、振动凸块碾等新型压实机械，振动平碾适用于填料为爆破碎磲、碎石类土、杂填土或粉土的大型填方；振动凸块碾则适用于黏土或粉质黏土的大型填方。当压实爆破石磲或碎石类土时，可选用 8~15t 重的振动平碾，铺土厚度为 0.6~1.5m，先静压、后振压，碾压遍数由现场试验确定，一般为 6 ~ 8 遍。

3.1.6.4 影响填土压实的因素

填土压实质量与许多因素有关，其中主要影响因素为压实功、土的含水量以及每层铺土厚度。

（1）压实功的影响

填土压实后的密度与压实机械在其上所施加的功有一定的关系。当土的含水量一定，在开始压实时，土的密度急剧增加，待到接近土的最大密度时，压实功虽然增加许多，而土的密度则变化甚小。在实际施工中，对于不同的土应根据压实机械和土体的密实度要求选择合理的压实遍数，如砂土一般需碾压或夯击 2 ~ 3 遍，亚砂土需 3 ~ 4 遍，亚黏土或黏土需 5 ~ 6 遍。

（2）含水量的影响

在同一压实功的作用下，填土的含水量对压实质量有直接影响。较为干燥的土，由于土颗粒之间的摩阻力较大，因而不易压实。当土具有适当含水量时，水起了润滑作用，土颗粒之间的摩阻力减小，从而容易压实。但含水量过大，土的孔隙被水占据，土体难以密实，有时还会出现"橡皮土"现象。土在最佳含水量的条件下，使用同样的压实功进行压实，所得到的密度最大。各种土的最佳含水量和最大干密度可参考表 3-7。

土的最佳含水量和最大干密度参考表 表 3-7

项次	土的种类	变动范围	
		最佳含水量（%）	最大干密度（g/cm³）
1	砂土	8~12	1.80~1.88
2	黏土	19~23	1.58~1.70
3	粉质黏土	12~15	1.85~1.95
4	粉土	16~22	1.61~1.80

注：1. 表中土的最大密度应根据现场实际达到的数字为准。

2. 一般性的回填可不作此项测定。

为了保证填土在压实过程中处于最佳含水量状态，当土过湿时，应翻松晾干，也可掺入同类干土或吸水性土料；当土过干时，则应预先洒水润湿。

（3）铺土厚度和压实遍数的影响

土在压实功的作用下，其应力随深度增加而逐渐减小，其影响深度与压实机械、土的性质和含水量等有关。铺得过厚，要压很多遍才能达到规定的密实度。铺得过薄，则要增加机械的总压实遍数。最优的铺土厚度应能使土方压实而机械功耗费最少。可按照表 3-8 选用。

填方每层的铺土厚度和压实遍数 表 3-8

压实机具	每层铺土厚度 （mm）	每层压实遍数 （遍）
平碾	200 ~ 300	6 ~ 8
羊足碾	200 ~ 350	8 ~ 16
蛙式打夯机	200 ~ 250	3 ~ 4
推土机	200 ~ 300	6 ~ 8
拖拉机	200 ~ 300	8 ~ 16
人工打夯	不大于 200	3 ~ 4

注：人工打夯时，土块粒径不应大于 50mm。

3.1.6.5 填土的质量控制和检验

填土压实的质量以压实系数 λ_c 控制，工程中可根据结构类型、使用要求以及土的性质确定，一般应控制在 0.93 ~ 0.98，如框架结构在地基主要受力层范围内应大于 0.97，在地基主要受力层以下应大于 0.95。

压实系数 λ_c 为土的控制干密度 ρ_d 与土的最大干密度 ρ_{dmax} 之比，即：

$$\lambda_c = \frac{\rho_d}{\rho_{dmax}} \tag{3-11}$$

ρ_d 可用 "环刀法" 或灌砂 (或灌水) 法测定。ρ_{dmax} 则用击实试验确定, 当无试验资料时, 最大干密度可按下式计算:

$$\gamma_{dmax} = \eta \frac{\rho_w d_s}{1 + 0.01 W_{op} d_s} \qquad (3\text{-}12)$$

式中　γ_{dmax}——分层压实填土的最大干密度;

　　　η——经验系数, 粉质黏土取 0.96, 粉土取 0.97;

　　　ρ_w——水的密度;

　　　d_s——土粒相对密度;

　　　W_{op}——填土的最优含水量。

当填土为碎石或卵石时, 其最大干密度可取 $2.0 \sim 2.2 t/m^3$。

3.2　桩基础工程

对于一般的建筑物或构筑物应优先选用浅基础, 如条形基础、独立基础、板式基础或箱形基础等。此类基础具有造价低、施工方便、工期短等特点, 但其承载力低。如浅基础无法满足上部结构对地基变形以及承载力等的要求时, 则需要设置深基础。土木工程中常见的深基础有多种类型, 如桩基础、沉井基础、地下连续墙等, 其中桩基础是应用最为广泛的一种深基础形式。

3.2.1 概述

3.2.1.1 桩基础的组成及特点

桩基础是用桩承台或基础梁将沉入土中的桩联系起来，是承受上部结构荷载的一种常用的深基础形式。其组成主要由桩和桩承台两部分，如图3-18所示。

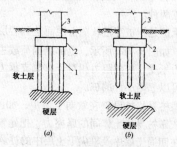

图3-18 桩的组成及类别

（a）端承桩；（b）摩擦桩

1—桩；2—承台；3—上部结构

桩基础的主要特点具有承载力高、抗拔力强，能够承担水平荷载，对建筑的抗震起到良好的作用等。当建筑物或构筑物的上部荷载较大时，常应用桩基础将其荷载传递到承载力较大的深层土层上，如高层建筑、水塔、烟筒等。另外，当表层软弱土层较厚大时，低层或多层建筑亦采用桩基础，以减少基础施工的土方量和施工中的排水和降水，从而，获得较好的经济效果。

3.2.1.2 桩基础的分类

工程中桩的类别常依据其不同的方法分类。

(1) 按桩的传力及作用性质，桩可分为端承桩和摩擦桩两种。

端承桩是指桩穿过软弱土层而达到岩层或坚硬土层上，如图3-18a所示，上部结构荷载主要由桩端支承力承受，桩侧阻力相对于桩端支承力而言是较小或可以忽略不计的桩。

摩擦桩是指桩设置在软弱土层中，如图3-18b所示，依靠桩身与土体间的摩擦力，把建筑物的荷载传布在四周土层中及桩尖下土层中的桩。

(2) 按桩的挤土效应，桩可分为挤土桩（如沉管灌注桩、打入式预制桩等）、部分挤土桩（如预钻孔打入预制桩、打入式敞口桩、冲抓孔灌注桩等）和非挤土桩（如钻孔灌注桩、人工挖孔灌注桩等）三种类型。

(3) 按桩身的材料，桩可分为砂桩、灰砂桩、木桩、混凝土桩、钢筋混凝土桩、预应力钢筋混凝土桩和钢桩等。

砂桩多用于地基加固、排水固结、挤密土层；灰砂桩多用于加固复杂填土地基、挤密土层；钢桩、混凝土及钢筋混凝土桩多用于软土地基支承建筑物（或构筑物）；由钢板或钢筋混凝土板构成的板桩多用于护坡挡土、挡水等。

（4）按桩的施工方法，桩可分为预制桩和灌注桩两大类。

预制桩是在工厂或施工现场采用一定材料预制成一定形状的桩，而后用沉桩设备将桩沉入土中。常用的沉桩方法有：锤击沉桩、静力压桩、水冲沉桩和振动沉桩等。按桩身材料有：木桩、钢筋混凝土桩、预应力混凝土桩、钢管桩、H 型钢桩、工字型钢桩等。

灌注桩是在施工现场的桩位上采用机械或人工等方法首先形成桩孔，然后在孔内填筑成桩材料而成的桩。如灌注混凝土形成的混凝土或钢筋混凝土灌注桩。根据成孔方法的不同，灌注桩可分为钻孔灌注桩、沉管成孔灌注桩、挖孔灌注桩、冲孔灌注桩、爆扩成孔灌注桩等。按灌注的材料有混凝土灌注桩、钢筋混凝土灌注桩、砂石挤密桩、灰土挤密桩、素土挤密桩等。灌注桩近年来发展较快，它可节约钢材，降低造价，能直接探测地层变化，在持力层顶面起伏不平时，桩长容易控制，但施工时影响质量的因素较多，故应严格按规定要求施工并加强工程质量管理。

3.2.2 钢筋混凝土预制桩施工

3.2.2.1 桩的预制、起吊、运输和堆放

（1）预制桩的制作程序

制作场地布置→场地地基处理、整平→浇筑场地地坪混凝土→支模→绑扎钢筋、安设吊环→浇筑混凝土→养护至30%强度拆模，再支上层模，涂刷隔离剂→浇筑第二层桩混凝土→养护至100%强度→起吊、运输、堆放→沉桩。

（2）桩的制作

钢筋混凝土预制桩常用截面有钢筋混凝土方形或多边形桩、预应力混凝土管桩等，其中以方形截面和管桩较为多用。方形桩边长通常为 250～500mm，长 7～25m，如图 3-19 所示。当长桩受运输条件与桩架高度限制时，可将桩分成数节，每节长根据桩架有效高度、制作场地和运输设备等条件考虑（一般为 6～13m）。

262

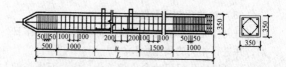

图 3-19　钢筋混凝土预制桩

空心管桩直径为 300～550mm，长度每节为 4～12m，管壁厚度 80mm。

钢筋混凝土方桩可在工厂或施工现场预制。工厂预制常采用成组拉模生产；现场预制桩多采用重叠法间隔制作，重叠层数一般不宜超过 4 层。上层桩或邻桩的浇筑，必须在下层桩或邻桩的混凝土达到设计强度的 30% 以后方可进行。

预制桩钢筋骨架的主筋连接宜采用对焊。主筋接头配置在同一截面内的数量应符合下列规定：当采用闪光对焊和电弧焊时，不得超过 50%；同一根钢筋两个接头的距离应大于 35d（d 为主筋直径），且不小于 500 mm。

预制桩混凝土强度等级常用 C30～C50。混凝土粗骨料应使用碎石或碎卵石，粒径宜为 5～40mm。混凝土应由桩顶向桩尖连续浇筑，严禁中断。混凝土洒水养护时间不应少于 7d。

（3）桩的预制质量要求

桩制作完成后应在每根桩上标明编号及制作日期，并进行相关的质量检验。

预制桩的几何尺寸允许偏差为：横截面边长偏差 ±5mm；桩顶对角线之差不大于 10mm；混凝土保护层厚度偏差 ±5mm；桩身弯曲矢高不大于 0.1% 桩长，且不大于 20mm；桩尖中心线偏差不大于 10mm；桩顶平面对桩中心线的倾斜不大于 3mm。

预制桩制作质量还应符合下列规定：

①桩的表面应平整、密实，掉角深度不应超过 10mm，且局部蜂窝和掉角的缺损总面积不得超过桩表面全部面积的 0.5%，同时不得过分集中；

②由于混凝土收缩产生的裂缝，深度不得大于 20mm，宽度不得大于 0.25mm，横向裂缝长度不得超过边长的一半（管桩或多边形桩不得超过直径或对角线的 1/2）；

③桩顶和桩尖处不得有蜂窝、麻面、裂缝和掉角现象。

（4）桩的起吊

钢筋混凝土预制桩的混凝土强度达到设计强度等级的 70% 方可起吊；达到设计强度等级的 100% 才能运输和打桩。如提前起吊，必须采取措施并经验算合格后方可进行。

桩在起吊和搬运时，必须平稳，并且不得损坏。吊点应符合设计要求，20~30m 长的预制桩一般采用3个吊点。常见的几种吊点合理位置如图 3-20 所示。

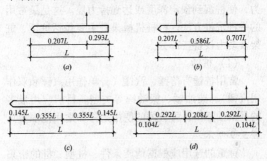

图 3-20 桩的合理吊点位置

(a) 一点起吊；(b) 两点起吊；
(c) 三点起吊；(d) 四点起吊

(5) 桩的运输和堆放

桩的运输，应根据打桩顺序随打随运以避免二次搬运。桩的运输方式，在运距不大时，可用起重机吊运；当运距较大时，可采用轻便轨道小平台车运输。

堆放桩的地面必须平整、坚实，垫木间距应与吊点位置相同，各层垫木应上下对齐，并位于同一垂直线上，堆放层数不宜超过 4 层。不同规格的桩，应分别堆放。

3.2.2.2　打桩机械及其选择

锤击沉桩是利用桩锤的冲击克服土对桩的阻力，使桩沉到预定深度或达到持力层。这是最常用的一种沉桩方法。打桩机械设备主要包括桩锤、桩架及动力设备三部分。

（1）桩锤

常用桩锤有落锤、汽锤（分单作用汽锤和双作用汽锤）、柴油锤、振动锤等类型。目前应用最多的是柴油锤。各种桩锤的使用条件和适用范围参见表3-9所示。

锤重的选用应根据地质条件、桩型、桩的密集程度、单桩竖向承载力及现有施工条件等决定，可参考表3-10进行选择。

（2）桩架

桩架是支持桩身和桩锤，在打桩过程中引导桩的方向，并保证桩锤能沿着所要求方向冲击的打桩设备。桩架的组成主要包括底盘、竖向架、导向杆和滑轮组等。桩架的形式多种多样，按其行走方式可分为滚管式、轨道式、步履式、履带式和轮胎式等，其中以步履式和履带式较为常用。如图 3-21 所

桩锤的使用条件和适用范围参考表

表 3-9

项次	桩锤种类	适用范围	使用原理	优缺点
1	落锤	(1) 适用于打木桩及细长尺寸的混凝土桩 (2) 在一般土层及黏土，含有砾石的土层均可使用	用人力或卷扬机拉起起桩锤，然后自由下落，利用锤重夯击击桩柱，使桩入土	构造简单、使用方便，冲击力大，能随意调整落距；但锤击速度慢（每分钟约6~20次），效率较低
2	单动汽锤	(1) 适用于打各种桩 (2) 最适用于套管法打就地灌注混凝土桩	利用蒸汽或压缩空气的压力将锤头上举，然后自由下落冲击桩顶	结构简单、落距小，对设备和桩头不易损坏，打桩速度及冲击力较落锤大、效率较高

267

项次	桩锤种类	适用范围	使用原理	优缺点
3	双动汽锤	(1) 适用于打各种桩，可用于打斜桩 (2) 使用压缩空气时，可用于水下打桩 (3) 可用于拔桩、吊锤打桩	利用蒸汽或压缩空气的压力将锤头上举及下冲，增加夯击能量	冲击次数多，冲击力大，工作效率高，但设备笨重，移动较困难
4	柴油桩锤	(1) 最适用于打钢板桩、木桩 (2) 在软弱地基打12m以下的混凝土桩	利用燃油爆炸，推动活塞，引起锤头跳动夯击桩顶	附有桩架、动力等设备，不需要外部能源，机架轻，移动便利，打桩快，燃料消耗低，桩架高度低，遇硬土或软土不宜使用

项次	桩锤种类	适用范围	使用原理	优缺点
5	振动桩锤	（1）适用于打钢板桩、钢管桩，长度在15m以内的打入式灌注桩 （2）适用于亚粘土、松散砂土、黄土和软土，不宜于岩石、砾石和密实的黏性土地基	利用偏心轮引起激振，通过刚性联结的桩帽传到桩上	深桩速度快，适用性强，施工操作简易安全，能打各种桩并能帮助卷扬机拔桩，但不适宜于打斜桩

项次	桩锤种类	适用范围	使用原理	优缺点
6	射水沉桩	(1) 常与锤击法联合使用，适用于打大断面混凝土和空心管桩 (2) 可用于多种土层，而以砂土、砂砾土或其他坚硬的土层最适宜 (3) 不能用于粗卵石、极坚硬的黏土层或厚度超过 0.5m 的泥炭层	利用水压力冲刷桩尖处土层，再配以锤击沉桩	能用于坚硬土层，打桩效率高，桩不易损坏；但设备较多，当附近有建筑物时，水流易使建筑物沉陷。不能用于打斜桩

表 3-10

锤重的选用参考表

锤 型	蒸汽锤（单动）			柴 油 锤				
	3~4t	7t	10t	1.8t	2.5t	3.2t	4t	7t
锤型资料 冲击部分重 (t)	3~4	5.5	9	1.8	2.5	3.2	4.5	7.2
锤总重 (t)	3.5~4.5	6.7	11	4.2	6.5	7.2	9.6	18
锤冲击力 (kN)	~2300	~3000	3500~4000	~2000	1800~2000	3000~4000	4000~5000	6000~10000
常用冲程 (m)	0.6~0.8	0.5~0.7	0.4~0.6	1.8~2.3	1.8~2.3	1.8~2.3	1.8~2.3	1.8~2.3
适用的桩规格 预制方桩、管桩的边长或直径 (mm)	350~450	400~450	400~500	300~400	350~450	400~500	450~550	550~600
钢管桩直径 (mm)				400	400	400	600	900
粘性土 一般进入深度 (m)	1~2	1.5~2.5	2~3	1~2	1.5~2.5	2~3	2.5~3.5	3~5
桩尖可达到静力触探 P_s 平均值 (MPa)	3	4	5	3	4	5	>5	>5

锤型		蒸汽锤（单动）			柴油锤				
		3~4t	7t	10t	1.8t	2.5t	3.2t	4t	7t
一般进入深度（m）		0.5~1	1~1.5	1.5~2	0.5~1	0.5~1	1~2	1.5~2.5	2~3
砂土 桩尖可达到标准贯入击数 N 值		15~25	20~30	30~40	15~25	20~30	30~40	40~45	50
岩石（软质） 桩尖可进入深度（m）	强风化		0.5	0.5~1		0.5	0.5~1	1~2	2~3
	中等风化			表层			表层	0.51	1~2
锤的常用控制贯入度（cm/10击）		3~5	3~5	3~5	2~3	2~3	2~3	3~5	4~8
设计单桩极限承载力（kN）		600~1400	1500~3000	2500~4000	400~1200	300~1600	2000~3600	3000~5000	5000~10000

注：1. 本表适用于桩尖处于软土层情况，钢筋混凝土预制桩长度 40~60m，钢管桩长度 40~60m，且桩尖进入硬土层一定深度。

2. 本表不适用于桩尖处于软土层的情况：

(1) 标准贯入击数 N 值为未修正的数值；

(2) 本表仅作供选锤参考，不能作为设计确定贯入度和承载力的依据。

示为三点支撑履带式打桩架的示意图，是目前较先进的桩架。这种打桩架具有垂直度调节灵活、稳定性好、装拆方便、行走迅捷、适应性强、施工效率高等优点。适用各种桩型和各类桩锤，可施打各类桩，也可打斜桩。

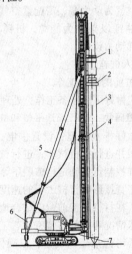

图 3-21　三点支撑履带式打桩架

1—柴油桩锤；2—桩帽；3—桩；4—竖向架；
5—支撑杆；6—履带车体；7—竖向架支撑

273

（3）动力装置

打桩机械的动力装置及辅助设备主要根据选定的桩锤种类而定。落锤及振动锤以电源为动力，再配置电动卷扬机、变压器、电缆等；蒸汽锤以高压蒸汽为驱动力，配置蒸汽锅炉、蒸汽输送装置等；气锤以压缩空气为动力源，需配置空气压缩机，内燃机等；柴油锤以柴油为能源，桩锤本身有燃烧室，不需外部动力设备。

3.2.2.3 打入桩施工

（1）打桩前的准备工作

打桩前应做好下列准备工作：处理架空（高压线）和地下障碍物；进行场地平整和桩机行驶线路土体夯实；做好排水设施；设置供电、供水系统；安装打桩机械并进行打桩试验；进行桩位的定位放线；设置水准控制点；确定打桩顺序等准备工作。

打桩顺序直接影响打桩工程的速度和桩基工程质量。因此，在打桩施工前，应结合地形、地质及地基土壤挤压情况和桩的布置密度、工作性能、工期要求等综合考虑后予以确定，以确保桩基质量，减少桩架的移动和转向，加快打桩进度。打桩顺序一般分为逐排打设、自中央往边缘打设、自边缘向中央打设和分段打设四种，如图3-22所示。

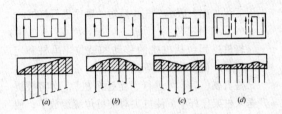

图 3-22　打桩顺序与土体的挤密

(a) 逐排打设；(b) 自边缘向中央打设；

(c) 自中央往边缘打设；(d) 分段打设

逐排打设，桩架可单向移动，桩的就位与起吊较为方便，打桩效率较高。但土壤向一个方向挤压，导致土壤挤压不均匀，后面的桩打入深度因此而逐渐减小，最终会引起建筑物的不均匀沉降。自边缘向中央打设，中间部分土壤挤压密实，不仅使桩难以打入，而且打中间桩时，还有可能使外侧各桩被挤压浮起，同样影响桩基质量。所以，一般以自中央向边缘打设和分段打设法为宜。但若桩距不小于 4 倍桩的边长或直径时，则土壤挤压情况将与打桩顺序关系不大，此时打桩顺序的确定通常可根据桩的特点和桩机移动为主。

此外，根据基础的设计标高和桩的规格，宜按先深后浅，先大后小，先长后短的顺序进行打桩。

（2）打桩工艺

打桩过程包括桩机的移动和就位、吊桩和定桩、打桩、截桩和接桩等施工工艺。

桩机就位后，可进行"定锤吊桩"，即将桩提升送入桩架导杆中，使桩尖对准桩位缓缓放下，使桩在自重作用下插入土中，随即扣好桩帽、桩箍，校正桩的垂直度。其基本要求是：桩锤底面、桩帽和桩顶应保持水平；桩锤、桩帽和桩中心线应在同一直线上，避免偏心。

为获得稳定的打桩效果，打桩时应采用"重锤低击"、"低提重打"的方法。桩开始打入时，应先用短落距轻打，落距一般为 $0.5 \sim 0.8m$，待桩入土 $1 \sim 2m$ 后，再以全落距施打。打桩时，应防止锤击偏心，以免桩产生偏位、倾斜，或打坏桩头、折断桩身。如采用送桩时，则送桩与桩的纵轴线应在同一竖线上。

打桩完毕后，应将桩头或无法打入的桩身截去，以使桩顶符合设计高程。截桩可采取锯截、电弧或氧乙炔焰截割等方法，主要依桩的种类而定。对钢筋混凝土桩，应将混凝土打掉后再截断钢筋。

打桩工程为隐蔽工程，施工中应做好观测和记录。要观测桩的入土速度，桩锤的落距，每分钟锤击次数，当桩下沉接近设计标高时，应进行标高和贯入度的观测，各项观测数据应记入打桩记录表，其表格格式，内容可参见《地基与基础工程施工及验收规范》。

（3）接桩

当施工设备条件等对桩的长度有限制，而桩的设计长度又较大时，需采用多节桩段连接而成。一般混凝土预制桩接头不宜超过 2 个，预应力管桩接头不宜超过 4 个。

桩的接头连接方法有三种：焊接法、浆锚法和法兰接桩法，如图 3-23 所示。

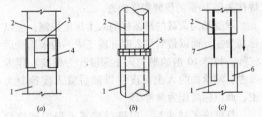

图 3-23　混凝土预制桩的接桩

（a）焊接法；（b）法兰接桩法；（c）浆锚法

1—下节桩；2—上节桩；3—预埋钢板；4—连接角钢；

5—连接法兰；6—预留锚筋孔；7—预埋锚接钢筋

（4）打桩的质量控制

打桩的质量控制包括打桩前、打桩过程中的控制以及施工后的质量检查。

施工前应对成品桩做外观及强度检验，锤击预制桩，应在强度与龄期均达到要求后，方可锤击。接桩用焊条或半成品硫磺胶泥应有产品合格证书，或送有关部门检验。

打桩开始前应对桩位的放样进行验收，桩位放样允许偏差对群桩为20mm、对单排桩为10mm。

施工过程中应检查桩的桩体垂直度、沉桩情况、贯入情况、桩顶完整状况、电焊接桩质量、电焊后的停歇时间等。对电焊接桩，重要工程应对电焊接头做10%的焊缝探伤检查。

承受轴向荷载的摩擦桩的入土深度控制，应以标高为主，而以最后贯入度（施工中一般采用最后三阵，每阵10击的平均入土深度作为标准）作为参考；端承桩的入土深度应以最后贯入度控制为主，而以标高作为参考。

打桩施工结束后，应进行桩基工程的桩位验收。打入桩的桩位偏差，必须符合表3-11的规定。

按标高控制的桩，桩顶标高的允许偏差为-50～+100mm。斜桩倾斜度的偏差不得大于倾斜

桩位的允许偏差　　表 3-11

序号	项　　目		允许偏差（mm）
1	盖有基础梁的桩	垂直于基础梁中心线	$100 + 0.01H$
		沿基础梁中心线	$150 + 0.01H$
2	桩数为 1~3 根桩基中的桩		100
3	桩数为 4~16 根桩基中的桩		1/3 桩径或边长
4	桩数大于 16 根桩基中的桩	最外边的桩	1/3 桩径或边长
		中间桩	1/2 桩径或边长

注：H 为施工现场地面标高与设计桩顶标高的距离。

角正切值的 15%（倾斜角系桩的纵向中心线与铅垂线间夹角）。

打桩施工结束后，工程桩应进行承载力检验，一般采用静载荷试验的方法进行检验，检验桩数不应少于总数的 1%，且不应少于 3 根，当总桩数少于 50 根时，不应少于 2 根。此外，还应对桩身质量进行检验。

3.2.2.4　静力压桩

静力压桩是利用静压力将桩压入土中，施工中虽然仍然存在挤土效应，但没有振动和噪声。静力压桩适用于邻近有怕受振动的建筑物（或构筑物）及软弱土层中，当存在厚度大于 2m 的中密以上砂夹层时，不宜采用静力压桩。

静力压桩机有机械式和液压式之分，根据顶压桩的部位又分为顶压式压桩机和抱压式压桩机。如图 3-24 所示是一种采用抱压式的液压静力压桩机。

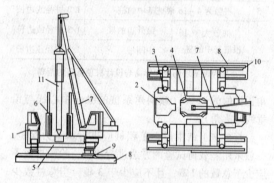

图 3-24　液压式静力压桩机

1—操纵室；2—电气控制台；3—液压系统；4—导向架；
5—配重；6—夹持装置；7—吊桩把杆；8—支腿平台；
9—横向行走与回转装置；10—纵向行走装置；11—桩

静力压桩机应根据土质情况配足额定重量。施工中桩帽、桩身和送桩的中心线应重合，压同一根（节）桩应缩短停顿时间，以便于桩的压入。长桩的静力压入一般也是分节进行，逐段接长。当第一节桩压入土中，其上端距地面1m左右时将第二节桩接上，继续压入。对每一根桩的压入，各工序应连续。其接桩处理与锤击法类似。

如压桩时桩身发生较大移位、倾斜；桩身突然下沉或倾斜；桩顶混凝土破坏或压桩阻力剧变时，则应暂停压桩，及时研究处理。

3.2.3 钢筋混凝土灌注桩施工

灌注桩是直接在桩位上就地成孔，然后在孔内安放钢筋笼灌注混凝土而成。灌注桩能适应各种土层，无需接桩，施工时无振动、无挤土、噪音小，宜在建筑物密集地区使用。但其操作要求严格，施工后需较长的养护期方可承受荷载，成孔时有大量土渣或泥浆排出。根据成孔工艺不同，分为干作业成孔灌注桩、泥浆护壁成孔灌注桩、套管成孔灌注桩和爆扩成孔灌注桩等。灌注桩施工工艺近年来发展很快，还出现夯扩沉管灌注桩、钻孔压浆成桩等一些新工艺。

3.2.3.1 干作业成孔灌注桩

干作业成孔灌注桩是利用钻孔机械直接钻探形成桩孔，在整个成孔的过程中无地下水出现，适用于地下水位以上的黏性土、粉土，填土，中等密实以上的砂土、风化岩等土层。

干作业成孔灌注桩的施工工艺流程为：场地清理→测量放线定桩位→桩机就位→钻孔取土成孔→清除孔底沉渣→成孔质量检查验收→吊放钢筋笼→浇筑孔内混凝土。

螺旋钻孔是干作业成孔常用的方法之一，它利用螺旋钻机成孔。通过动力旋转钻杆，使钻头的螺旋叶片旋转削土，土块沿螺旋叶片提升排出孔外，如图 3-25 所示为步履式长螺旋钻孔机。长螺旋钻孔机成孔直径一般为 300～600mm，钻孔深度为8～20m。

成孔达到设计深度后，应保护好孔口，按规定验收，并做好施工记录。孔底虚土尽可能清除干净，可采用夯锤夯击孔底虚土或进行压力注水泥浆处理，然后尽快吊放钢筋笼，并浇筑混凝土。

3.2.3.2 泥浆护壁成孔灌注桩

泥浆护壁成孔灌注桩是利用钻孔机械钻探成孔，为防止塌孔用泥浆保护孔壁并排出土渣而形成

282

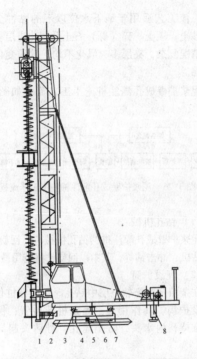

图 3-25 步履式长螺旋钻孔机

1—上底盘；2—下底盘；3—回转滚轮；4—行车滚轮；

5—钢丝滑轮；6—回转轴；7—行车油缸；8—支架

桩孔。该工艺适用于地下水位以下的黏性土、粉土、砂土、填土、碎（砾）石土及风化岩层；以及地质情况复杂，夹层多、风化不均、软硬变化较大的岩层。

泥浆护壁成孔灌注桩施工工艺流程如图 3-26 所示。

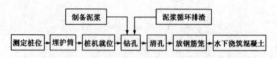

图 3-26　泥浆护壁成孔灌注桩施工工艺流程

（1）钻孔机械

泥浆护壁成孔灌注桩的钻孔机械有：回旋钻机、潜水钻机、冲击钻等，其中以回旋钻机应用最多。

（2）埋设护筒

在杂填土或松软土层中钻孔时，应在桩位孔口处埋设护筒，其作用是：固定桩孔位置；保护孔口；维持孔内水头，防止塌孔；对钻头起导向作用。

护筒用厚 4～8mm 钢板制作，内径应比钻头直径大 100mm，埋入土中深度通常不宜小于 1.0～1.5m，特殊情况下埋深需要大。护筒埋设应准确、稳定，护筒中心与桩位中心的偏差不得大于50mm。在护筒顶部应开设 1~2 个溢浆口。施工期间护筒内的泥浆面应高出地下水位 1.0m 以上，在受水位涨落影响时，泥浆面应高出最高水位 1.5m 以上。在护筒外侧填入黏土并分层夯实。

(3) 泥浆

泥浆的作用是：护壁、携砂排土、切土润滑、冷却钻头等，其中以护壁为主。泥浆制备方法应根据土质条件确定：在黏土和粉质黏土中成孔时，可注入清水。为了提高泥浆质量可加入外掺料，如增重剂、增黏剂、分散剂等。各类土层中泥浆密度选用见表 3-12 所示。

各类土层中泥浆密度选用表　　表3-12

项次	项目	冲程 (m)	泥浆密度 ($g \cdot cm^{-1}$)	备　注
1	在护筒中及护筒脚下 3m 以内	0.9~1.1	1.1~1.3	土层不好时宜提高泥浆密度，必要时加入小片石和黏土块
2	黏土	1~2	清水	或稀泥浆，经常清理钻头上泥块

项次	项目	冲程（m）	泥浆密度（g·cm⁻¹）	备注
3	砂土	1~2	1.3~1.5	抛黏土块，勤冲勤掏渣，防坍塌
4	砂卵石	2~3	1.3~1.5	加大冲击能量，勤掏渣
5	风化岩	1~4	1.2~1.4	如岩层表面不平或倾斜，应抛入 20~30cm 厚块石使之略平，然后低锤快击使其成一紧密平台，再进行正常冲击，同时加大冲击能量，勤掏渣
6	塌孔回填重新成孔	1	1.3~1.5	反复冲击，加黏土块及片石

（4）钻孔

回转钻成孔是国内灌注桩施工中最常用的方法

之一。按排渣方式不同，分为正循环回转钻成孔和反循环回转钻成孔两种，如图 3-27 所示，根据桩型、钻孔深度、土层情况、泥浆排放条件、允许沉渣厚度等进行选择，但对孔深大于 30m 的端承型桩，宜采用反循环成孔及清孔。

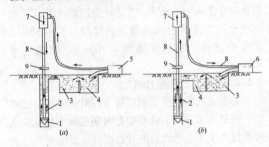

图 3-27　泥浆循环成孔工艺

(a) 正循环；(b) 反循环

1—钻头；2—泥浆循环方向；3—沉淀池；4—泥浆池；

5—泥浆泵；6—砂石泵；7—水阀；

8—钻杆；9—钻机回旋装置

(5) 清孔

当钻孔达到设计要求深度并经检查合格后，应立即进行清孔。目的是清除孔底沉渣以减少桩基的沉降量，提高承载能力，确保桩基质量。清孔方法有：真空吸泥渣法、射水抽渣法、换浆法和掏渣法。

清孔应达到如下标准才算合格：一是对孔内排出或抽出的泥浆，用手摸捻应无粗粒感觉，孔底500mm 以内的泥浆密度小于 1.25g/cm³（原土造浆的孔应小于 1.1g/cm³）；二是在浇混凝土前，孔底沉渣允许厚度符合标准规定，即端承桩 ≤50mm，摩擦端承桩、端承摩擦桩 ≤ 100mm，摩擦桩 ≤ 300mm。

3.2.3.3 套管成孔灌注桩

套管成孔灌注桩是利用锤击打桩法或振动沉桩法，将带有活瓣式桩靴或带有钢筋混凝土桩靴的钢套管沉入土中，然后拔管边灌注混凝土而成。若配有钢筋时，则在浇筑混凝土前先吊放钢筋骨架。

套管成孔灌注桩适用于黏性土、粉土、淤泥质土、砂土及填土；在厚度较大、灵敏度较高的淤泥和流塑状态的黏性土等软弱土层中采用时，应制定质量保证措施，并经工艺试验成功后方可实施。沉管夯扩桩适用于桩端持力层为中、低压缩性黏性土、粉土、砂土、碎石类土，且其埋深不超过 20m 的情况。

（1）桩靴

钢套管的桩靴如图 3-28 所示。

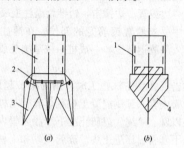

图 3-28　钢套管桩靴示意图

（a）活瓣式桩靴；（b）预制钢筋混凝土桩靴

1—钢套管；2—锁轴；3—活瓣；4—预制钢筋混凝土桩靴

（2）施工设备

锤击沉管灌注桩是利用桩锤将钢套管打入土中成孔后，灌注混凝土形成灌注桩。适用于一般黏性土、淤泥质土、砂土和人工填土地基，但不能在密实的砂砾石、漂石层中使用。其施工设备主要由钢套管、桩锤、桩架、卷扬机、滑轮组和行走机构等组成。

（3）施工工艺

锤击沉管灌注桩的施工程序一般为：定桩位→

埋设混凝土预制桩靴→桩机就位→锤击沉管→灌注混凝土→边拔管、边锤击、边继续灌注混凝土（对于设计中要求放置钢筋笼的部位，在灌注混凝土时，插入吊放钢筋笼）→成桩→桩基施工质量检查验收。

锤击沉管灌注桩施工时，用桩架吊起钢套管，关闭活瓣或套入预制混凝土桩靴。套管与桩靴连接处要垫以麻、草绳，以防止地下水渗入管内。然后缓缓放下套管，压进土中。套管上端扣上桩帽，检查套管与桩锤是否在同一垂直线上，套管偏斜不大于 0.5% 时，即可起锤沉套管。先用低锤轻击，观察后如无偏移，才正常施打，直至符合设计要求的贯入度或沉入标高，检查管内有无泥浆或水进入，即可灌注混凝土。套管内混凝土应尽量灌满，然后开始拔管。拔管要均匀，不宜拔管过高。拔管时应保持连续密锤低击不停。

沉管至设计标高后，应立即灌注混凝土，尽量减少间隔时间。拔管速度要均匀，对一般土层以 1m/min 为宜，在软弱土层和软硬土层交界处宜控制在 0.3～0.8m/min。

群桩基础和桩中心距小于 3.5 倍桩径的桩基，应采取保证相邻桩桩身质量的技术措施，防止因挤土而使前面施工的邻桩发生桩身断裂现象。如采用跳打方法，中间空出的桩须待邻桩混凝土达到设计强度的 50% 以后方可施打。

锤击沉管灌注桩混凝土强度等级不得低于 C20，每立方米混凝土的水泥用量不宜少于 300kg。混凝土坍落度在有配筋时宜为 80～100mm；无配筋时宜为 60～80mm。碎石粒径在配有钢筋时不大于 25mm；无配筋时不大于 40mm。预制钢筋混凝土桩靴的强度等级不得低于 C30。成桩后的桩身混凝土顶面标高应至少高出设计标高 500mm。

为了提高桩的质量和承载能力，常采用复打扩大灌注桩桩径的方法，如图 3-29 所示。其施工顺序如下：在第一次灌注桩施工完毕，拔出套管后，清除管外壁上的污泥和桩孔周围地面的浮土，立即在原桩位再埋预制桩靴或合好活瓣桩尖第二次复打沉套管，使未凝固的混凝土向四周挤压扩大桩径，然后第二次灌注混凝土。拔管方法与初打时相同。施工时要注意：前后两次沉管的轴线应复合；复打施工必须在第一次灌注的混凝土初凝之前进行，也有采用内夯管进行夯扩的施工方法。复打法第一次灌注混凝土前不能放置钢筋笼，如配有钢筋，应在第二次灌注混凝土前放置。

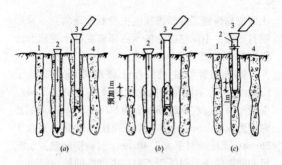

图 3-29　钢套管拔管复打法工艺示意图

(a) 全部复打桩；(b) 下部复打桩；(c) 上部复打桩

1—单打桩；2—二次沉管；3—二次灌注混凝土；4—复打桩

3.2.3.4　人工挖孔灌注桩

人工挖孔灌注桩是指在桩位位置用人工挖直孔，每挖一段即施工一段支护土壁结构，如此反复向下挖至设计标高，然后放下钢筋笼，浇筑混凝土而形成的钢筋混凝土灌注桩。

人工挖孔灌注桩的优点是：设备简单，施工时无噪声，无振动，对施工现场周围的原有建筑物影响小；在挖孔时，可直接观察土层变化情况；清除沉渣彻底；如需加快施工进度，可同时开挖若干个桩孔；施工成本低等。特别在施工现场狭窄的市区修建高层建筑时，更显示其优越性。其缺点是劳动力消耗大，单桩开挖效率低。

（1）施工机具

1）电动葫芦或手动卷扬机，提土桶及三脚支架；

2）潜水泵：用于抽出孔中积水；

3）鼓风机和输风管：用以向桩孔中送入新鲜空气；

4）镐、锹、土筐等挖土工具，若遇坚硬岩石，还应配备风镐等；

5）照明灯、对讲机、电铃等。

（2）施工程序

人工挖孔灌注桩根据其护壁形式的不同，其施工程序亦有所不同，以混凝土护壁为例，其施工程序一般包括：定桩位→开挖第一段土方→支设护壁模板→安装操作平台→浇筑护壁混凝土→开挖第二段土方→拆除第一段护壁模板并支设在第二段土方上→循环施工至设计标高→安放钢筋笼→排除桩底积水、清理桩底→浇筑桩身混凝土。

人工挖孔灌注桩挖孔时，一般由一人在孔内挖土，故桩的直径除应满足设计承载力要求外，还应满足人在下面操作空间的要求，故桩径不得小于800mm，一般都在1200mm以上。桩底一般都做扩大部分。

（3）护壁

人工挖孔灌注桩的护壁可采用多种形式，较常见的有：混凝土护壁、砖护壁、钢套管护圈、预制混凝土圈以及混凝土沉井等。

护壁厚度一般为 $\frac{D}{10} + 5$（cm）（D 为桩径），护壁内常配有 8 根 $\phi6 \sim \phi8$、长 1m 左右的直钢筋，插入下层护壁内，使上下护壁拉结，避免当某段护壁出现流砂、淤泥等情况后使摩擦力降低，也不会造成护壁由自重而沉裂的现象。

土方开挖应结合混凝土的浇筑分段挖土，每段高度 0.5～0.8m，视土壁直立开挖能力而定。开挖直径为桩径加护壁厚。

护壁模板，由 4 块或 8 块活动钢模组成，模板高度取决于挖土施工段高，通常为 0.8～1m。浇筑混凝土时应捣实，上下护壁间搭接 50～70mm。当混凝土达到规定强度等级后拆除模板，继续施工下一段。

当采用砖护壁时，挖土直径应为桩径加二砖壁厚（即 480mm）。砖护壁施工如图 3-30 所示，开挖第一段土方，第一段可挖深些，例如 1～2m，挖土完毕后，即砌筑一个厚砖护壁，一般间隔 24h 后再挖下一段的土方，挖土深度 0.5 ~ 1m，视土壁独自直立能力而定。先挖半个圆的土方，砌半圈护壁，再挖另半圈土方，再砌半圈护壁，至此整圈护壁已砌好。砌砖时，上下砖护壁应顶紧，护壁与土壁间灌满砂浆。半个圆半个圆的挖土和砌护壁可保证施工安全。如此循环施工，直至设计标高。

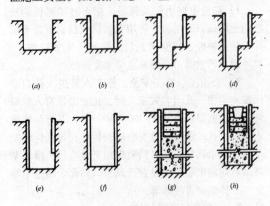

图 3-30　人工挖孔灌注桩砖护壁施工

(a) 第一段挖土；(b) 第一段砌护壁；(c) 第二段挖半圆土；

(d) 砌半圆护壁；(e) 挖另半圆土；(f) 砌另半圈护壁；

(g) 挖土至设计标高后，安放钢筋，浇筑混凝土；

(h) 浇注杯口或承台混凝土

（4）施工中注意事项

1）每段挖土后必须吊线检查中线位置是否正确，桩孔中心线平面位置偏差不宜超过50mm。桩的垂直度偏差不得超过1%。桩径不得小于设计直径。

当挖土至设计深度后，必须由设计人员鉴别后方可浇筑混凝土。

2）防止土壁坍落及流砂。挖土时如遇特别松散的土层或流砂层时，可用钢护筒或预制混凝土沉井等作为护壁，待穿过此层后再按一般方法施工。流砂现象严重时可采用井点降水等措施。

3）必须注意施工安全。施工人员进入孔内必须戴安全帽；孔内有人施工时，孔上必须有人监督防护；护壁要高出地面200~300mm，以防杂物滚入孔内；孔周围应设置安全防护栏杆；每孔应设安全绳、安全软梯；孔内照明应用安全电压；潜水泵必须有防漏电装置；设置鼓风机，向孔内输送洁净空气，排除有害气体等。

3.2.3.5 爆扩成孔灌注桩

爆扩成孔灌注桩是利用炸药的爆炸力挤压土体以形成桩孔，然后在桩孔内放置钢筋骨架灌注混凝土形成灌注桩。

爆扩桩具有成孔简单、节省劳动力和成本等优点，同时由于爆炸使土压缩挤密承载力增加，且桩的端部通常爆扩有大头，增加了地基对桩端的支承面，桩的受力性能好，适用于黏性土层中。但在砂土及软土中不易成孔，且爆扩产生的振动较大，施工要求严格，应用时应考虑场地的土质以及环境等因素。爆扩成孔法也可与其他成孔方法综合运用，即桩孔用钻孔法或打拔管法成孔，扩大头用爆扩成孔。

（1）爆扩桩的组成

爆扩桩一般由桩身和扩大头两部分组成，如图3-31所示。

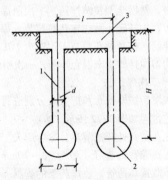

图3-31 爆扩桩构造示意图

1—桩身；2—爆扩大头；3—桩承台；H—桩长；l—桩距

爆扩桩的桩身直径 d 一般为 200～350mm，扩大头直径 D 一般可取 2.5～3.5d，桩长以 3.0～6.0m 为宜，最大不超过 10m。桩距 l 不宜小于 1.5D（一般土质），当扩大头采取上下交错布置时，相邻两桩扩大头的高差亦不宜小于 1.5D，否则应同时爆扩。

（2）一次爆扩法

一次爆扩法是桩孔及扩大头一次爆扩形成，其施工方法分为药壶法和无药壶法。药壶法是先用钢钎打成直径 25～30mm 的导孔，在导孔底部用炸药炸成药壶，然后全部装满炸药，一次引爆形成桩孔和扩大头；无药壶法是在导孔底部装入爆扩大头所需的纯炸药，桩身导孔内装入比例为 1:0.6～1:0.3 的经过均匀搅拌的锯末混合炸药，一次引爆而成。

（3）二次爆扩法

二次爆扩法即桩孔和扩大头分别进行爆扩，其施工工艺过程如图 3-32 所示。

首先在桩孔处开挖漏斗，然后用人工或机械钻形成导孔，导孔的直径一般为 40～70mm。导孔形成后随即放置炸药管，装炸药条的管材，以玻璃管最好，既防水又透明，便于检查装药情况，又易插放到孔底，炸药管四周应填塞干砂或其他粉状材料

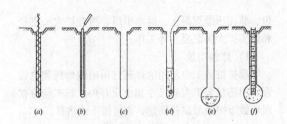

图 3-32 爆扩桩施工工艺示意图

(a) 钻导孔;(b) 放置炸药管;(c) 炸扩桩孔;

(d) 放置炸药包,灌入压爆混凝土;(e) 炸扩大头;

(f) 放入钢筋骨架灌注混凝土

稳固好,然后引爆形成桩孔。玻璃管直径及用药量
可参考表 3-13。

爆破桩孔时玻璃管直径及用药量　　表 3-13

土的类别	桩身直径 (mm)	玻璃管内径 (mm)	用药量 (kg/m)
未压实的人工填土	300	20 ~ 21	0.25 ~ 0.28
软塑可塑黏性土	300	22	0.28 ~ 0.29
硬塑黏性土	300	25	0.37 ~ 0.38

爆扩大头施工主要包括:计算用药量、安放药

包、灌注压爆混凝土、通电引爆、检查扩大头直径和捣实扩大头混凝土等工作。

1）炸药用量

爆扩桩施工中使用的炸药宜用硝铵炸药和电雷管。用药量与扩大头尺寸和土质有关，施工前应在现场做爆扩成型试验确定，亦可按下式估算。

$$D = K \cdot \sqrt[3]{Q} \tag{3-13}$$

式中 D——扩大头直径（m）；

Q——炸药用量（kg）；

K——土质影响系数。

2）安放药包

药包须用塑料薄膜等防水材料紧密包扎，并用防水材料封闭以防浸水受潮出现瞎炮。药包宜做成扁平状，每个药包在中心处并联放置两个电雷管。药包放于孔底正中，上面填盖 150～200mm 厚的砂子，用以固定药包和承受灌注混凝土时的冲击。

3）灌注压爆混凝土

为使药包的爆炸力向下挤压土体，药包在引爆前应灌注混凝土。混凝土的灌入量为 2～3m 桩孔深，或为扩大头体积的 50%。混凝土量过少，引爆时会引起混凝土飞扬，过多则可能产生"拒落"事故。混凝土的坍落度，在黏土中为 10～12cm；在砂及填土中为 12~14cm。

4）引爆

引爆应在混凝土初凝前进行，否则易出现混凝土拒落现象，一般在压爆混凝土灌注后半小时内进行引爆。为了保证施工质量，应严格遵守引爆顺序，当相邻桩的扩大头在同一标高，若桩距大于爆扩影响间距时，可采取单爆方式；反之，宜用联爆方式。当相邻的扩大头不在同一标高，引爆顺序必须是先浅后深，否则会造成深桩柱的变形或断裂；当在同一根桩柱上有两个扩大头时，引爆的顺序只能是先深后浅，先炸底部扩大头，然后插入下段钢筋骨架，灌注下段混凝土至第二个扩大头标高，再爆扩第二个扩大头，然后插入上段钢筋骨架，灌注上部混凝土。

5）灌注桩身混凝土

扩大头引爆后，第一次灌注的混凝土即落入空腔底部。此时应进行检查扩大头的尺寸，并将扩大头底部混凝土捣实，随即放置钢筋骨架，并分层灌注，分层捣实桩身混凝土，混凝土应连续灌注完毕，不留施工缝，应保证扩大头与桩身形成整体浇筑的混凝土。混凝土灌注完毕后，应用草袋覆盖并洒水养护。

3.3 钢筋混凝土工程

混凝土是由胶结材料（水泥）与砂、石骨料以及外加剂组成的混合料，经水泥的水化作用，形成具有一定形状、强度或其他性能的结构整体。钢筋混凝土是把钢筋和混凝土两种材料按照合理的方式结合在一起共同工作，钢筋主要承受拉力，混凝土主要承受压力。

钢筋混凝土工程按其施工方法分现浇混凝土结构和预制装配式混凝土结构两类。其施工通常由钢筋工程、模板工程和混凝土工程三部分组成。各施工过程相互配合，组织流水施工。

3.3.1 钢筋工程

3.3.1.1 钢筋简介

（1）钢筋的分类

钢筋的种类很多，分类的方法各有不同。土木工程中常用的钢筋按生产工艺可分为：热轧钢筋、冷轧钢筋、冷拉钢筋、冷拔钢丝、热处理钢筋、碳素钢丝和钢绞线等；按力学性能可分为：HPB235级钢筋、HRB335级钢筋、HRB400钢筋和RRB400钢筋；按化学成分可分为：碳素钢钢筋和普通低合金钢钢筋；按轧制外形可分为：光圆钢筋和变形钢筋（月牙筋、螺旋筋和人字形钢筋）；按供货方式可分为：圆盘（直径小于 10mm）和直条（直径大于 12mm）；按钢筋在结构中的作用不同可分为：受力钢筋、架立钢筋和分布钢筋等。

（2）热轧钢筋的性能及检验

热轧钢筋是经热轧成型并自然冷却的成品钢筋。有光圆和带肋两种。

根据《混凝土结构设计规范》（GB50010—2002）规定：普通钢筋混凝土结构宜采用热轧带肋钢筋 HRB400 和 HRB335，也可采用光圆钢筋 HPB235 和余热处理钢筋 RRB400 级，并提倡用 HRB400 级（即新Ⅲ级钢）为我国钢筋混凝土结构的主受力钢筋。

热轧钢筋的力学性能应符合表 3-14 的规定。

热轧钢筋进场时，应具有出厂合格证及试验报告，并按品种、批号、直径分批进行检查和验收，每批重量不大于 60t，每批由同一牌号、同一炉号、同一规格钢筋组成。验收内容包括钢筋标牌和外观检查，并按规定取样进行钢筋机械性能试验。

从每批钢筋中任选两根，每根截取两个试件，分别作拉伸（屈服点、抗拉强度和伸长率）和冷弯

热轧钢筋的力学性能

表 3-14

表面形状	强度等级代号	公称直径 d (mm)	屈服点 σ_s (MPa)	抗拉强度 σ_b (MPa)	伸长率 δ_s (%)	冷弯 弯曲角度	冷弯 弯心直径	符号
			不	小	于			
光圆	HPB 235	8~20	235	370	25	180°	d	φ
月牙肋	HRB 335	6~25	335	490	16	180°	3d	Φ
		28~50				180°	4d	
	HRB 400	6~25	400	570	14	180°	4d	Φ
		28~50				180°	5d	
	HRB 500	6~25	500	630	12	180°	6d	Φ
		28~50				180°	7d	

注: 1. HRB 500 级钢筋尚未列入《混凝土结构设计规范》（GB50010—2002）。

2. 采用 d>40mm 钢筋时，应有可靠的工程经验。

试验。如果有一项试验结果不符合表3-14要求，则从同批中另取双倍数量试件，重做各项试验。如仍有一个试件不合格，则该批钢筋认定为不合格产品。此外，每批钢筋中再抽取5%作外观检查，观察钢筋表面是否有裂纹、结疤。钢筋可按实际重量或公称重量交货。当按实际重量交货时，应随机抽10根（6m长的）钢筋称其重量，其偏差应控制在允许范围内。

3.3.1.2 钢筋的冷加工

钢筋的冷加工，包括钢筋的冷拉、冷拔和冷轧。其目的是提高钢筋单位断面积的强度，达到节约钢筋的目的，有时也采用冷拉进行调直。随着新Ⅲ级钢的使用，冷拉钢筋和冷拔低碳钢丝已逐步被淘汰，而冷轧带肋钢筋和冷轧扭钢筋使用量逐渐增大。

（1）冷轧带肋钢筋

冷轧带肋钢筋是指热轧光圆盘条，经冷轧后在其表面带有沿长度方向均匀分布的三面或二面横肋的钢筋。其牌号有 CRB550、CRB650、CRB800、CRB970、CRB1170。其中 CRB550 为钢筋混凝土用钢筋，其他为预应力混凝土用钢筋。

冷轧带肋钢筋外形形式，如图3-33所示。

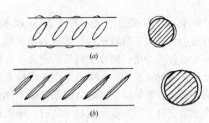

图 3-33　冷轧带肋钢筋外形形式

(a) 三面肋表面形状；(b) 二面肋表面形状

冷轧带肋钢筋的力学性能和工艺性能应符合表 3-15 的规定。当进行弯曲试验时，受弯曲部位表面不得产生裂纹。

冷轧带肋钢筋表面质量要求：

1) 钢筋表面不得有裂纹、结疤、油污及其他影响使用的缺陷；

2) 钢筋表面可有浮锈，但不得有锈皮及目视可见的麻坑等腐蚀现象。

冷轧带肋钢筋检查和验收：

钢筋应按批进行检查和验收，每批应由同一牌号、同一外形、同一规格、同一生产工艺和同一交货的钢筋组成，每批不大于 60t。每批检验项目有拉伸、弯曲、反复弯曲、应力松弛、尺寸、表面及重量偏差。

冷轧带肋钢筋力学性能和工艺性能

表 3-15

牌号	抗拉强度 σ_b MPa 不小于	伸长率（%）不小于		弯曲试验 180°		反复弯曲次数	松弛率		
		δ_{10}	δ_{100}				初始应力 $\sigma_{con} = 0.7\sigma_b$		10h（%）不大于
				D	$3d$		1000h（%）不大于		
CRB550	550	8.0	—	D	$3d$	3	8		5
CRB650	650	—	4.0	—		3	8		5
CRB800	800	—	4.0	—		3	8		5
CRB970	970	—	4.0	—		3	8		5
CRB1170	1170	—	4.0	—		3	8		5

注：D 为弯心直径，d 为钢筋公称直径。

（2）冷轧扭钢筋

冷轧扭钢筋是指低碳钢热轧圆盘条经专用钢筋冷轧扭机调直、冷轧并冷扭一次成型，具有规定截面形状和节距的连续螺旋状钢筋。按其截面形状分为Ⅰ型（矩形截面）和Ⅱ型（菱形截面），如图3-34所示。

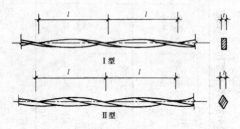

图3-34　冷轧扭钢筋外形形式
t—轧扁厚度；*l*—节距

冷轧扭钢筋应符合行业标准《冷轧扭钢筋》（JG 3046-1998）的规定，其标志直径、横截面面积、轧扁厚度、节距、公称重量以及力学性能应符合表3-16与表3-17的规定。

冷轧扭钢筋进场时，应分批进行检查和验收。每批由同一钢厂、同一牌号、同一规格的钢筋组成，每批重量不大于10t。

冷轧扭钢筋规格表　　表 3-16

类型	标志直径 d（mm）	公称截 面面积 A（mm²）	轧扁厚度 t（mm） 不小于	节距 l（mm） 不大于	公称重量 G（kg/m）
Ⅰ型矩形	6.5	29.5	3.7	75	0.232
	8.0	45.3	4.2	95	0.356
	10.0	68.3	5.3	110	0.536
	12.0	98.3	6.2	150	0.733
	14.0	132.7	8.0	170	1.042
Ⅱ型菱形	12.0	97.8	8.0	145	0.768

注：实际重量和公称重量的负偏差不应大于 5%。

冷轧扭钢筋力学性能表　　表 3-17

标志直径 d（mm）	抗拉强度 σ_b（MPa）	伸长率 δ_{10}（%）	冷弯		符号
	不　小　于		弯曲角度	弯心直径	
6.5～14.0	580	4.5	180	$3d$	ϕ^1

注：冷弯试验时，受弯部位表面不得产生裂纹

从每批钢筋中抽取 5% 进行外形尺寸、表面质

量和重量偏差等外观检验。钢筋的压扁厚度和节距、重量等应符合表 3-16 的要求。当重量负偏差大于 5% 时，该批钢筋判定为不合格。当仅轧扁厚度小于或节距大于规定值，仍可判为合格。但需降低直径规格使用。

力学性能检验时，从每批钢筋中抽取 3 根，各取一个试件。其中，两个试件作拉伸试验，一个作冷弯试验。试件长度宜取偶数倍节距，同时不小于 4 倍节距，且不小于 500mm。当全部试验项目均符合表 3-17 的要求，则该批钢筋判为合格。如有一项试验结果不符合表 3-17 的要求，则应加倍取样复检判定。

3.3.1.3 钢筋的连接

由于钢筋供货长度常不能满足结构中钢筋长度的需要，钢筋加工时应进行钢筋的连接。常用的钢筋连接方式有：绑扎连接、焊接连接和机械连接。

（1）钢筋的绑扎连接

钢筋的绑扎连接是将被连接的两段钢筋搭接在一起，然后用 20~22 号钢丝绑扎。该连接方法除用于钢筋接长外，还可用于钢筋网片和钢筋骨架等的绑扎。

钢筋的绑扎连接，需要一定的搭接长度，且对于光圆钢筋其绑扎处应做弯钩。其搭接长度与钢筋形状、直径、级别、混凝土等级以及钢筋受力性能有关。表3-18为纵向受拉钢筋绑扎搭接接头面积百分率≤25%时最小搭接长度。

纵向受拉钢筋最小搭接长度表　　表3-18

钢筋种类		混凝土强度等级			
		C15	C20~25	C30~35	≥C40
光圆钢筋	HPB235 级	45d	35d	30d	25d
带肋钢筋	HRB335 级	55d	45d	35d	30d
	HRB400 级、RRB400 级	—	55d	40d	35d

注：两根直径不同的钢筋的搭接长度，以较细钢筋的直径计算。

　　当纵向受拉钢筋的绑扎搭接接头面积百分率＞25%，但≤50%时，其最小搭接长度应按表3-18中的数值乘以系数1.2取用；当接头面积百分率＞50%时，其最小搭接长度应按表3-18中的数值乘以系数1.35取用。当带肋钢筋直径＞25mm时，其最小搭接长度应按表3-18中的数值乘以系数1.1取用。在任何情况下，受拉钢筋的搭接长度不应小于 300mm。

纵向受压钢筋搭接时，其最小搭接长度应根据受拉钢筋的规定确定相应数值后，乘以系数 0.7 取用。在任何情况下，受压钢筋的搭接长度不应小于200mm。

同一构件中相邻纵向受力钢筋的绑扎搭接接头宜相互错开。绑扎接头的受力钢筋截面面积占受力钢筋总截面面积百分率：受拉区不得超过 25%，受压区不得超过 50%。搭接长度的末端与钢筋弯曲处的距离，不得小于钢筋直径的 10 倍，且接头不宜位于构件的最大弯矩处。

钢筋网片和骨架的绑扎应满足以下要求：

1）钢筋的交叉点应采用钢丝扎牢。

2）板和墙的钢筋网片，除靠近外围两行钢筋的交叉点全部扎牢外，中间部分交叉点可 间隔交错扎牢，但必须保证受力钢筋不产生位置偏移。双向受力筋，必须全部扎牢。

3）梁和柱的箍筋，除设计有特殊要求外，应与受力钢筋垂直设置。箍筋弯钩叠合处，应沿受力钢筋方向错开设置。

（2）钢筋的焊接连接

规范规定轴心受拉和小偏心受拉杆件中的钢筋

接头，均应焊接。普通混凝土中直径大于 22mm 的钢筋和轻骨料混凝土中直径大于 20mm 的 HPB235 级钢筋及直径大于 25mm 的 HRB335、HRB400 级钢筋的接头，均宜采用焊接。

钢筋焊接接头的位置距钢筋弯折处，不应小于钢筋直径的 10 倍，且不宜位于构件的最大弯矩处。设置在同一构件内的焊接接头应相互错开。钢筋焊接连接区段为钢筋直径的 35 倍且不小于 500mm。在该区段内同一根钢筋不得有两个接头。凡焊接接头中点位于该连接区段内均属于同一连接区段，同一连接区段内有接头的受力钢筋截面积占受力钢筋总截面面积的百分率：受拉区不宜超过 50%；受压区和装配式构件连接处不限。

常用的钢筋焊接方法主要有：闪光对焊、电弧焊、电阻点焊、电渣压力焊、埋弧压力焊和气压焊等。

1）闪光对焊

钢筋闪光对焊是将两根钢筋安放成对接形式，利用对焊机提供的低电压、强电流通过两根钢筋接触点产生电阻热，使接触点金属熔化，产生猛烈飞溅，形成闪光，迅速施加顶锻力完成的一种压焊方法。适用于直径 10 ~ 40mm 的 HPB235 级、HRB335

级及 HRB400 级和直径 10 ~ 25mm 的 RRB400 级的钢筋接长、预应力筋与螺丝端杆的连接等。

闪光对焊工艺可分为：连续闪光焊、预热闪光焊和闪光预热闪光焊等。应根据钢筋的品种、直径、焊机功率及施焊部位不同来选用。

对焊接头应无裂纹和烧伤，其弯折不大于 4°，轴线偏移不大于钢筋直径的 1/10，也不大于 2mm。拉伸试验和冷弯试验应符合规范（JGJ/T27 - 2001）的要求。试件抗拉强度不得低于该级别钢筋的规定抗拉强度值，且三个试件中至少有两个断于焊缝之外，并呈塑性断裂；弯曲试验时，接头外侧不得出现宽度大于 0.15mm 的横向裂纹。

2）电弧焊

电弧焊是利用弧焊机以焊条作为一极，钢筋（或焊件金属）为另一极，利用焊接电流通过产生的电弧进行焊接的一种熔焊方法。电弧焊广泛用于 HPB235 级、HRB335 级、HRB400 级不同直径钢筋焊接头的焊接、钢筋骨架焊接、装配式结构焊接、钢筋与钢板的焊接及各种钢结构焊接等。

钢筋电弧焊包括：搭接焊、帮条焊、坡口焊、窄间隙焊和熔槽帮条焊等接头形式。

钢筋电弧焊接接头应作外观检验和拉力试验。

外观检查时，应在接头清渣后逐个进行目测或量测。电弧焊接头焊缝表面应平整，不得有较大的凹陷、焊窝；接头处不得有裂纹；咬边深度、气孔、夹渣及接头偏差不得超过规范规定。如对焊接质量有怀疑或发现异常，可进行非破损（X射线、γ射线、超声波等）检验。

焊接接头拉力试验时，应从每批成品中切取三个接头进行拉伸试验。要求三个试件的抗拉强度均不得低于该级别钢筋的抗拉强度标准值；且至少有两个试件呈塑性断裂。当检验结果有一个试件的抗拉强度低于规定指标，或有两个试件发生脆性断裂时，应取双倍数量的试件进行复检。复检结果如仍有一个试件的抗拉强度低于规定指标，或有三个试件呈脆性断裂时，则该批接头为不合格。

3）电阻点焊

钢筋的电阻点焊是利用点焊机将钢筋的交叉点置于两电极之间，通电后使钢筋交叉点加热到一定温度后，加压使焊点焊合。电阻点焊用于交叉钢筋的焊接，如钢筋网或骨架用点焊代替绑扎，可提高工效，成品刚性好，便于运输，钢筋在混凝土中能更好地锚固，可提高构件的抗裂性。

电阻点焊不同直径的钢筋时，应根据小直径钢筋选择焊接参数。为使焊点有足够的抗剪能力，点焊处钢筋相互压入的深度为小直径钢筋的 1/4 ~ 2/5。

点焊接头的质量检查包括外观检查和强度检验两部分内容。取样时，外观检查应按同一类型制品分批抽查，一般制品每批抽查 5%；梁、柱、桁架等重要制品每批抽查 10%，且均不能少于 3 件。要求焊点处金属熔化均匀；压入深度符合规定；焊点无脱落、漏焊、裂纹、多孔等缺陷及明显的烧伤现象；制品尺寸、网格间距偏差应满足有关规定。强度检验时，从每批成品中切取。热轧钢筋焊点应作抗剪试验；冷拔低碳钢丝焊点除作抗剪试验外，还应对较小钢丝作拉力试验。

4）电渣压力焊

电渣压力焊是将两根钢筋安放成对接形式，利用交流弧焊机提供的低电压、强电流通过渣池产生的电阻热将钢筋端部熔化，然后施加压力将钢筋焊接在一起。电渣压力焊的操作简单、易掌握、工作效率高、成本较低、施工条件比较好，主要用于现浇钢筋混凝土结构中竖向或斜向钢筋的接长，适用于直径 14 ~ 40mm 的 HPB235 级和 HRB335 级钢筋的连接。

电渣压力焊的质量检验包括：外观检查和拉力试验。

外观检查时，应逐个检查焊接接头，要求接头焊包均匀，不得有裂纹，钢筋表面无明显烧伤等缺陷；接头处钢筋轴线的偏移不得超过钢筋直径的10%，同时不得大于2mm；接头处弯折不得大于4°。对外观检查不合格的焊接接头，应将接头切除重焊。

拉力试验时，应从每批成品中切取三个试件进行拉力试验，试验结果要求三个试件均不得低于该级别钢筋的抗拉强度标准值。如有一个试件的抗拉强度低于规定数值，应取双倍数量的试件进行复检，复检结果如仍有一个试件的强度达不到上述要求，则判定该批接头为不合格。

5）埋弧压力焊

埋弧压力焊是利用埋在焊接接头处的焊剂层下的高温电弧，熔化两焊件接头处的金属，然后加压顶锻形成焊接接头。这种焊接方法多用于钢筋与钢板丁字形接头的焊接。

埋弧压力焊质量检验包括：外观检查和强度检验。

外观检查：预埋件钢筋 T 形接头的外观检查，

应从同一台班内完成的同一类型成品中抽取 10%，并不得少于 5 件。外观检查质量应符合：焊包均匀；钢筋咬边深度不得超过 0.5 mm；与钳口接触处的钢筋表面无明显烧伤；钢板无焊穿、凹陷现象；钢筋相对钢板的直角偏差不大于 4°；钢筋间距偏差不大于 ±10mm。检查结果如有一个接头不符合上述要求时，应逐个进行检查，剔除不合格品。不合格品接头经补焊后可提交二次验收。

强度检验：强度检验时，以 300 件同类型成品作为一批。一周内连续焊接时，可以累计计算。一周内累计不足 300 件成品时，也按一批计算。从每批成品中切取三个试样进行拉伸试验，预埋件 T 形接头强度检验应符合下列要求：HPB235 级钢筋接头强度不得低于 $360N/mm^2$；HRB335 级钢筋接头强度不得低于 $500N/mm^2$。

6）气压焊

钢筋气压焊是采用一定比例的氧气、乙炔焰对两连接钢筋端部接缝处进行加热，待其达到热塑状态时，对钢筋施加 $30 \sim 40N/mm^2$ 的轴向压力，使钢筋顶锻在一起。这种焊接工艺主要用于现浇钢筋混凝土结构中竖向或斜向钢筋的接长，适用于直径 $16 \sim 40mm$ 的 HPB235 级和 HRB335 级钢筋的连接。

对不同直径钢筋焊接时，两者直径差不得大于7mm。

气压焊质量检验包括：外观检查和强度检验。

气压焊的全部焊接接头均需进行外观检查，检查项目及标准为：压接区两钢筋轴线的相对偏心量不得大于钢筋直径的1/5和4mm；两钢筋轴线的弯折角不得大于4°；镦粗区最大直径不小于钢筋直径的1.4倍，长度为钢筋直径的1.2倍；焊接面最大偏移量不得大于钢筋直径的0.2倍；压焊面不得有裂缝和严重烧伤。

气压焊接接头的强度检验。以每层楼的200个接头为一批，不足200个也作为一批。试验时从每批中随机切取3个接头做拉伸试验，要求全部试件的抗拉强度均不得低于该级别钢筋的抗拉强度，钢筋断裂处均位于焊缝之外。若有1个试件不符合要求，切取双倍试件复验，如仍有1个试件不合格，则该批接头判为不合格。

（3）钢筋的机械连接

钢筋机械连接是通过连接件的机械咬合作用或钢筋端面的承压作用，形成钢筋的连接接头的连接方法。常用机械连接接头类型有：挤压套筒连接、锥螺纹套筒连接、直螺纹套筒连接、熔融金属充填套筒连接、水泥灌浆充填套筒连接、受压钢筋端面平连接等。其中前三种在工程中应用较为广泛。

1）钢筋挤压套筒连接

钢筋的挤压套筒连接（也称冷压连接）就是将两根待接带肋钢筋插入钢套筒，用带有梅花齿形内模的钢筋压接机对套筒外壁沿径向挤压，使套筒和钢筋发生塑性变形，依靠变形后的钢套筒与被连接钢筋纵、横肋产生的机械咬合连接接头的钢筋连接方法。该连接方法设备简单，受人为因素影响小，连接接头强度高等优点。广泛地使用在现浇钢筋混凝土结构竖向或斜向钢筋的连接中，适用直径 18～40mm 的 HPB235 级、HRB335 级钢筋。

钢套筒进场时，应有技术提供单位提交有效的检验报告与套筒出厂合格证。

挤压套筒连接质量现场检验，应进行接头外观检查和单向拉伸试验。

现场检验取样数量：以材料、等级、形式、规格、施工条件相同的 500 个接头为一检验批，不足此数时也作为一个验收批。每一验收批，应随机抽取 10% 的挤压接头作外观检查；抽取三个试样作单向拉伸试验。

外观检查：挤压接头的外观检查，应符合下列要求：挤压后套筒长度应为 1.10～1.15 倍原套筒长度，或压痕处套筒的外径为 0.8～0.9 倍原套筒的外径；挤压接头的压痕道数应符合检验报告确定的道数；接头处弯折不得大于 4°；挤压后的套筒不得有肉眼可见的裂缝。如外观检查质量合格数不小于抽检数的 90%，则该批为合格。如不合格数超过抽检数的 10%，则应逐个进行复验。

单向拉伸试验：挤压接头试样的钢筋母材应进行抗拉强度试验。三个接头试样的抗拉强度均应满足 A 级或 B 级抗拉强度的要求；如有一个试样的抗拉强度不符合要求，则加倍抽样复验。

2）钢筋锥螺纹套筒连接

钢筋锥螺纹套筒连接是将两根待接钢筋端头用套丝机做成锥形外丝，然后用带锥形内丝的套筒将钢筋两端拧紧的钢筋连接方法。这种钢筋连接方法具有接头可靠、操作简单、不用电源、全天候施工、对中性好、施工速度快等优点，可连接各种钢筋，不受钢筋种类、含碳量的限制，但所连接钢筋的直径之差不宜大于 9mm。

钢筋锥螺纹套筒连接质量检验主要包括：拧紧力矩和接头强度等。

钢筋拧紧力矩检查：用质检用的扭力扳手对接头质量进行抽检。抽检数量：对梁、柱构件为每根梁、柱一个接头；对板、墙、基础构件为3%（但不少于三个）。抽检结果要求达到规定的力矩值。如有一种构件的一个接头达不到规定值，则该构件的全部接头必须重新拧到规定的力矩值。

钢筋接头强度检查：在正式连接前，按每种规格钢筋接头每300个为一批，做3个接头的拉伸试验。拉伸试验结果应满足下列要求：屈服强度实测值不小于钢筋的屈服强度标准值；抗拉强度实测值与钢筋屈服强度标准值的比值不小于1.35倍，异径钢筋接头以小直径抗拉强度实测值为准。

当质检部门对钢筋接头的质量产生怀疑时，可以用非破损张拉设备作接头的非破损拉伸试验。如有一个锥螺纹套筒接头不合格，则该批构件全部接头采用电弧贴角焊缝加固补强，焊缝高度不得小于5mm。

3）钢筋直螺纹套筒连接

钢筋直螺纹套筒连接是在锥螺纹连接的基础上发展起来的一种钢筋连接形式，它与锥螺纹连接的施工工艺基本相似，但它克服了锥螺纹连接接头处钢筋断面削弱的缺点，在现浇结构施工中逐步取代了锥螺纹连接。

3.3.1.4 钢筋配料

钢筋配料是根据构件配筋图，分别计算构件中各钢筋的直线下料长度、根数和重量，编制钢筋配料单，作为钢筋备料、加工和结算的依据。其中重要的环节是进行钢筋下料长度的计算。

钢筋因弯曲或弯钩会使其长度变化，在配料中不能直接根据图纸中尺寸下料，必须根据混凝土保护层、钢筋弯曲、弯钩等规定，然后依据图纸中钢筋的形状和尺寸分别计算其下料长度。钢筋在构件中的形状主要有：直条钢筋、弯起钢筋、箍筋等形式。

各种钢筋下料长度计算如下：

直钢筋下料长度＝构件长度－保护层厚度＋弯钩增加长度

弯起钢筋下料长度＝直段长度＋斜段长度＋弯钩增加长度－弯曲调整值

箍筋下料长度＝箍筋周长＋箍筋调整值

上述钢筋计算时，尚应考虑钢筋的搭接、锚固及焊接长度等因素。

（1）钢筋保护层厚度

钢筋保护层厚度是指从钢筋外表面至混凝土构

件外表面的距离。受力钢筋的混凝土保护层厚度，应符合设计要求；当设计无具体要求时，不应小于受力钢筋直径，并应符合表3-19的规定。

钢筋的混凝土保护层厚度（mm） 表3-19

环境与条件	构件名称	混凝土强度等级		
		≤C25	C25～C30	≥C30
室内正常环境	板、墙、壳	15		
	梁、柱	25		
露天或室内高温环境	板、墙、壳	35	25	15
	梁、柱	45	35	25
有垫层	基础	35		
无垫层		70		

（2）弯钩增加长度

为提高钢筋与混凝土的锚固性能，钢筋端部可做成弯钩。其形式通常有三种：半圆弯钩、直弯钩和斜弯钩。半圆弯钩是常用的一种弯钩。直弯钩通常用在柱钢筋的下部、箍筋和附加钢筋中。斜弯钩通常用在 $\phi12mm$ 以下的受拉主筋和箍筋中。钢筋弯钩增加长度，如图3-35所示。

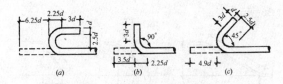

图 3-35　钢筋弯钩计算简图

（a）半圆弯钩；（b）直弯钩；（c）斜弯钩

（3）弯曲调整值

钢筋弯曲后弯曲处形成圆弧，内皮收缩、外皮延伸、轴线长度不变。钢筋的下料尺寸为钢筋的轴线长度，与内皮或外皮之间的差值称为弯曲调整值。根据理论推算并结合实践经验，钢筋弯曲调整值可按表3-20取值计算。

钢筋弯曲调整值　　　表 3-20

钢筋弯曲角度	30°	45°	60°	90°	135°
钢筋弯曲调整值	0.35d	0.5d	0.85d	2d	2.5d

（4）弯起钢筋斜长

弯起钢筋的斜段增加长度与弯起角度有关。钢筋的弯起角度，一般为45°；当梁较高时，可采用60°；当梁较低或现浇板中，可采用30°，如图3-

36 所示。

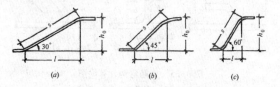

图 3-36　弯起钢筋斜长计算简图

(a) 弯起角度 30°；(b) 弯起角度 45°；(c) 弯起角度 60°

（5）箍筋调整值

箍筋调整值是弯钩增加长度和弯曲调整值之和或差，根据箍筋量外包尺寸或内皮尺寸而定。常用箍筋调整值如表 3-21 所示。

箍筋调整值表　　　　　表 3-21

箍筋量度方法	箍筋直径（mm）			
	4~5	6	8	10~12
量外包尺寸	40	50	60	70
量内皮尺寸	80	100	120	150~170

3.3.1.5　钢筋的现场代换

在施工过程中，由于钢筋供应不及时，其级

326

别、种类和直径不能满足设计要求时，为确保施工质量和进度，往往提出钢筋变更代换的问题。

（1）钢筋现场代换的原则

1）等强度代换

当构件受强度控制时，钢筋可按强度相等原则进行代换，即代换后钢筋强度应不小于代换前钢筋强度。计算公式如下：

$$n_2 \cdot \frac{\pi}{4}d_2^2 \cdot f_{y2} \geqslant n_1 \cdot \frac{\pi}{4}d_1^2 \cdot f_{y1} \quad \text{整理得：}$$

$$n_2 \geqslant \frac{n_1 d_1^2 f_{y1}}{d_2^2 f_{y2}} \tag{3-14}$$

式中　n_1、n_2——钢筋代换前、后的钢筋根数；

　　　d_1、d_2——钢筋代换前、后的钢筋直径（mm）；

　　　f_{y1}、f_{y2}——钢筋代换前、后的抗拉强度设计值（N/mm²）。

2）等面积代换

当构件按最小配筋率配筋时，钢筋可按面积相等原则进行代换，即代换后钢筋截面面积应不小于代换前钢筋截面面积。计算公式如下：

$$n_2 \cdot \frac{\pi}{4}d_2^2 \geqslant n_1 \cdot \frac{\pi}{4}d_1^2 \quad \text{整理得：}$$

$$n_2 \geq \frac{n_1 d_1^2}{d_2^2} \qquad (3-15)$$

式中符号意义同上。

3）当构件受裂缝宽度或挠度控制时，代换后应进行裂缝宽度或挠度验算（见钢筋混凝土结构计算）。

（2）钢筋现场代换的注意事项

1）钢筋代换时，必须充分了解设计意图和代换材料性能，并严格遵守现行钢筋混凝土结构设计规范的各项规定；凡重要结构中的钢筋代换，应征得设计单位同意。

2）对某些重要构件，如吊车梁、薄腹梁、桁架下弦等，不宜用 HPB235 级光圆钢筋代替 HRB335 和 HRB400 级带肋钢筋。

3）钢筋代换后，应满足配筋构造规定，如钢筋的最小直径、间距、根数、锚固长度等。

4）同一截面内，可同时配有不同种类和直径的代换钢筋，但每根钢筋的拉力差不应过大（如同品种钢筋的直径差值一般不大于 5mm），以免构件受力不匀。

5）梁的纵向受力钢筋与弯起钢筋应分别代换，以保证正截面与斜截面强度。

6）偏心受压构件（如框架柱、有吊车厂房柱、桁架上弦等）或偏心受拉构件作钢筋代换时，不取整个截面配筋量计算，应按受力面（受压或受拉）分别代换。

7）当构件受裂缝宽度控制时，如以小直径钢筋代换大直径钢筋，强度等级低的钢筋代替强度等级高的钢筋，则可不作裂缝宽度验算。

3.3.1.6　钢筋加工

钢筋加工包括调直、除锈、下料剪切、接长、弯曲成型等。

（1）钢筋的调直

钢筋调直可采用锤直、扳直、冷拉调直及调直机调直等方法。

采用冷拉调直时，其冷拉率，HPB235级钢筋不宜大于4%；HRB335级、HRB400级和RRB400级钢筋不宜大于1%。

冷拔低碳钢丝及直径14mm以内的细钢筋可采用调直机调直。工程中常用的调直机为GT3/8型，该机同时具有切断功能。

（2）钢筋的除锈

经冷拔、冷拉或调直机调直的钢筋，一般不必除锈。未经冷拔、冷拉的钢筋或经冷拔、冷拉、调直后保管不良而锈蚀的钢筋，应进行除锈。常用的除锈方法有：手工除锈、机械除锈、喷砂除锈、化学除锈等方法。

（3）钢筋的切断

钢筋按计算的下料长度下料划线后，应进行钢筋的切断。钢筋的切断方法有：手动切断器（剪切直径12mm内的钢筋）、钢筋切断机（剪切直径40mm内的钢筋）、手动液压切断机（剪切直径16mm内的钢筋）。缺乏剪切机设备时，可采用氧、乙炔焰切割。

（4）钢筋的弯曲成型

切断后的钢筋应按图纸要求，进行弯曲成型。常用弯曲成型的方法有：手动扳手弯曲和钢筋弯曲机弯曲。

3.3.1.7 钢筋的检查与验收

钢筋工程质量检验项目主要包括：钢筋原材料、钢筋加工、钢筋连接和钢筋安装等。钢筋工程属于隐蔽工程，在浇筑混凝土前应对钢筋及预埋件进行验收，并做好隐蔽工程记录。

现场钢筋安装完毕后，检查的主要内容包括下列方面：

（1）根据设计图纸检查钢筋的钢号、直径、形状、尺寸、根数、间距和锚固长度是否正确，特别要注意检查负筋的位置；

（2）检查钢筋接头的位置及搭接长度、接头数量是否符合规定；

（3）检查混凝土保护层是否符合要求；

（4）检查钢筋绑扎是否牢固，有无松动、变形等现象；

（5）钢筋表面不允许有油渍、漆污和颗粒状（片状）铁锈；

（6）安装钢筋时的允许偏差是否在规范规定范围内。

3.3.2　模板工程

模板是新浇混凝土结构构件成型的模具。在施工中模板应构成稳定的结构系统，以承受多种荷载的作用。其主要组成由模板和支撑系统两部分构成。

模板工程施工包括：模板的选材、选型、结构设计、制作、安装和拆除等工序。

3.3.2.1　模板工程简介

（1）模板及其支撑系统的基本要求

1）能保证成型后的混凝土结构或构件的形状、

尺寸和相互间位置的正确性;

2）有足够的强度、刚度和稳定性;

3）接缝应严密、不漏浆;

4）构造简单、装拆方便、便于后续工序施工;

5）材料价格低廉、用料经济。

（2）常用模板的类型

1）按构成材料可分为：木模板、钢模板、竹模板、钢木模板、胶合板模板、塑料模板、铝合金模板、玻璃钢模板、钢丝网水泥模板、钢筋混凝土模板等多种。

2）按形成的混凝土结构或构件的类型可分为：基础模板、柱模板、楼梯模板、楼板模板、墙模板、壳模板和烟囱模板等多种。

3）按施工方法可分为：现场装拆式模板、固定式模板和移动式模板等。

（3）模板的发展

随着新材料、新结构、新工艺的采用，模板工程也在不断发展，其发展方向是：构造上由不定型向定型发展；材料上由单一木模板向多种材料模板发展；功能上由单一功能向多功能发展。如：模板及其支撑系统逐步实现定型化、装配化和工具化，提高了模板的施工进度和周转率，降低了工程成本。尤其是近年来，采用大模板、滑升模板、爬升模板施工工艺，以整间大模板代替普通模板进行混凝土墙、板施工，大大提高了工程质量和施工机械化程度。

3.3.2.2　木模板

木模板一般预先加工成拼板，然后在现场进行拼装，如图 3-37 所示。拼板板条厚度一般为 25 ~ 30mm，宽度不宜超过 200mm（工具式模板不超过 150mm），以保证干缩时缝隙均匀，湿水后易于密缝。拼条间距一般为 400 ~ 500mm，根据混凝土的

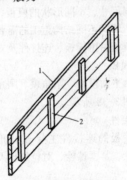

图 3-37　木模板拼版构造

1—板条；2—拼条

侧压力和板条厚度确定。木模板加工方便，可支设基础、柱、梁、板、楼梯、阳台等多种结构的模板，适应各种复杂形状的需要。但周转率低，耗木材多，在现代结构施工中使用量逐步减少，仅用于支撑复杂形状结构的模板。

3.3.2.3 组合钢模板

钢模板的保水性好，强度刚度较大，周转次数多，使用寿命长，且组装后尺寸偏差小，接缝严密，拆模后表面平整光滑等多项优点，因此，在目前施工现场应用较为广泛。组合钢模板可以拼成不同结构、不同尺寸、不同形状的模板，以适应基础柱、梁、板、墙等不同结构施工的需要。

组合钢模板由钢模板、连接件及支承件组成。

（1）钢模板

钢模板由平面模板、阳角模、阴角模及连接角模构成，如图 3-38 所示。

（2）连接件

组合钢模板的连接件主要有 U 形卡、L 形插销、钩头螺栓、紧固螺栓、对拉螺栓及扣件等，如图 3-39 所示。

（3）支承件

组合钢模板的支承件包括柱箍、钢楞、支架、斜撑、钢桁架等。

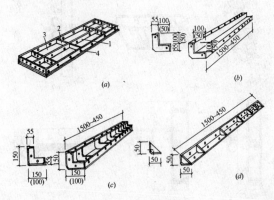

图 3-38　钢模板

(a) 平面模板；(b) 阳角模；(c) 阴角模；(d) 连接角模
1—中纵肋；2—中横肋；3—面板；4—插销孔

3.3.2.4　大模板

大模板是指单块模板的高度相当于楼层的层高、宽度约等于房间的宽度或进深的大块定型模板，在高层建筑施工中通常用作混凝土墙体侧模。大模板由于简化了模板的安装和拆除工序，工效高、劳动强度低、墙面平整、质量好，因而在钢筋

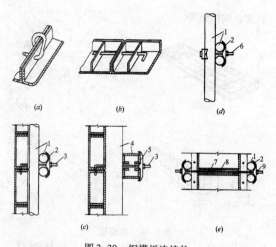

图 3-39　钢模板连接件

(a) U 形卡；(b) L 形插销；(c) 钩头螺栓；

(d) 紧固螺栓；(e) 对拉螺栓

1—钢管钢楞；2—"3"字形扣件；3—钩头螺栓；

4—内卷边槽钢钢楞；5—蝶形扣件；6—紧固螺栓；

7—对拉螺栓；8—塑料套管；9—螺母

混凝土剪力墙结构的高层建筑中得到广泛的应用，并逐步形成一种工业化建筑体系。

（1）大模板的构造组成

大模板由面板、加劲肋、竖楞、支撑桁架、稳定机构和附件组成，如图 3-40 所示。

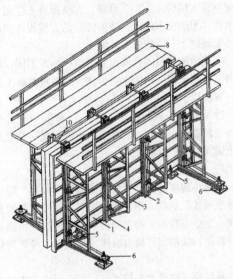

图 3-40　大模板的构造示意图

1—面板；2—水平加劲肋；3—支撑桁架；

4—竖楞；5—调整水平用的螺旋千斤顶；

6—调整垂直用的螺旋千斤顶；7—栏杆；

8—脚手板；9—穿墙螺栓；10—卡具

（2）大模板的施工

为了提高模板的利用率，避免施工中大模板在地面和施工楼层间上、下升降，大模板施工应划分流水段，组织流水施工，使拆卸后的大模板清理后即可安装到下一段的施工墙体上。

不同结构体系的大模板施工顺序稍有不同，现以内、外墙全现浇结构体系为例，大模板混凝土施工一般按以下工序进行：

抄平放线→敷设钢筋→固定门窗框→安装模板→浇筑混凝土→养护混凝土→拆除模板→修整混凝土墙面→养护混凝土。

1）抄平放线

在每栋房屋的四个大角和流水段分段处，应设置标准轴线控制桩。用经纬仪引测出各楼层的控制轴线，至少要有相互垂直的两条控制轴线。根据各层的控制轴线用钢尺放出墙体位置线和大模板的边线。

每层房屋应设水准控制点，在底层墙上确定控制水平线，并用钢尺引测出各层水平标高。在墙身线外侧用水准仪测出模板底标高，然后在墙身线外侧抹两道顶面与模板底标高一致的水泥砂浆带，作为支放模板的底垫。

2）敷设钢筋

墙体宜优先采用点焊钢筋网片。双排钢筋之间应设 S 钩以保证两排钢筋间距。钢筋与模板间应设砂浆垫块，保证钢筋位置准确和保护层厚度，垫块间距不宜大于 1m。流水段划分处的竖向接缝应按设计要求留出连接钢筋。

3）大模板的安装

大模板安装前应进行编号并涂刷脱模剂。常用的脱模剂有甲基硅树脂脱模剂、皂角脱模剂、机柴油脱模剂等。

大模板的组装，应先组装横墙第 2、3 轴线的模板和相应内纵墙的模板，形成框架后再组装横墙第一轴线的内模及相应纵模，然后依次组装第 4、5、…轴线的横墙和纵墙的模板，最后组装外墙外模板。每间房间的组装顺序为先组装横墙模板，然后组装内纵墙模板，最后插入角模。

4）混凝土浇筑

混凝土浇筑前，宜先浇灌一层厚 5～10cm 砂浆，成分与混凝土内砂浆相同。墙体混凝土的浇筑应分层连续进行，每层浇筑厚度不得大于 60cm，每层浇筑时间不应超过 2h 或根据水泥的初凝时间确定。混凝土浇筑到模板上口应随即找平。

为使流水段连续作业，大模板一般每天周转一次，为此混凝土搅拌时往往需掺用早强剂。常用的早强剂有三乙醇胺复合剂和硫酸钠复合剂等。

5）大模板的拆除

在常温条件下，墙体混凝土强度必须达到 $1N/mm^2$ 时方可拆模。拆模时应先拆除连接附件，再旋转底部调整螺栓，使模板后倾与墙体脱离，经检查各种连接附件拆除后，方可起吊模板。

3.3.2.5 滑升模板

滑升模板施工，是在构筑物或建筑物底部，沿墙、柱、梁等构件的周边组装高 1.2m 左右的模板，随着向模板内不断地分层浇筑混凝土，用液压提升设备使模板不断地沿埋在混凝土中的支承杆向上滑升，直到需要浇筑的高度为止。用滑升模板施工，可以节约模板和支撑材料、加快施工速度，结构的整体性较好。但模板一次性投资多、耗钢量大，对建筑的立面造型和构件断面变化有一定的限制。尤其是滑模施工时应连续作业，对施工组织要求较严格。在我国滑升模板主要用于现浇高耸的构筑物和高层建筑物的施工，如烟囱、筒仓、电视塔、竖井、沉井、双曲线冷却塔及剪力墙体系和筒体体系的高层建筑墙体等。

（1）滑升模板的组成

滑升模板装置由模板系统、操作平台系统、提升系统以及施工精度控制系统等部分组成，如图3-41所示。

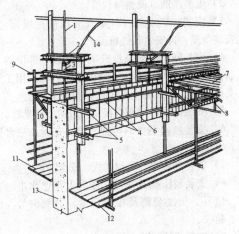

图3-41　滑升模板装置组成示意图

1—支承杆；2—提升横梁；3—液压千斤顶；4—围圈；

5—围圈支托；6—模板；7—操作平台；8—平台桁架；

9—栏杆；10—外挑三脚架；11—外吊脚手架；

12—内吊脚手架；13—混凝土墙体；14—油管

（2）滑升模板的组装

1）搭设组装平台，安装提升架，校正横梁水平及中心线，校正立柱中心线及垂直度，立柱下用木楔楔紧。

2）安装围圈，调整倾斜度。

3）安装一侧模板（外墙安装内侧模板），宜先安装角模，再安装其他模板。

4）绑扎竖向钢筋及提升架横梁以下部位的水平筋，安设预埋件及预留孔洞的胎模；当采用工具式支承杆时，对支承杆套管的下端进行包扎。

5）安装内墙另一侧模板及外墙的外侧模板。

6）安装操作平台的桁架、梁、支撑及平台铺板。

7）安装外挑架、平台铺板、安全护栏。

8）安装液压提升系统、随升井架、水电、通信、信号、精度观测及控制装置，分别编号、检查、验收。

9）液压系统试验合格后，安装支承杆。

10）安装内外吊脚手架，挂安全网，当在地面上组装滑模装置时，应待模板滑升至适当高度（3m 左右），再安装内外吊脚手架。

（3）滑升模板的滑升施工工艺

模板组装完毕并经检查，符合组装质量要求后，即可进入滑模施工阶段。在滑模过程中，绑扎钢筋、浇筑混凝土、滑升模板这三个工序相互衔接，循环往复，连续进行。

模板滑升可分为初滑、正常滑升、末滑三个主要阶段。

初滑阶段是指工程开始时进行的初次提升模板阶段（包括在模板空滑后的首次继续滑升）。初滑阶段主要对滑模装置和混凝土凝结状态进行检查。其基本做法是：混凝土分层浇筑到模板高度的2/3（分层浇筑厚度200~300mm，分层间隔时间小于混凝土凝结时间），当第一层混凝土的强度达到出模强度时，进行试探性的提升，即将模板提升1~2个千斤顶行程30~60mm，观察并全面检查液压系统和模板系统工作情况。试升后，每浇筑200~300mm高度，再提升3~5个千斤顶行程，直至浇筑到距模板上口50~100mm即转入正常滑升阶段。

正常滑升阶段是指经过初滑阶段后，浇筑混凝土、绑扎钢筋和提升模板这三个主要工序处于有节奏地循环操作中，混凝土浇筑高度保持与提升高度相等，并始终在模板上口约300mm内操作。

在正常滑升阶段，模板滑升速度是影响混凝土施工质量和工程进度的关键因素。原则上滑升速度应与混凝土凝固程度相适应，并应根据滑模结构的支撑情况来确定。当支撑杆不会发生失稳时（少数情况，如支撑杆经特别加固等），滑升速度可按混凝土强度来确定；当支撑杆受压可能会发生失稳时，滑升速度由支撑杆的稳定性来确定。在正常气温条件下，滑升速度一般控制在 150～300mm/h 范围内。

末滑阶段是混凝土的最后浇筑阶段，模板滑升速度应比正常速度稍慢。混凝土浇完后，尚应继续滑升，直至模板与混凝土脱离不致被粘住为止。

3.3.2.6 模板的拆除

为提高模板的周转率，能够拆除的模板应尽早拆除。模板的拆除日期取决于混凝土的强度、各种模板的用途、结构的性质、混凝土硬化时的气温等因素。拆模时混凝土的强度要求如下：

对于不承重的模板（如侧模板），应在混凝土强度能保证其表面及棱角不因拆模而受损坏时，即可拆除。

对于承重模板（如底模板等），应根据结构类型、跨度等条件在混凝土达到规定的强度值时，方可拆除。承重模板拆除时混凝土强度要求见表 3-

22 所示。

承重模板拆除时的混凝土强度　表 3-22

结构类型	结构跨度 （m）	按设计的混凝土强度标 准值的百分率计（%）
板	≤2 >2，≤8 >8	≥50 ≥75 ≥100
梁、拱、壳	≤8 >8	≥75 ≥100
悬臂构件	—	≥100

　　拆模的顺序与安装模板的顺序相反，一般是先支后拆，后支先拆，先拆除侧模板，后拆除底模板。重大复杂模板的拆除，事前应制定拆模方案。如肋形楼板的拆模顺序为：柱模板→楼板底模板→梁侧模板→梁底模板。

　　多层楼板模板支架的拆除应按下列要求进行：上层楼板正在浇筑混凝土时，下一层楼板的模板支架不得拆除，再下一层楼板模板的支架仅可拆除一部分；跨度 4m 及 4m 以上的梁下均应保留支架，其间距不得大于 3m。

拆模时应尽量避免混凝土表面或模板受到损坏，避免整块模板下落伤人。拆下来的模板有钉子时，要使钉尖朝下，以免扎脚。拆完后应及时加以清理、修理，按种类及尺寸分别堆放，以便下次使用。对定型组合钢模板，倘若背面油漆脱落，应补刷防锈漆。已拆除模板及其支架结构的混凝土，应在其强度达到设计强度标准值后才允许承受全部使用荷载。当承受施工荷载产生的效应比使用荷载更为不利时，必须通过核算加设临时支撑。

3.3.3 混凝土工程

混凝土工程施工包括：配料、拌制、运输、浇筑、养护、拆模等施工过程。各个施工过程相互联系并相互影响，在施工中任一施工过程处理不当都会影响到混凝土工程的最终质量。

3.3.3.1 混凝土的配合比

混凝土的配合比是在实验室根据混凝土的配制强度经过试配和调整而确定的，称为实验室配合比。实验室配合比所用砂、石都是不含水分的。而施工现场砂、石都有一定的含水率，且含水率大小随气温等条件不断变化。为保证混凝土的质量，施工中应按砂、石实际含水率对原配合比进行修正。根据现场砂、石含水率，调整后的配合比称为施工配合比。

设实验室配合比为：水泥:砂:石 = 1:x:y，水灰比为 W/C，现场砂、石含水率分别为 W_x、W_y，则施工配合比为：水泥:砂:石 = 1:x $(1 + W_x)$:y $(1 + W_y)$，水灰比 W/C 不变，但加水量应扣除砂、石中的含水量。

在施工中，除进行施工配合比换算外，应根据搅拌机的出料容量进行施工配料，即确定每拌一次（称一盘）混凝土所需的各种原材料用量。经施工配料计算后，即可进行现场的材料准备与混合。为保证混凝土的质量，应严格控制混凝土的配合比，所有原材料必须准确称量，其计量允许偏差应控制在：水泥、外掺混合材料、水及外加剂，为 ±2%；粗、细骨料，为 ±3%。各种衡器应定期校验，保持准确。骨料含水率应经常测定，雨天施工时，应增加测定次数。

3.3.3.2　混凝土的搅拌

经配料混合后的混凝土原材料，应进行搅拌，以使各种材料混合均匀。除工程量小且分散时，可采用人工拌制外，一般均采用混凝土搅拌机搅拌。

常用的混凝土搅拌机按其搅拌机理分为：自落式搅拌机和强制式搅拌机两类。

为保证混凝土搅拌质量和提高搅拌机工作效率，在进行混凝土搅拌时应制定混凝土搅拌制度。混凝土搅拌制度是指进料容量、投料顺序和搅拌时间。

（1）进料容量

进料容量是指搅拌机可装入的各种材料体积之和，其值标入搅拌机的性能表中。施工中应控制进料容量，如任意超载（超载 10% 以上）就会使材料在搅拌筒中无充分的空间进行拌和，影响混凝土的均匀性，反之如装料过少，则不能发挥搅拌机的工作效率。

（2）投料顺序

投料顺序是指向搅拌机内装入原材料的顺序，在确定投料顺序时，应考虑提高搅拌质量、减少叶片磨损、减少砂浆与搅拌筒的粘结，水泥不飞扬，改善工作条件等因素。投料顺序通常有：一次投料法、二次投料法和水泥裹砂法等。

（3）搅拌时间

搅拌时间是指从原材料投入搅拌筒后，到卸料开始所经历的时间。它是影响混凝土质量及搅拌机生产率的一个主要因素。搅拌时间过短，混凝土不均匀，搅拌时间过长，不仅降低搅拌机的生产率，且使混凝土和易性降低。施工中通常掌握混凝土搅拌的最短时间，如表 3-23 所示。

混凝土搅拌的最短时间（s） 表 3-23

混凝土坍落度（mm）	搅拌机型号	搅拌机容量（L）		
		< 250	250 ~ 500	> 500
≤30	自落式	90	120	150
	强制式	60	90	120
>30	自落式	90	90	120
	强制式	60	60	90

注：掺有外加剂时，搅拌时间应适当延长。

3.3.3.3 混凝土的运输

混凝土运输是指由混凝土搅拌地点将搅拌好的混凝土运至浇筑地点。通常包括：地面水平运输、垂直运输和楼面水平运输三种情况，应根据施工方法、工程特点、运距的长短及现有的运输设备等条件，选择可满足施工要求的运输工具。对于运距较远的地面水平运输，可采用自卸汽车、混凝土搅拌运输车等；运距较近的地面水平运输，可采用小型翻斗车或双轮手推车。垂直运输可利用井架、龙门架、塔吊等。楼面水平运输可采用手推车。

随着混凝土使用量的增大及预拌（商品）混凝土的发展，现场的混凝土运输逐步以混凝土泵、混凝土泵车、混凝土布料机等输送工具为主，既可以完成混凝土的地面、楼面水平运输，也可以完成混凝土的垂直运输。近年来，在一些大型的混凝土施工中（如龙滩水电站坝体施工等），采用混凝土塔带机进行混凝土运输，保证了混凝土的输送连续性和运输质量，取得了较好的施工效果。

对混凝土拌合物运输的基本要求是：

1）运输过程中，应保持混凝土的匀质性，避免产生分层离析现象。

2）运送混凝土的容器应严密，其内壁应平整、光洁，不吸水、不粘浆，粘附在容器上的混凝土残渣应经常清除。

3）混凝土运至浇筑地点，应符合浇筑时所规定的坍落度，如表3-24所示。

4）混凝土应以最短的时间、最少的转运次数从搅拌地点运至浇筑地点。运输工作应保证混凝土的浇筑工作连续进行，即应保证混凝土从搅拌机卸出后到浇筑完毕的延续时间不超过表3-25的规定。

混凝土浇筑时的坍落度　　表 3-24

项次	结构种类	坍落度（mm）
1	基础或地面等的垫层、无筋的厚大结构或配筋稀疏的结构	10～30
2	板、梁和大型及中型截面的柱子等	30～50
3	配筋密列的结构（薄壁、斗仓、筒仓、细柱等）	50～70
4	配筋特密的结构	70～90

注：有温控要求或低温季节浇筑混凝土时，混凝土的坍落度可根据具体情况酌量增减。

混凝土从搅拌机卸出后到浇筑完毕的延续时间（min）　　表 3-25

混凝土强度等级	气温（℃）	
	低于 25	高于 25
C30 及 C30 以下	120	90
C30 以上	90	60

注：1. 掺用外加剂或采用快硬水泥拌制混凝土时，应按试验确定。
　　2. 轻骨料混凝土的运输、延续时间应适当缩短。

3.3.3.4 混凝土的浇筑

将混凝土浇灌到模板内并振捣密实是保证混凝土工程质量的关键。对于现浇钢筋混凝土结构混凝土工程施工，应根据其结构特点合理组织分层分段流水施工，并应根据总工程量、工期以及分层分段的具体情况，确定每工作班的工作量，根据每班工程量和现有设备等条件制定浇筑方案，并进行必要的施工准备工作（如材料、机具设备、施工用水电等）。

混凝土浇筑的基本要求：

（1）防止离析

浇筑混凝土时，混凝土拌合物由料斗、混凝土输送管等输送工具内卸出时，如自由倾落高度过大，由于粗骨料在重力作用下，克服粘着力后的下落动能大，下落速度较砂浆快，因而易形成混凝土离析。为此，混凝土自高处倾落的自由高度不应超过2m，在竖向结构中限制自由倾落高度不宜超过3m，否则应采用串筒、溜槽、溜管或振动串管等进行下料。

（2）分层灌注，分层捣实

为保证混凝土的密实性和整体性，混凝土浇筑时应根据捣实的方法及其作用深度，确定混凝土浇

352

筑的分层方式和厚度。如表 3-26 所示，为常用振捣方法的混凝土浇筑层分层厚度。

混凝土浇筑层的分层厚度（mm）　表 3-26

项次	捣实混凝土的方法		浇筑层厚度
1	插入式振捣		振动器作用部分长度的 1.25 倍
2	表面振捣		200
3	人工捣实	（1）在基础或无筋混凝土或配筋稀疏的结构中	250
		（2）在梁、墙、板、柱结构中	200
		（3）在配筋密集的结构中	150
4	轻骨料混凝土	插入式振捣器　表面振捣（振动时需加荷）	300　200

（3）正确留设混凝土施工缝

混凝土施工缝是指由于施工技术或施工组织等原因混凝土不能连续浇筑，后浇筑的混凝土与先浇筑且已凝结硬化的混凝土之间的结合面，它是结构的薄弱环节。

混凝土施工缝宜留设在结构或构件受剪力较小处，且便于施工的部位。通常情况下柱留水平施工缝，梁、板、墙留垂直施工缝。

在施工缝处继续浇筑混凝土时，应待已浇筑的混凝土抗压强度达到 1.2MPa 以后进行。继续浇筑混凝土以前，在已硬化的混凝土表面上，应清除水泥薄膜和松动石子或软弱混凝土层，并加以充分湿润和冲洗干净，不得积水；并在施工缝处铺一层 10～15mm 的水泥浆（水灰比一般为 0.4）或与混凝土成分相同的水泥砂浆一层，然后浇筑混凝土，并细致捣实，使新旧混凝土结合紧密。

3.3.3.5 混凝土的捣实

混凝土灌入模板后，由于骨料间的摩阻力和水泥浆的粘结力，不能自行填充密实，其内部是疏松的，有一定体积的空洞和气泡，不能达到要求的密实度，而影响其强度、抗冻性、抗渗性和耐久性。因此混凝土入模后，还需经密实成型。

混凝土密实成型途径有三：一是振捣成型，即借助于机械外力（如机械振动）来克服拌合物的剪应力而使之液化；二是在拌合物中适当多加水分以提高其流动性，依靠其自流挤压密实，排出气泡，成型后离心法、真空抽吸法将多余的水分和空气排出；三是在拌合物中掺入高效减水剂，使其坍落度大大增加，以自流浇筑成型，它是一种有发展前途的方法。目前施工现场常采用机械振捣成型的方法。

混凝土机械振捣时，将具有一定频率和振幅的振动力传给混凝土，使混凝土发生强迫振动，新浇筑的混凝土在振动力作用下，颗粒之间的黏着力和摩阻力大大减小，流动性增加，骨料在重力作用下下沉，水泥浆均匀分布填充骨料空隙，气泡逸出，孔隙减少，游离水分被挤压上升，使原来松散堆积的混凝土充满模具，使混凝土密实度提高。振动停止后混凝土重新恢复其凝聚状态，逐渐凝结硬化。

混凝土振捣密实的方法有：人工振捣和机械振捣。人工振捣劳动强度大，振动频率低，混凝土密实性差，一般应用于量小的混凝土密实。机械振捣比人工振捣效果好，混凝土密实度提高，水灰比可以减小。

混凝土振捣机械按其传递振动的方式分为：内部振动器、表面振动器、附着式振动器和振动台，如图 3-42 所示。在施工现场主要使用内部振动器和表面振动器。

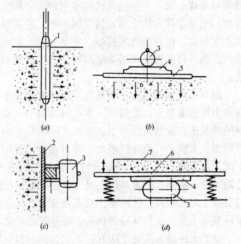

图 3-42 振捣机械示意图
(a) 内部振动器; (b) 表面振动器;
(c) 附着式振动器; (d) 振动台
1—振动棒; 2—模板; 3—带偏心块电动机;
4—连接固定件; 5—平板; 6—平台;
7—混凝土构件

(1) 内部振动器

内部振动器又称为插入式振动器（或振动棒），多用于振捣现浇基础、柱、梁、墙等结构构件和厚大体积设备基础的混凝土。按其振动棒的激振原理主要有：偏心轴式和行星滚锥式（简称行星式）两种。

采用插入式振动器捣实混凝土时，振动棒宜垂直插入混凝土中，为使上下层混凝土结合成整体，振动棒应插入下层混凝土 50～100mm。每一插点的振捣时间一般为 20～30s，用高频振动时不应少于10s，过短不易捣实，过长可能使混凝土分层离析。适宜的振捣时间，可从下列现象判断：①混凝土不再显著下沉；②不再出现气泡；③混凝土表面呈水平并出现水泥浆。

（2）表面振动器

表面振动器又称平板振动器，由带偏心块的电动机和平板组成。振捣时将振动器放在浇筑好的混凝土结构表面，振动力通过底板传给混凝土。其有效作用深度一般为 200mm。适用于振捣面积大而厚度小的结构，如楼板、地坪或预制板等。振捣时其移动间距应能保证振动器的平板覆盖已振实部分的边缘，前后位置搭接 30～50mm。每一位置上振动时间为 25～40s，以混凝土表面出现浮浆为准。

（3）附着式振动器

附着式振动器又称外部振动器，也是一个带偏心块的电动机，它借螺栓或卡具固定在模板外部，通过模板将振动传给混凝土，因此模板应有足够的刚度。它适用振捣厚度小、钢筋密、不宜用插入式振动器的构件，如薄腹梁、墙体等。振动器设置间距应通过试验确定，一般为 1～1.5m，振动深度约为 250mm。如结构较厚，可在构件两侧安设振动器，同时进行振捣。振捣时以混凝土表面呈水平并不再冒气泡为准。

3.3.3.6 混凝土的养护

混凝土在浇筑振捣成型后，应使混凝土逐渐达到设计要求的强度，而混凝土强度的增长是混凝土中水泥的水化作用。水化作用必须在适当的温度和湿度条件下才能完成，如果混凝土浇筑后即处在炎热、干燥、风吹、日晒的气候环境中，就会使混凝土的水分很快蒸发，影响混凝土中水泥的正常水化作用，使混凝土表面脱皮、起砂、出现干缩裂缝，严重的会使混凝土内部结构疏松，降低混凝土的强度。因此混凝土浇筑后，必须根据水泥品种、气候条件和工期要求加强养护。

混凝土的养护方法很多，通常按其养护工艺分为自然养护和人工养护两大类。

自然养护就是在常温（平均气温不低于5℃）下，用浇水或保水方法使混凝土在规定的期间内有适宜的温湿条件进行硬化。常用的自然养护方法有：浇水养护、喷膜养护及太阳能养护等。现浇混凝土结构多采用自然养护。

人工养护就是人工控制混凝土的温度和湿度，使混凝土强度增长。常用的人工养护方法有：蒸汽养护、热水养护、电热养护、红外线加热养护等。人工养护适用于大面积预制构件生产中，特殊条件下，可用于现浇混凝土结构中。

3.3.3.7 混凝土质量检查

混凝土质量检查包括：制备和浇筑过程中的质量检查、养护后的质量检查及允许偏差的检查等。

（1）制备和浇筑过程中的质量检查

制备过程中，对原材料质量、用量、配合比和坍落度等每一工作班至少检查两次。如砂、石含水量变化，则应及时检查配合比。浇筑过程中，对坍落度每一工作班至少应检查两次。此外对搅拌时间应随时检查。

（2）养护后的质量检查

混凝土养护后的质量检查，一般指混凝土抗压强度的检验。如设计有特殊要求如抗渗、抗冻等，尚还应作专项检查。

为了判断结构或构件的混凝土是否能达到设计的强度等级，可根据标准立方体试件（边长150mm）在标准条件下（温度为20±2℃、相对湿度为95%以上的温湿环境）养护28d后的试压结果确定。

1）混凝土试件的留置　同条件养护试件所对应的结构构件或结构部位，应由监理（建设）、施工等各方共同选定，并在混凝土浇筑入模处见证取样；对混凝土结构工程中的各混凝土强度等级，均应留置同条件养护试件；同一强度等级的同条件养护试件，其留置的数量应按混凝土的施工质量控制要求确定，同一强度等级的同条件养护的试件留置组数不宜少于10组，以构成按统计方法评定混凝土强度的基本条件；对按非统计方法评定混凝土强度时，其留置数量不应少于3组，以保证具有足够的代表性。

根据国家标准《混凝土结构工程施工质量验收规范》（GB50204-2002）规定，用于检查结构构件混凝土强度的试件，应在混凝土浇筑地点随机取样制作。取样与试件留置应符合下列规定：

①每拌制 100 盘且不超过 $100m^3$ 的同配合比的混凝土，其取样不得少于一组（三个）；

②每工作班拌制的同配合比的混凝土不足 100 盘时，其取样不得少于一组；

③当一次连续浇筑超过 $1000m^3$ 时，同一配合比的混凝土每 $200m^3$ 取样不得少于一组；

④每一楼层、同配合比的混凝土，其取样不得少于一组。

为了检查结构或构件的拆模、出池，出厂、吊装、预应力张拉、放张，以及施工期间临时负荷的需要，尚应留置与结构或构件同条件养护的试件，试件组数可按实际需要确定。

2）试件组的混凝土强度代表值　每组（三块）试件应在同盘混凝土中取样制作，其强度代表值按下述规定确定：

①每组试件混凝土强度代表值，取三块试件的算术平均值；

②三个试件中最大和最小强度值，与中间值相比，其差值如有一个超过中间值的 15% 时，则以中间值作为该组试件的强度代表值；

③三个试件中最大和最小强度值，与中间值相比，其差值均超过中间值的 15% 时，其试验结果不

应作为强度评定的依据。

3）混凝土强度评定　根据混凝土生产情况，在混凝土强度检验评定时按以下三种情况进行：

①按标准差进行混凝土强度评定：混凝土的生产条件在较长时间内能保持一致，且同一品种混凝土的强度变异性能保持稳定时，由连续的三组试件代表一个验收批，其强度应同时满足下列要求：

$$m_{\text{fcu}} \geq f_{\text{cu,k}} + 0.7\sigma_0 \qquad (3-16)$$

$$f_{\text{cu,min}} \geq f_{\text{cu,k}} - 0.7\sigma_0 \qquad (3-17)$$

当混凝土等级不高于 C20 时，验收批中强度的最小值尚应满足下式的要求：

$$f_{\text{cu,min}} \geq 0.85 f_{\text{cu,k}} \qquad (3-18)$$

当混凝土等级高于 C20 时，验收批中强度的最小值尚应满足下式的要求：

$$f_{\text{cu,min}} \geq 0.90 f_{\text{cu,k}} \qquad (3-19)$$

式中　m_{fcu}——同一验收批混凝土立方体抗压强度平均值（MPa）；

$f_{\text{cu,k}}$——混凝土立方体抗压强度标准值（MPa）；

$f_{\text{cu,min}}$——同一验收批混凝土立方体抗压强度最小值（MPa）；

σ_0——验收批混凝土立方体抗压强度的标

准差（MPa）。

σ_0 应根据前一个检验期内（检验期不应超过三个月，强度数据总批数不得小于 15），同一品种混凝土试块的强度数据按下式确定：

$$\sigma_0 = \frac{0.59}{m} \sum_{i=1}^{m} \Delta f_{cu,i} \qquad (3-20)$$

式中　$\Delta f_{cu,i}$——前一个检验期内第 i 批试件立方体抗压强度中最大值与最小值之差；

　　　　m——前一个检验期内强度数据的总批数。

②标准差未知时混凝土强度评定：当混凝土的生产条件不能满足上述（1）规定，或在前一个检验期内的同一品种混凝土没有足够的数据用以确定验收混凝土立方体抗压强度标准差时，应由不少于10组的试块代表一个验收批，其强度应同时满足下列要求：

$$m_{fcu} - \lambda_1 S_{fcu} \geqslant 0.9 f_{cu,k} \qquad (3-21)$$

$$f_{cu,min} \geqslant \lambda_2 f_{cu,k} \qquad (3-22)$$

式中　S_{fcu}——验收批混凝土立方体抗压强度的标准差（MPa）；按下式计算：

$$S_{fcu} = \sqrt{\sum_{i=1}^{n} f_{cu,i}^2 - n m_{fcu}^2} \qquad (3-23)$$

$f_{cu,i}$——验收批内第 i 组试件立方体抗压强度（MPa）；

n——验收批内混凝土试件的总组数。

当 S_{fcu} 的计算值小于 $0.06f_{cu,k}$ 时，取 $S_{fcu} = 0.06f_{cu,k}$。

λ_1、λ_2——合格判定系数，按试件组数取值。当试件组数为 $10 \sim 14$ 时，$\lambda_1 = 1.70$，$\lambda_2 = 0.90$；当试件组数为 $15 \sim 24$ 时，$\lambda_1 = 1.65$，$\lambda_2 = 0.85$；当试件组数 $\geqslant 25$ 时，$\lambda_1 = 1.60$，$\lambda_2 = 0.85$。

③非统计法混凝土强度评定：对零星生产的预制构件混凝土或现场搅拌的批量不大的混凝土，可不采用上述统计法评定，而采用非统计法评定。此时，验收批混凝土的强度必须同时满足下述要求：

$$m_{fcu} \geqslant 1.15f_{cu,k} \qquad (3-24)$$

$$f_{cu,min} \geqslant 0.95f_{cu,k} \qquad (3-25)$$

式中符号同前。

非统计法的检验效率较差，存在将合格产品误判为不合格产品，或将不合格产品误判为合格产品的可能性。

如由于施工质量不良、管理不善等因素，试件与结构中混凝土质量不一致，或对试件检验结果有怀疑时，可采用从结构或构件中钻取芯样的方法，或采用非破损检验方法，按有关规定对结构或构件混凝土的强度进行推定，作为处理混凝土质量问题的重要依据。

3.3.4 混凝土的冬期施工

我国钢筋混凝土工程施工及验收规范规定：根据当地气温资料、室外平均气温连续五天稳定低于+5℃时，混凝土及钢筋混凝土工程应采取冬期施工技术措施进行施工。

3.3.4.1 混凝土冬期施工原理

（1）混凝土受冻临界强度

混凝土受冻临界强度是指混凝土在遭受冻结前具备抵抗冻胀应力的能力，使混凝土受冻后的强度损失不超过5%，而必须具备的最低强度。

受冻的混凝土在解冻后，其强度虽能继续增长，但已不能达到原设计的强度等级。混凝土遭受冻结后强度损失，与遭冻时间的早晚、冻结前混凝土的强度、水灰比等有关。遭受冻结时间愈早、受冻前强度愈低，水灰比愈大，则强度损失愈多，反之则损失愈少。为了减少混凝土受冻后的强度损失，保证解冻后混凝土的强度能够达到设计要求的强度等级，必须使混凝土在受冻前具备抵抗冰胀应力的能力。经过试验得知，混凝土经过预先养护达到某一强度值后再遭冻结，混凝土解冻后强度还能继续增长，能达到设计强度的95%以上，对结构强度影响不大。

受冻临界强度与水泥品种、混凝土强度等级有关。对普通硅酸盐水泥配制的混凝土，为设计强度等级的30%；对矿渣硅酸盐水泥配制的混凝土，为设计强度等级的40%；对强度等级为C10或C10以下的混凝土，不得低于5MPa。

（2）混凝土冬期施工措施

在混凝土冬期施工时，为确保混凝土在遭冻结前达到受冻临界强度，可采取下列措施：

1）采用高活性的水泥，如高强度等级水泥，快硬水泥等。

2）降低水灰比，减少用水量，使用低流动性或干硬性混凝土。

3）浇筑前将混凝土或其组成材料加温，提高混凝土的入模温度，使混凝土既早强又不易冻结。

4）对已浇筑的混凝土采取保温或加温措施，人为地造成一个温湿条件，对混凝土进行养护。

5）搅拌时，加入一定的外加剂，加速混凝土硬化，尽快达到临界强度；或降低水的冰点，使混凝土在负温下不致冻结。

实际施工中采取何种措施，应根据气温情况、结构特点、工期要求等综合考虑，以达到最佳技术经济效果为准。

3.3.4.2 混凝土冬期施工方法

混凝土冬期施工方法主要有三类：混凝土养护期间不加热的方法、混凝土养护期间加热的方法和综合方法。混凝土养护期间不加热的方法包括：蓄热法、掺外加剂法等；混凝土养护期间加热的方法包括：电极加热法、电器加热法、感应加热法、蒸汽加热法和暖棚法等；综合方法即把上述两类方法综合应用，如目前常用的综合蓄热法，即在蓄热法基础上掺加外加剂（早强剂或防冻剂）或进行短时加热等综合措施。

选择混凝土冬期施工方法，要考虑环境气温、结构类型和特点、原材料、工期要求、能源情况和经济指标等多方面因素。对工期不紧和无特殊限制的工程，从节约能源和降低冬期施工费用考虑，应优先选用养护期间不加热的施工方法或综合方法；在有工期限制、施工条件又允许时才考虑选用混凝土养护期间的加热方法。无论采用何种方法，应进行技术经济比较才能确定。一个理想的冬期施工方案，应当是在杜绝混凝土早期受冻的前提下，用最低的冬期施工费用，在最短的施工期限内，获得优良的施工质量。

（1）蓄热法

蓄热法是利用混凝土原材料预热的热量及水泥水化热，通过适当的保温覆盖，延缓混凝土的冷却速度，使混凝土在冻结前达到受冻临界强度的一种冬期施工方法。此法适用于室外最低温度不低于$-15℃$的地面以下工程或表面系数（指结构冷却的表面与全部体积的比值）不大于 15 的结构。蓄热法具有施工简单、节能和冬期施工费用低等特点，应优先采用。

蓄热法施工宜采用强度等级高、水化热大的硅酸盐水泥或普通硅酸盐水泥，以提高水化作用放热量。水泥不允许加热，但应保持正温，可提前搬入搅拌机棚内。

对原材料的加热，因水的比热大，且水的加热设备简单，故应首先考虑加热水，如水加热至极限温度而热量仍不能满足要求时，再考虑加热砂石。水、砂、石的加热极限温度视水泥强度等级和品种而定，当水泥强度等级小于 42.5 时，水加热极限温度为 80℃，砂、石加热极限温度为 60℃；当水泥强度等级等于和大于 42.5 时，水加热极限温度为 60℃，砂、石加热极限温度为 40℃。如水加热的温度超过 80℃，则搅拌时应先与砂石拌和，然后加入水泥以防止水泥假凝。

（2）掺外加剂法

在混凝土中加入适量的抗冻剂、早强剂、减水剂及加气剂，可使混凝土在负温下进行水化作用，增长强度。可使混凝土冬期施工工艺大大简化，节约能源，减少附加设施、降低冬期施工费用，是冬期施工有发展前途的施工方法。

加入抗冻剂，可降低混凝土中水的冰点，使之在一定负温下不冻结，为水泥水化提供必要的水分。加入早强剂，可使混凝土在液相存在的条件下，加速水泥水化的过程，使混凝土早期强度迅速增长。加入减水剂，可减少用水量，以减轻因水的冻胀对混凝土的危害。加入加气剂，可使混凝土内部存在大量微小封闭的气泡，可缓解冻胀应力并提高混凝土的抗冻耐久性。

混凝土冬期施工外加剂配方，应满足抗冻早强的需要，不应腐蚀钢筋，不应影响混凝土后期强度和其他物理力学性能或产生其他不良影响。单一的外加剂一般不能满足混凝土冬期施工的需要，宜采用复合配方。理想的配方应由抗冻剂、早强剂、减水剂和加气剂组成，而以抗冻剂为核心，抗冻剂的成分与分量应根据大气负温值、结构特点等选用。

（3）蒸汽加热法

蒸汽加热法是利用低压（不高于 0.07MPa）饱和蒸汽对新浇筑的混凝土构件进行加热养护，使其保持一定的温度和湿度，加快混凝土的凝结硬化。该方法适用于各种类型的混凝土构件，但需要锅炉等设备，消耗能源多，费用高，应用时应进行经济和技术分析后采用。

蒸汽加热的方法，根据蒸汽加热混凝土的方式不同，一般有：汽套法、毛细管法和构件内部通汽法等蒸汽养护方法。

（4）电热法

电热法是利用电流通过导体混凝土发出的热量，加热养护混凝土。电热法耗电量较大，附加费用较高。电热法分为电极法、电炉法和综合法三种，以电极法较为常用。常用的电极法有：表面电极法、棒形电极法和弦形电极法。

3.3.4.3 混凝土冬期施工的质量检查和温度测定

（1）质量检查

混凝土工程冬期施工的质量检查，除按常温施工混凝土的有关规定进行检查外，还应进行以下质量检查：

1）外加剂的质量和掺量；

2）测量水和外加剂溶液以及骨料的加热温度和加入搅拌机时的温度；

3）测量混凝土自搅拌机中卸出时和浇筑时的温度；

4）为了检测冬期施工混凝土强度，混凝土试件的留置除按常温施工要求外，尚应增设不少于两组与结构相同条件养护的试件，分别用于检验受冻前的混凝土强度和转入常温养护 28d 的强度；

5）与结构和构件同条件养护的受冻混凝土试件，解冻后方可试压。

（2）温度测定

混凝土养护温度的测定应符合下列规定：

1）采用蓄热法养护时，在养护期间至少每 6h 测定一次；

2）对掺用抗冻剂的混凝土，强度未达到 3.5N/mm^2 以前每 2h 测定一次，以后每 6h 测定一次；

3）采用蒸汽法或电流加热法时，在升温降温间每 1h 测定一次，在恒温期间每 2h 测定一次；

4）对室外气温和周围环境温度在每昼夜内至少应定时定点测量四次。

测量方法是将温度表插入预埋在混凝土中一端封闭的白铁管（φ10）中，并加以覆盖以与外界气温隔离，测温表在测温孔内至少停留 3min，然后取出，记下温度。

测温孔应设在温度较低和有代表性的位置。当采用蓄热法养护时，应留在易于散热的部位；当采用加热养护时，应在离热源不同的位置分别设置；大体积混凝土应在表面及内部分别设置。所有测温孔均应编号，并绘制测温孔布置图。

3.4 预应力混凝土工程

3.4.1 概述

预应力混凝土是在混凝土结构承受外荷载之前，预先对其在外荷载作用下的受拉区施加压应力，从而改善结构使用性能、提高结构刚度及承载能力的一种结构形式。

由于预应力混凝土结构的截面小、刚度大、抗裂性和耐久性好，在现代建筑结构中得到广泛应用。近年来，随着高强度钢材及高强度等级混凝土的应用，促进了预应力混凝土结构的发展，也进一步推动了预应力混凝土施工工艺的成熟和完善。本章主要探讨几种常见的预应力混凝土施工工艺方法。

3.4.1.1 预应力混凝土的材料

预应力混凝土结构构件的承载能力与所施加的预压应力有关，为了获得较大的预压应力，应提高预应力混凝土结构所用材料的强度。

（1）预应力筋

我国预应力结构的研究和发展较快，尤其是预应力筋，早期的低碳钢钢筋已逐步被高强度钢材代替，目前较常见的有以下五种：

1）钢绞线　钢绞线一般是由几根碳素钢丝围绕一根中心钢丝在绞丝机上绞成螺旋状，再经低温回火处理制成。钢绞线整根强度高，破断拉力大，柔性好，施工方便，有广阔的发展前景。

2）高强度钢丝　高强度钢丝是用优质碳素钢热轧盘条经冷拔制成。然后，用机械方式对钢丝进行压痕处理形成刻痕钢丝。

对钢丝进行低温（一般低于500℃）矫直回火处理后便成为矫直回火钢丝。预应力钢丝经矫直回火后，可消除钢丝冷拔过程中产生的残余应力，钢丝的比例极限、屈服强度和弹性模量等均得到提高，塑性也有所改善，同时也解决钢丝的矫直问题。这种钢丝通常被称为消除应力钢丝。

3）热处理钢筋　热处理钢筋是由普通热轧中碳合金钢钢筋经淬火和回火调质热处理后制成。它具有高强度、高韧性和高粘结力等优点。热处理钢筋的螺纹外形有带纵肋和无纵肋两种。

4）精轧螺纹钢筋　精轧螺纹钢筋是用热轧方法在钢筋表面上轧出不带纵肋，横肋为不连续的梯形螺纹的直条钢筋。钢筋接长用带内螺纹的连接套筒，端头可用螺母锚固。这种高强度钢筋具有锚固简单、施工方便、无需焊接等优点。国内精轧螺纹钢筋的级别有：PSB785、PSB835 和 PSB930 等几种；其屈服点分别为：785MPa、835MPa 和 930MPa 等。

5）冷拉钢筋　冷拉钢筋是将 Ⅱ～Ⅳ 级热轧钢筋在常温下通过强力拉伸超过屈服强度后，使钢筋产生一定的塑性变形，卸荷后经时效处理形成。冷拉钢筋的塑性和弹性模量有所降低，但屈服强度和硬度有所提高，可直接用作预应力筋。

此外，非金属预应力筋也开始运用。非金属预应力筋主要是指用纤维增强塑料（简称 FRP）制成的预应力筋，主要有玻璃纤维增强塑料（GFRP）、芳纶纤维增强塑料（AFRP）及碳纤维增强塑料（CFRP）等几种形式的非金属预应力筋。

（2）对混凝土的要求

在预应力混凝土结构中，一般要求混凝土的强度等级不低于 C30。当采用钢绞线、钢丝、热处理钢筋作预应力筋时，混凝土的强度等级不宜低于 C40。目前，在一些重要的预应力混凝土结构中，多采用 C50～C60 的高强度混凝土，并逐步向 C80 等更高强度等级的混凝土发展。

在预应力混凝土构件生产中，不能掺用对钢筋有侵蚀作用的氯盐，如氯化钙、氯化钠等，否则会发生严重质量事故。

3.4.1.2 预应力的施加方法

预应力的施加方法，根据与构件制作相比较的先后顺序，分为先张法、后张法两大类。按钢筋的张拉方法又分为机械张拉和电热张拉。在后张法施工中根据其工艺不同，又分为一般后张法、后张自锚法、无粘结后张法，电热法等。目前电热法已较少应用。

3.4.2 先张法

先张法是在浇筑混凝土构件之前张拉预应力

筋，将其临时锚固在台座或钢模上，然后浇筑混凝土构件，待混凝土达到一定强度（一般不低于混凝土设计强度标准值的 75%），使预应力筋与混凝土间有足够粘结力时，放松预应力筋，预应力筋产生弹性回缩，借助于混凝土与预应力筋间的粘结力，对混凝土产生预压应力。

先张法适用于预制构件厂生产定型的中小型构件，其生产工艺可分为长线台座法和短线钢模法。图 3-43 为长线台座法生产预制构件的示意图。

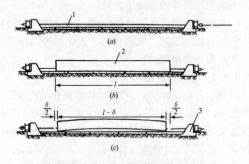

图 3-43　台座法生产预制构件示意图
(a) 预应力筋的张拉；(b) 混凝土构件制作；
(c) 构件施加预应力
1—预应力筋；2—混凝土构件；3—台座

3.4.2.1 先张法施工的机具和设备

在先张法施工中，主要的机具设备包括：台座、夹具和张拉设备三大类别。

(1) 台座

台座是先张法生产的主要设备之一，它承受预应力筋的全部张拉力。因此，台座应有足够的强度、刚度和稳定性，以免台座变形、倾覆、滑移而引起预应力损失；台座按构造方式分为：墩式和槽式两类。选用时应根据构件种类、张拉吨位和施工条件而定。

1) 墩式台座

以混凝土墩作承力结构的台座称墩式台座，通常由混凝土墩、台面和承力横梁组成。图3-44为长线台座法生产中小型构件的墩式台座构造示意图。台面长度较长，张拉一次可生产多个构件。另外，也可以采用其他的简易台座，如简易墩式台座、桩式台座、构架式台座等。

2) 槽式台座

在生产吊车梁、屋架等构件时，由于张拉力和倾覆力矩很大，一般多采用槽式台座，它由钢筋混凝土传力柱、上下横梁及台面组成，如图3-45所示。由于设置了钢筋混凝土传力柱，可承担较大

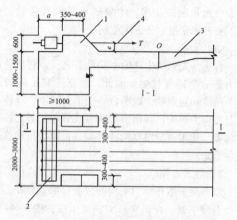

图 3-44 墩式台座

1—混凝土墩；2—钢横梁；3—台面；4—预应力筋

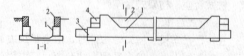

图 3-45 槽式台座

1—钢筋混凝土传力柱；2—砖墙；3—下横梁；4—上横梁

的张拉力。为便于混凝土进行蒸汽养护，台座宜低于地面，并用砖砌筑围护墙。

（2）夹具

夹具是用来临时锚固预应力筋的工具，构件制作完毕，可取下重复使用。夹具必须安全可靠，加工尺寸准确；使用中不应发生变形或滑移，且预应力损失要小，构造要简单，加工要方便，省材料，成本低；拆卸方便，张拉迅速，适应性、通用性强。

先张法施工中的预应力筋主要有：钢丝和钢筋。所使用的夹具根据夹持的钢筋类型不同分为：钢丝夹具和钢筋夹具。根据夹具的作用或设置位置不同分为：张拉夹具和锚固夹具。

钢丝锚固夹具有圆锥齿板式夹具、圆锥三槽式夹具、楔形夹具和镦头夹具等。钢丝张拉夹具类型较多，常用的有：钳式夹具、偏心式夹具和楔形夹具等。

钢筋的锚固夹具可用螺丝端杆锚具、镦头锚具和销片夹具等。张拉时可用连接器与螺丝端杆锚具连接，或用销片夹具进行张拉。

（3）张拉设备

在台座上生产先张法预应力构件时，预应力筋的张拉方式有：多根同时张拉和单根张拉。其中较多采用单根张拉方式，即预应力筋是逐根进行张拉和锚固的。常用的张拉机具有：电动螺杆张拉机、穿心式千斤顶、卷扬机以及应用于多根预应力筋张拉的台座式千斤顶等。

3.4.2.2　先张法施工工艺

（1）预应力筋的张拉

1）预应力筋张拉的一般要求

①张拉前安放好预应力筋，并根据设计要求进行预应力筋的张拉；

②预应力筋表面不应有油污，台面不应采用废机油作隔离剂，以保证混凝土与预应力筋有良好的粘结；

③台座法张拉中，为避免台座承受过大的偏心压力，应先张拉靠近台座截面重心处的预应力筋。

④张拉施工中必须注意安全。正对钢筋张拉的两端严禁人员站立，防止断筋回弹伤人；

⑤冬季张拉预应力筋，环境温度不宜低于−15℃。

2）初应力的调整

当预应力筋数量较多并采用成组张拉时，应先调整各预应力筋的初应力，通常初应力为控制应力的10%左右。从而使各预应力筋长度、松紧一致，以保证张拉后各预应力筋的应力一致。

3）张拉控制应力

在进行预应力筋张拉时，必须严格按设计规定的张拉控制应力进行张拉。如设计无规定，则应按规范规定确定控制应力值。如表 3-27 所示，为先张法预应力筋的张拉控制应力和最大超张拉应力允许值，施工中不得超过该允许值。

张拉控制应力和最大超张拉应力允许值　表 3-27

钢　　种	控制应力	最大超张拉应力
碳素钢丝、刻痕钢丝、钢绞线	$0.75f_{ptk}$	$0.80f_{ptk}$
冷拔低碳钢丝、热处理钢筋	$0.70f_{ptk}$	$0.75f_{ptk}$
冷拉热轧钢筋	$0.90f_{pyk}$	$0.95f_{pyk}$

注：f_{ptk}——钢筋抗拉强度标准值；f_{pyk}——钢筋屈服强度标准值。

4）张拉程序

预应力的张拉程序是指如何使预应力筋达到控制应力值的过程，这对施工质量影响较大，在预应力筋张拉前必须确定。如设计中没有具体的张拉程序规定，通常可按下列张拉程序之一进行：

$$0 \rightarrow 105\% \, \sigma_{con} \xrightarrow{\text{持荷 2min}} \sigma_{con} \quad (3-26)$$

$$0 \rightarrow 103\% \, \sigma_{con} \quad (3-27)$$

式中 σ_{con}——预应力筋的张拉控制应力。

5）预应力筋的锚固

张拉完毕锚固时，张拉端的预应力筋回缩量不得大于设计规定值；锚固后，预应力筋对设计位置的偏差不得大于5mm，或不大于构件截面短边长度的4%。

（2）预应力筋的放张

放张预应力筋时，混凝土强度必须达到设计要求。如设计未说明时，不得低于设计混凝土强度等级的75%。

1）放张顺序

预应力筋的放张顺序，如设计未说明时，应符合下列规定：

轴心受预压构件（如压杆、桩等），所有预应力筋应同时放张；偏心受预压构件（如梁等），应先同时放张预压应力较小区域的预应力筋，再同时放张预压应力较大区域的预应力筋；如不能按上述顺序放张时，应分阶段、对称、相互交错地放张，以防止在放张过程中构件发生翘曲、裂纹及预应力筋断裂等现象。

2）放张方法

配筋不多的中小型预应力混凝土构件，可采用剪切、锯割和加热熔断等方法逐根进行放张；配筋较多或预应力值较大的预应力混凝土构件，应同时放张。同时放张的方法通常可采用：油压千斤顶、楔块或砂箱等放张工具。图3-46为楔块放张预应力筋的示意图。

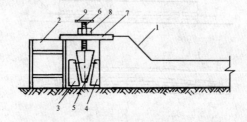

图3-46　楔块放张预应力筋示意图
1—台座；2—横梁；3、4—钢垫块；5—钢楔块；
6—螺杆；7—承力板；8—螺母；9—手柄

3.4.3　后张法

后张法施工是在混凝土构件或块体制作时，在放置预应力筋的部位预先留有孔道，待混凝土达到规定强度后孔道内穿入预应力筋，并用张拉机具夹持预应力筋将其张拉至设计规定的控制应力，然后借助锚具将预应力筋锚固在构件端部，最后进行孔道灌浆。适用于现场生产大型预应力构件、特种结构和构筑物，亦可作为一种预制构件的拼装手段。图 3-47 为预应力后张法构件生产的示意图。

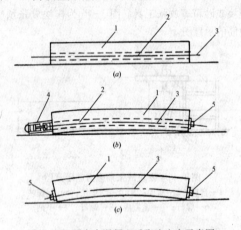

图 3-47 预应力混凝土后张法生产示意图

(a) 制作混凝土构件；(b) 张拉预应力筋；

(c) 预应力筋的锚固与孔道灌浆

1—混凝土构件；2—预留孔道；3—预应力筋；

4—张拉千斤顶；5—锚具

3.4.3.1 后张法预应力筋的锚具和连接器

（1）单根粗钢筋锚具

根据构件的长度和张拉工艺的要求，单根预应力钢筋可在一端或两端张拉。一般张拉端均采用螺丝端杆锚具；而固定端除了采用螺丝端杆锚具外，还可采用帮条锚具或镦头锚具。图 3-48 所示为螺丝端杆锚具，它由螺丝端杆、螺母和垫板三部分组成。常用型号有：LM18 ~ LM36，分别适用于直径为 18 ~ 36mm 的 HRB335、HRB400 级预应力钢筋。

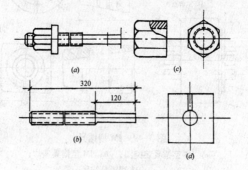

图 3-48　螺丝端杆锚具构造
(a) 螺丝端杆锚具；(b) 螺丝端杆；
(c) 螺母；(d) 垫板

（2）钢筋束和钢绞线束锚具

钢筋束和钢绞线束能够建立较大的预应力值，在现代预应力工程中应用较为广泛，与其相适应的锚具常采用夹片式和握裹式两大类型。如图 3-49 所示为 JM 型夹片式锚具。

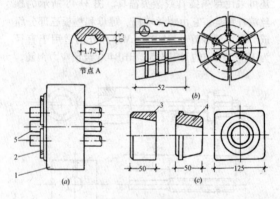

图 3-49 JM 型锚具

（a）JM 型锚具装配图；（b）JM 型锚具夹片；

（c）JM 型锚具锚环

1—锚环；2—夹片；3—圆锚环；

4—方锚环；5—钢筋或钢绞线

（3）钢丝束锚具

钢丝束一般由几根到几十根直径 3 ~ 5mm 相互平行的碳素钢丝组成。目前常用的锚具有：锥塞式锚具和支承式锚具两大类型，如钢质锥形锚具、锥形螺杆锚具和钢丝束镦头锚具等。图 3-50、图 3-51 为钢丝束镦头锚具构造示意图，DM5A 型用于张拉端，DM5B 型用于固定端，可锚固 12 ~ 54 根 ϕ5 碳素钢丝束。

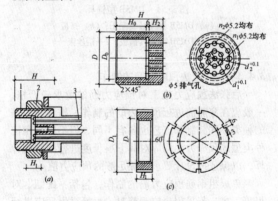

图 3-50　DM5A 型锚具

（a）DM5A 型锚具装配图；（b）锚杯；（c）螺母

1—锚环；2—螺母；3—钢丝束

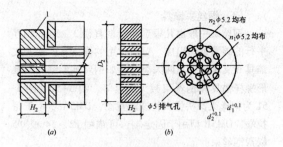

图 3-51　DM5B 型锚具

（a）DM5B 型锚具装配图；（b）锚板

1—DM5B 型锚具锚板；2—钢丝束

3.4.3.2　后张法预应力筋的制作

后张法预应力施工对预应力筋的要求较严格，一般应在穿筋前进行预应力筋的制作。按预应力筋的种类不同其制作工艺也各有不同，但不论采用何种类型的预应力筋均应对其下料长度进行严格的计算，以保证按设计要求施加足够的预应力值。

单根粗钢筋预应力筋的制作，包括：配制、对焊等工序。若采用冷拉钢筋时，钢筋对焊后应进行预应力筋的冷拉。预应力筋的下料长度应考虑锚具种类、对焊接头或镦粗头的压缩量、张拉伸长值、构件（或孔道）长度等因素。

　　预应力钢筋下料长度的计算通常有以下两种情况，如图 3-52 所示。

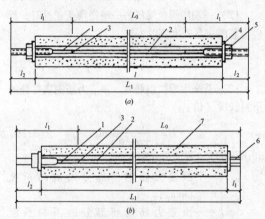

图 3-52　单根粗钢筋下料长度计算简图

(a) 两端采用螺丝端杆锚具；

(b) 一端用螺丝端杆另一端用帮条锚具；

1—螺丝端杆；2—钢筋；3—对焊接头；4—垫板；
5—螺母；6—帮条锚具；7—混凝土构件

（1）两端采用螺丝端杆锚具的预应力筋，预应力筋的成品长度如图 3-52 (a) 所示：

$$L_1 = l + 2l_2 \qquad L_0 = L_1 - 2l_1$$

$$L = L_0 + nl_0 \qquad (3-28)$$

（2）一端用螺丝端杆另一端用帮条锚具时，预应力筋的成品长度如图 3-52 (b) 所示：

$$L_1 = l + l_2 + l_3 \qquad L_0 = L_1 - l_1$$

$$L = L_0 + nl_0 \qquad (3-29)$$

（3）若采用冷拉钢筋时，预应力筋钢筋部分的下料长度（L）：

$$L = \frac{L_0}{1 + \gamma - \delta} + nl_0 \qquad (3-30)$$

式中　L_1——预应力筋的成品长度（mm）；

L_0——预应力筋钢筋部分的成品长度（mm）；

L——预应力筋钢筋部分的下料长度（mm）；

l——构件的孔道长度（mm）；

l_1——螺丝端杆锚具长度（mm）；

l_2——螺丝端杆锚具伸出构件外的长度（mm）；

l_3——帮条或镦头锚具长度（包括垫板厚度 h）（mm）；

l_0——每个对焊接头的压缩长度（约等于钢
筋直径 d）（mm）；

n——对焊接头的数量；

γ——钢筋的冷拉率（由试验确定）；

δ——钢筋冷拉的弹性回缩率（由试验确
定）。

钢筋束、热处理钢筋、钢绞线和钢丝束一般按
盘状供货，长度较长，不需要对焊接长。其制作工
序是：开盘→下料→编束。

预应力筋的下料长度，应根据张拉设备和选用
的锚具的不同按实际进行计算。

3.4.3.3 后张法的张拉机械

张拉机械分为电动张拉机械和液压张拉机械两
大类，前者多用于先张法，如电动螺杆张拉机、张
拉卷扬机等。液压张拉机械可用于先张法，也可用
于后张法，主要由液压千斤顶、电动油泵与压力表
组成。

液压千斤顶按机械类别不同可分为：拉杆式千
斤顶、穿心式千斤顶、前卡式千斤顶、锥锚式千斤
顶和台座式千斤顶等。

锚具、夹具和连接器的选用应根据钢筋种类以
及结构要求、产品技术性能和张拉施工方法等选

择，张拉机械则应与锚具配套使用。在后张法施工中锚具及张拉机械的合理选择十分重要，工程中可参考表 3-28 进行选用。

预应力筋、锚具及张拉机械的配套选用 　　表 3-28

预应力筋品种	锚具形式			张拉机械
	固定端		张拉端	
	安装在结构之外	安装在结构之内		
钢绞线钢绞线束	夹片锚具	压花锚具	夹片锚具	穿心式
	挤压锚具	挤压锚具		
钢丝束	夹片锚具		夹片锚具	穿心式
	镦头锚具	挤压锚具	镦头锚具	拉杆式
			锥塞锚具	
		镦头锚具		锥锚式、拉杆式
	挤压锚具			
精轧螺纹钢筋	螺母锚具		螺母锚具	拉杆式

3.4.3.4　后张法施工工艺

后张法施工适用于现场进行预应力构件的制

作，其施工工艺流程图，如图 3-53 所示。

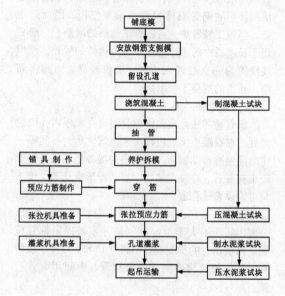

图 3-53　后张法施工工艺流程图

（1）构件孔道留设

孔道留设是有粘结预应力后张法构件制作中的

关键工作。孔道留设方法主要有：钢管抽芯法、胶管抽芯法和预埋波纹管法。钢管抽芯法和胶管抽芯法所使用的钢管或橡胶管可重复使用，因而造价低，但施工较麻烦，且因管子规格的限制，一般只用于长度适中的中、小型预应力构件的留孔。预埋波纹管为一次性埋入构件，造价较高，但施工简单，孔道的规格不受限制。

1）钢管抽芯法

钢管抽芯法是预先将钢管埋设在模板内孔道位置处，在混凝土浇筑过程中和浇筑之后，每间隔一定时间慢慢转动钢管，使之不与混凝土粘结，待混凝土初凝后、终凝前抽出钢管，即形成孔道。该法只可留设直线孔道。

钢管要平直，表面要光滑，安放位置要准确。一般用间距不大于 1 m 的钢筋井字架固定钢管位置。每根钢管的长度最好不超过 15 m，以便于旋转和抽管，较长构件则用两根钢管，中间用套管连接。

2）胶管抽芯法

胶管有布胶管和钢丝网胶管两种。用间距不大于 0.5m 的钢筋井字架固定位置，浇筑混凝土前，胶管内充入压力为 $0.6 \sim 0.8 N/mm^2$ 的压缩空气或压力水，此时胶管直径增大 3mm 左右，待浇筑的混凝土初凝后，放出压缩空气或压力水，管径缩小而与混凝土脱离，便于抽出。采用胶管抽芯留孔，不仅可留直线孔道，而且可留曲线孔道。

3）预埋波纹管法

波纹管是为预应力混凝土施工特制的带波纹的管状制品。按其所用的材料主要有：金属波纹管和塑料波纹管两大类，多种内径规格。波纹管与混凝土有良好的粘结力，且在其规定的最小弯曲半径内可以形成各种形式的孔道，在现代预应力混凝土施工中应用广泛。

（2）预应力筋张拉

预应力筋张拉前，应提供构件或结构混凝土的强度检验报告。当混凝土的立方体强度满足设计要求后，方可施加预应力。如设计无要求时，不应低于设计混凝土标准强度的 75%。

1）预应力筋张拉方式

①一端张拉　张拉设备放置在预应力筋一端的张拉方式。适用于长度不大于 30m 的直线预应力筋和锚固损失影响长度 $L_f \geq L/2$（L 为预应力筋长度）的曲线预应力筋。

②两端张拉　张拉设备放置在顶应力筋两端的

张拉方式。适用于长度大于 30m 的直线预应力筋和锚固损失影响长度 $L_f < L/2$ 的曲线预应力筋。当张拉设备不足或由于张拉顺序安排的关系，也可以先在一端张拉完成后，再移至另一端张拉，补足张拉力后锚固。

③分批张拉　对配有多束预应力筋的构件或结构采用分批进行张拉的方式。由于后批预应力筋张拉所产生的混凝土弹性压缩对先批张拉的预应力筋造成预应力损失。所以，先批张拉的预应力筋应加上该弹性压缩损失值或将弹性压缩损失平均统一增加到每根预应力筋的张拉力内。

④分段张拉　在多跨连续梁板分段施工时，通长的预应力筋需要采用逐段进行张拉的方式。对大跨度多跨连续梁，在第一段混凝土浇筑与预应力筋张拉锚固后，第二段预应力筋利用锚头连接器接长，以形成通长的预应力筋。

⑤补偿张拉　早期预应力损失基本完成后，再进行张拉的方式称为补偿张拉。采用这种补偿张拉方式可克服弹性压缩损失，减少应力松弛损失、混凝土收缩徐变损失等，以达到预期的预应力效果。

2）预应力筋张拉顺序

当构件配置多根预应力筋时，应在预应力筋张拉前预先确定张拉顺序，即各预应力筋的张拉先后次序。在确定张拉顺序时，应以保证混凝土不产生超应力、构件不扭转与侧弯、结构不变位为主要原则。因此，采用对称张拉是确定张拉顺序的重要措施，同时，还应考虑尽量减少张拉设备的移动次数。

3）预应力筋张拉程序

预应力筋的张拉程序，主要根据构件类型，预应力筋锚固体系，松弛损失等因素确定。为减少预应力筋的松弛损失，预应力筋的张拉程序一般与先张法相同。

（3）孔道灌浆

预应力筋张拉后，应随即进行孔道灌浆，尤其是钢丝束，张拉后应尽快进行灌浆，以防锈蚀与增加结构的抗裂性和耐久性。

灌浆宜用强度等级不低于 42.5 级的普通硅酸盐水泥或矿渣硅酸盐水泥调制的水泥浆，对空隙大的孔道，水泥浆中可掺适量的细砂，但水泥浆和水泥砂浆的强度等级不低于 M20，且应有较大的流动性和较小的干缩性和泌水性（搅拌后 3h 的泌水率宜控制在 2%）。水灰比一般为 0.40～0.45。

由于纯水泥浆的干缩性和泌水性都较大，凝结后往往形成月牙空隙，故在灰浆中可适量掺入 0.05‰ ~ 0.1‰的铝粉或 0.25% 的木质素磺酸钙，以提高孔道灌浆的饱满度和密实度。

灌浆前，用压力水冲洗和润湿孔道。灌浆过程中，可用电动或手动灰浆泵进行灌浆，水泥浆应均匀缓慢地注入，不得中断。灌满孔道并封闭气孔后，宜再继续加注至 0.5 ~ 0.6MPa，并稳定一段时间，以确保孔道灌浆的密实性。对不掺外加剂的水泥浆，或较大的孔道以及预埋管孔道，可采用两次灌浆法来提高灌浆的密实性。

灌浆顺序应先下后上。直线孔道灌浆应从构件的一端灌到另一端；曲线孔道灌浆应由最低点注入水泥浆，至最高点排气孔排尽空气并溢出浓浆为止。

3.4.4　无粘结预应力混凝土

无粘结预应力混凝土是指配有无粘结预应力筋靠锚具传力的一种预应力混凝土。其施工工序为：将无粘结预应力筋准确定位，并与普通钢筋一起绑扎形成钢筋骨架，然后浇筑混凝土；待混凝土达到预期强度后（一般不低于混凝土设计强度的 75%）

进行张拉（一端锚固一端张拉或两端同时张拉）；张拉完成后，在张拉端用锚具将预应力筋锚固，形成无粘结预应力结构。

这种后张法预应力混凝土的工艺特点是：避免了预留孔道、穿预应力筋以及压力灌浆等施工工序，施工方便，预应力筋易弯成所需的曲线形状，摩擦损失小，但对锚具要求高。适用于曲线配筋的结构或在大面积预应力楼板中应用。

3.4.4.1 无粘结预应力筋

无粘结预应力筋应满足在施加预应力后沿全长与周围混凝土不粘结。为此预应力筋通常由预应力钢材、涂料层和包裹层组成。

无粘结预应力筋的高强度钢材常采用 7 根直径 5mm 的碳素钢丝束或由 7 根直径为 5mm 或 4mm 的钢丝铰合而成的钢绞线。

涂料层的作用是使预应力筋与混凝土隔离，减少张拉时摩阻损失，防止预应力筋腐蚀等。一般选用 1 号或 2 号建筑油脂作为涂料层。

外包层的作用是保护防腐油脂并防止预应力筋与混凝土粘结。外包层材料可采用高压聚乙烯或聚丙烯塑料制作，采用塑料注塑机注塑成形，壁厚一般为 0.8 ~ 1.0mm。

3.4.4.2　无粘结预应力筋锚具

无粘结预应力筋的张拉可采用一端锚固一端张拉或两端同时张拉两种张拉方式，预应力筋的锚具应与张拉方式及所采用的预应力筋相适应。

无粘结预应力筋的锚固端常采用内埋式，其锚具可选用镦头锚具或挤压锚具，如图3-54所示。装配时锚具应在模板上就位固定，并配置螺旋钢筋。采用镦头锚具时钢丝镦头必须与锚板贴紧；采用挤压锚具时锚具应与承压钢板贴紧。

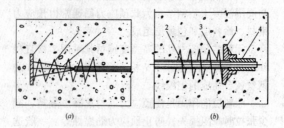

(a)　　　　　　　　(b)

图3-54　内埋式固定端锚具

（a）镦头锚具；（b）挤压锚具

1—锚板；2—预应力筋；3—螺旋筋；4—挤压锚具

无粘结预应力筋的张拉端锚具，常选用夹片式锚具或镦头锚具，如图 3-55 所示。装配时可采用凸出式或凹入式做法。端头的预埋承压钢板应垂直于预应力筋，螺旋筋应紧靠预埋钢板。凹入式的做法，是利用塑料套模形成凹口，锚具埋在板端混凝土内。

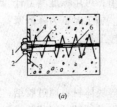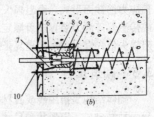

图 3-55　张拉端锚具

(a) 镦头锚具；(b) 夹片式锚具

1—锚杯；2—螺母；3—承压板；4—螺旋筋；

5—塑料护套；6—预应力筋；7—塑料套模；

8—夹片；9—锚环；10—固定螺丝

3.4.4.3　预应力张拉

无粘结预应力筋的张拉与普通后张法预应力筋的张拉方法相似。张拉程序一般采用 $0 \rightarrow 103\% \sigma_{con}$ 进行锚固。由于无粘结预应力筋多为曲线配筋，张拉时多采用两端同时张拉。无粘结预应力筋的张拉顺序，应根据其铺设顺序，先铺设的先张拉，后铺设的后张拉。

无粘结预应力筋一般长度大，有时又呈曲线形布置，如何减少其摩阻损失值是一个重要的问题。影响摩阻损失值的主要因素是润滑介质、包裹物和预应力筋截面形式。摩阻损失值，可用标准测力计或传感器等测力装置进行测定。施工时，为降低摩阻损失值，宜采用多次重复张拉工艺。

3.5 砌筑工程

砌体结构是指用砖或石材等块体材料通过胶结材料粘结砌成一定形状和尺寸，并能够承担荷载或起到一定的围护作用的工程结构体系。

（1）砌体结构的应用及特点

在我国由砌体结构组成的砖石建筑有着悠久的历史，很早就有"秦砖汉瓦"之说，目前在土木工程中仍占有相当的比重。其应用主要表现在如下方面：

1）承重：由砌体结构组成的墙体能够承担较大的压力。在房屋结构中广泛地应用于承重墙，形成了低层和多层的混合结构体系，如住宅楼、办公楼等建筑。在构筑物中，如烟囱、水塔等，也大量使用砌体结构。

2）围护：砌体结构的保温、隔热、防火以及隔声性能良好。在房屋建筑中常用于外墙和内墙，如我国北方地区砖混结构常采用外墙370mm、内墙240mm的做法，其外墙承重、保温，内墙承重、分隔。

3）其他应用：除上述作用外，砌体结构还被应用于挡土墙、水坝以及建筑施工中的各种支撑中。

这种结构虽然取材方便、施工简单、成本低廉，但它的施工仍以手工操作为主，劳动强度大、生产率低，而且烧制黏土砖占用大量农田，因而采用新型墙体材料、改善砌体施工工艺是砌筑工程改革的重点。

（2）砌体结构的施工内容

砌筑工程则是指砌体结构的施工，其施工内容主要包括：块材准备、砂浆制备、材料运输、脚手架搭设、砌体砌筑等施工过程。

3.5.1 砌筑材料

砌筑所用的材料由块材和胶结材料两大部分组成。砌筑工程所用的材料在施工中应有产品的合格证书、产品性能检测报告，块材、水泥、钢筋、外加剂等尚应有材料主要性能的进场复验报告。严禁使用国家明令淘汰的材料。

3.5.1.1　砌筑块材

砌体用块材种类繁多，各地区的使用也不尽相同，一般主要包括：烧结砖（如多孔砖等），蒸压砖（如灰砂砖、粉煤灰砖等），石材（毛石、料石）以及各种砌块等。

（1）砖

砌筑用砖按规格和尺寸不同可分为：普通砖、模数砖、多孔砖以及空心砖等。

砌筑用砖的主要技术指标是抗压强度。以砖的强度来划分其强度等级，强度等级的高低是根据砖的抗压极限强度和抗折极限强度经试验确定的。常用强度等级为MU30、MU25、MU20、MU15、MU10、MU7.5共6个等级。

砖在砌筑前应检验其品种、强度等级是否符合设计要求，砖的规格应一致，无翘曲、断裂现象。用于清水墙、柱表面的砖，尚应边角整齐，色泽均匀。对于特殊结构尚应进行内在品质的检验，如冻融试验、石灰爆裂试验等。

常温下砌砖，对普通砖、空心砖的含水率宜控制在 10% ~ 15%，一般应提前 0.5 ~ ld 浇水润湿，避免砖吸收砂浆中过多的水分而影响粘结力，并可除去砖面上的粉末。但浇水过多会产生砌体走样或滑动。

（2）砌块

随着我国墙体改革的深入和发展，砌块的应用越来越普及。根据不同地区的特点，充分利用各地区的资源，形成了多种材质和不同规格的砌块类型。较常采用的如：粉煤灰硅酸盐砌块、粉煤灰加气混凝土砌块、空心混凝土砌块以及各种废渣（如煤矸石、矿渣）等材料制成的砌块。砌块的规格主要分：小型砌块（其主规格砌块尺寸一般为 365mm、240mm 和 115mm 等），中型砌块（其主规格砌块高度为 380 ~ 980mm）以及大型砌块（其主规格砌块高度大于 980mm）。

混凝土砌块的强度取决于混凝土的强度及空心率，根据砌块的抗压强度不同来划分混凝土砌块的强度等级。常用强度等级为 MU20.0、MU15.0、MU10.0、MU7.5、MU5.0、MU3.5 等多个等级。

施工所用砌块的产品龄期不应小于 28d。工地上应保持砌块表面干净，避免粘结黏土、脏物。气候干燥时，砌块应先稍加喷水润湿。但轻骨料混凝土砌块、灰砂砖、粉煤灰砖不宜浇水过多，其含水率控制在 5%~8% 为宜。砌块表面有浮水时，不得施工。

3.5.1.2　砌筑用胶结材料

砌筑用胶结材料即砌筑砂浆（也称灰浆）是砌体结构重要的组成部分，其作用主要表现在三个方面：一是把各个块体胶结在一起形成一个整体；二是在砂浆硬结后各层砌块可以通过它均匀地传递压力；三是由于砂浆填满了砖石间的缝隙，对房屋起保温、隔热作用。

（1）砌筑砂浆的分类和用料

砌筑砂浆根据砂浆组成材料的不同有：水泥砂浆（水泥、砂和水）、混合砂浆（水泥、石灰膏、砂和水）、白灰砂浆（石灰膏、砂和水）、黏土砂浆（黏土、砂和水）、石灰黏土砂浆（石灰膏、黏土、砂和水）。砂浆的使用应根据结构的性质、部位以及使用环境等多种因素确定。水泥砂浆和混合砂浆可用于砌筑潮湿环境和强度要求较高的砌体；石灰砂浆仅可用于砌筑干燥环境中以及强度要求不高的砌体，不宜用于潮湿环境的砌体及基础；黏土砂浆和石灰黏土砂浆仅使用在低矮或不受力的砌体中。

砌筑砂浆的主要技术指标是其抗压强度，以砂浆的强度来划分其强度等级，常用的强度等级有：M2.5、M5、M7.5、M10 等，特殊需要时可用 M15、M20 砂浆。

水泥进场使用前，应分批对其强度、安定性进行复验。水泥出厂超过三个月（快硬硅酸盐水泥超过一个月）时，应复查试验，并按其结果使用。不同品种的水泥，不得混合使用。水泥砂浆的最少水泥用量不宜小于 $200kg/m^3$。

砂浆用砂不得含有有害杂物。砂的含泥量，对水泥砂浆和强度等级不小于 M5 的水泥混合砂浆，不应超过 5%；对强度等级小于 M5 的水泥混合砂浆，不应超过 10%。

块状生石灰熟化石灰膏，应用 6mm 筛网进行过滤，熟化时间不得少于 7d；不得采用脱水硬化的石灰膏。消石灰粉不得直接使用于砌筑砂浆中。

拌制砂浆用水，水质应符合《混凝土用水标准》JGJ63-2006。

凡在砂浆中掺有外加剂等，对外加剂应经检验和试配，符合要求后，方可使用。

（2）砌筑砂浆的技术要求

1）砌筑用砂浆的种类、强度等级应符合设计要求。

2）砂浆的保水性：保水性能较好的砂浆水分不易被砖吸走，且易使砌体灰缝饱满均匀、密实，并能提高水硬性砂浆的强度。为改善砂浆的保水性，可在砂浆中掺石灰膏、粉煤灰、磨细生石类粉等无机塑化剂或皂化松香（微沫剂）等有机塑化剂。

3）砂浆应有适宜的稠度：砌筑实心砖墙、柱时，宜为 7～10cm；砌筑空心砖墙、柱时，宜为 6～8cm；砌筑空斗墙、筒拱时，宜为 5～7cm。

4）砂浆的搅拌：砂浆一般用砂浆搅拌机拌和，要求拌和均匀，拌和时间一般为 2min。对掺入外加剂或有机塑化剂的砂浆拌和时间不得小于 3min。

5）砂浆的使用：砂浆应随拌随用。常温下，水泥砂浆和混合砂浆应分别在拌和后 3h 和 4h 内用完；气温高于 30℃时，应分别在拌后 2h 和 3h 内用完。砂浆经运输、存放后如有泌水现象，应在砌筑前再次拌和。不得使用过夜的砂浆。

6）砂浆的检验：砂浆应作强度检验。每一层楼或每 250m³ 砌体中各种强度等级的砂浆，每台搅拌机至少检查一次，每次至少留一组（6 块）试块，如砂浆强度等级或配合比变更，还应另作试块，用作抗压试验。

3.5.1.3 砌筑材料的运输

砌筑用材料均为散状材料，在施工中必须解决运输问题。另外，砌筑工程施工中各种预制构件、脚手架、脚手板等材料较多，解决运输问题是加快施工进度，降低工程成本的关键。

砌筑材料的运输包括：水平运输和垂直运输。水平运输一般采用手推车或机动翻斗车；垂直运输主要采用井架、龙门架和塔式起重机等；砂浆的运输还可以采用砂浆泵。

3.5.2 砌筑用脚手架

脚手架是建筑施工中不可缺少的空中作业工具，无论结构施工还是室外装修施工，以及设备安装都需要根据操作要求搭设脚手架。

3.5.2.1 砌筑用脚手架的作用、要求和类型

砌筑用脚手架是砌筑过程中为堆放材料和工人操作需要所搭设的架子。施工时，每砌完一可砌高度（不利用脚手架时能砌的高度，一般为 1.2 ~ 1.4m）后，就必须搭设相应高度的脚手架（称一步架），以便在脚手架上继续进行砌筑。

（1）脚手架的作用

1）使施工作业人员在不同部位进行操作；

2）能堆放及运输一定数量的建筑材料；

3）保证施工作业人员在高空操作时的安全。

（2）脚手架的基本要求

1）有适当的宽度（或面积）、步架高度、离墙距离，能满足工人操作、材料堆放和运输的要求；

2）有足够的强度、刚度和稳定性，保证施工期间在规定的天气条件和允许荷载作用下，脚手架不变形、不倾倒、不摇晃，确保施工安全；

3）脚手架的构造要简单，搭拆和搬运方便，能多次周转使用；

4）因地制宜，就地取材，尽量利用自备和可租赁的脚手架材料，节省脚手架费用。

脚于架的宽度一般为 1.5～2m，每步架高 1.2～1.4m。脚手架使用应符合规定；荷载不应超过 2.7kN/m²；应有可靠的安全防护措施。

（3）脚手架的类型

脚手架的分类方式较多，比较常用的有如下几种：

1）按脚手架的用途分：操作用脚手架，防护用脚手架，承重、支撑用脚手架。

2）按脚手架材料分：木脚手架，竹脚手架，金属（钢、铝）脚手架等。

3）按脚手架搭设位置分：外脚手架和里脚手架等。

4）按脚手架结构形式分：外脚手架的多立杆式、框式、悬吊式、挑梁式、升降式脚手架以及里脚手架的折叠式、支柱式、伞脚折叠式和组合式操作平台等不同的结构类型。

3.5.2.2　外脚手架

外脚手架是搭设在建筑物外部（沿周边）的一种脚手架，可用于外墙砌筑、装饰等施工作业。常用的有多立杆式脚手架、门式脚手架等。

（1）多立杆式脚手架

多立杆式脚手架按所用材料分为木、竹和钢管。目前，房屋结构施工中广泛采用的是工具式钢管脚手架，如图 3-56 所示。其主要构件有立杆、纵向水平杆（也称大横杆）、横向水平杆（也称小横杆）、剪刀撑、横向斜撑、抛撑、连墙件等。

1）脚手架基本配件

钢管脚手架的基本配件包括：钢管杆件、扣件、底座以及脚手板等。

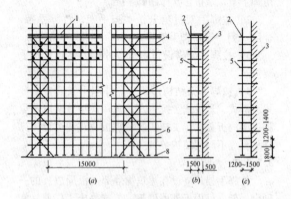

图 3-56　工具式钢管脚手架

（a）正立面图；（b）双排侧立面图；（c）单排侧立面图

1—脚手板；2—连墙杆；3—墙体；4—大横杆；

5—小横杆；6—立杆；7—剪刀撑；8—底座

　　钢管杆件是钢管脚手架的主要组成部分，用来制作立杆、大横杆、小横杆、剪刀撑和斜撑等。钢管采用外径 48mm、壁厚 3.5mm 的 Q235 焊接钢管，也可采用同规格的无缝钢管。为适应脚手架宽度要求，用于立杆、大横杆、剪刀撑和斜杆的钢管长度宜为 4.0～6.5m；用于小横杆的钢管长度应为 1.8

~2.2m。钢管内外必须进行防锈处理。

扣件用于钢管杆件之间的连接，其基本形式有三种，如图3-57所示。

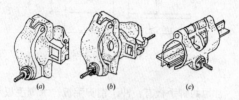

图3-57　扣件实物图
(a) 直角扣件；(b) 旋转扣件；(c) 对接扣件

直角扣件：用来连接两根垂直相交的杆件（如立杆与大横杆等）。

旋转扣件：用来连接两根成任意角度相交的杆件（如立杆与剪刀撑等）。

对接扣件：用于两根杆件的对接，如立杆、大横杆等的接长。

底座套在立杆的下端，用来传递立杆的荷载。底座用钢管和钢板焊接形成，如图3-58所示。

脚手板铺设在脚手架的施工作业面上，以便施工人员工作和临时堆放零星施工材料。

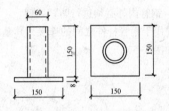

图 3-58 底座构造图

常用的脚手板有：冲压钢脚手板、木脚手板和竹脚手板等，施工时可根据各地区的资源就地取材选用。每块脚手板的宽度不小于200mm，厚度不小于50mm，重量不宜大于30kg。

2）钢管脚手架的搭设

脚手架搭设的顺序通常为：摆放纵向扫地杆→逐根树立杆（随即与纵向扫地杆扣紧）→安放横向扫地杆（与立杆或纵向扫地杆扣紧）→安装第一步大横杆和小横杆→安装第二步大横杆和小横杆→加设临时抛撑（上端与第二步大横杆扣紧，在设置两道连墙杆后可拆除）→安装第三、四步大横杆和小横杆；设置连墙杆→安装横向斜撑→接立杆→架设剪刀撑→铺脚手板→安装护身栏杆和挡脚板→挂安全网。

搭设脚手架时应注意以下几个事项：

①搭设高度：单排脚手架不大于25m；双排脚手架不大于50m。高层建筑需大于50m时应分段搭设。

②搭设前地基面填土要夯实处理，并设置底座和垫板。

③严禁 $\phi48$ 与 $\phi51$ 钢管和配件混合使用。

④立杆接长位置要错开，连接杆、剪力撑设置不能滞后两个步架。

⑤脚手板对接两端必须设置横杆。

3）脚手架的拆除

①拆架时应划出作业区域标志，并设置围栏，专人管理。

②拆除应逐层由上而下，后装先拆，先装后拆。

③拆下的杆配件不得抛扔，松开扣件的杆件应随即撤下，不得挂在架上。

（2）门式脚手架

门式脚手架是由门形或梯形的钢管框架作为基本构件，与连接杆、附件和各种多功能配件组合而成的脚手架，统称为框架式钢管脚手架。它结构合理，尺寸标准，安全可靠。可用来搭设各种用途的施工作业架子，如外脚手架、里脚手架、活动工作台、各种承重支撑、临时库房以及其他用途的作业架子。

门式钢管脚手架的搭设高度：当两层同时作业的施工总荷载不超过 $3kN/m^2$ 时，可以搭设60m 高；当总荷载为 $3\sim5kN/m^2$ 时，则限制在45m 以下。

门式钢管脚手架是由门式框架（门架）、交叉支撑（剪刀撑）、连接棒、挂扣式脚手板或 水平架（平行架、平架）、锁臂等组成基本结构。图3-59 为门式脚手架的主要部件，图3-60 为门式脚手架的基本单元。门架之间在垂直方向使用连接棒和锁臂接高，

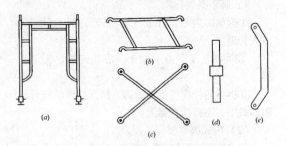

图3-59　门式脚手架的主要部件

(a) 门架；(b) 水平梁架；(c) 剪刀撑；

(d) 连接棒；(e) 锁臂

在脚手架纵向使用交叉支撑连接门架立杆，在架顶水平面使用水平架或挂扣式脚手板。这些基本单元相互连接，逐层叠高，左右伸展，再设置水平加固件、剪刀撑及连墙件等，便构成整体门式脚手架。

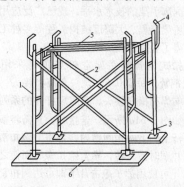

图 3-60　门式脚手架的基本单元
1—门架；2—剪刀撑；3—螺旋基脚；
4—锁臂；5—水平梁架；6—垫板

（3）碗扣式钢管脚手架

碗扣式脚手架是采用定型钢管杆件和碗扣式接头连接的一种承插式钢管脚手架。它不仅承载力大，加工容易，接头构造合理，杆件搬运方便，拼装简单省力，而且结构受力稳定可靠，避免了螺栓作业，不易丢失、损坏零散扣件，使用安全方便，适用性强。但也存在设置位置固定，难以适用复杂尺寸，杆件较重等缺点。碗扣式脚手架的应用，提高了我国脚手架的技术水平，现已广泛应用于房屋建筑、桥梁工程、大跨度结构工程等多种工程施工中，取得了显著的经济效益。

碗扣式钢管脚手架立杆和顶杆采用 $\phi48 \times 3.5mm$ 钢管，每隔 0.6m 设一套碗扣接头；定型横杆的两端焊有横杆接头，并实现杆件的系列化和标准化，如图 3-61a 所示。连接时，只需将横杆接头插入立杆上的下碗扣圆槽内，再将上碗扣沿限位销扣下，并顺时针旋转，靠上碗扣螺旋面使之与限位销顶紧（可使用锤子敲击几下即可达到扣紧要求），从而将横杆与立杆牢固地连在一起，形成框架结构，如图 3-61b 所示。

碗扣式钢管脚手架的搭设顺序通常为：安放立杆底座或立杆可调底座→树立杆、安放扫地杆→安装底层（第一步）横杆→安装斜杆→接头销紧→铺放脚手板→安装上层立杆→紧立杆连接销→安装横杆→设置连墙件→设置人行梯→设置剪刀撑→挂设安全网。

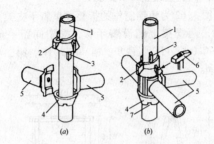

图 3-61　碗扣接头构造

（a）连接前；（b）连接后

1—立杆；2—上碗扣；3—限位销；4—下碗扣；

5—横杆；6—铁锤；7—流水槽

3.5.2.3　里脚手架

里脚手架是搭设于建筑物内部地面或楼面上的脚手架，用于内外墙的砌筑和室内装修施工。里脚手架的搭设高度小，用料少，但装拆频繁，故要求轻便灵活、结构简单、装拆方便。常用的结构形式有折叠式、支柱式、门式等多种形式，有时还可以用工具式钢管脚手架、碗扣式脚手架以及门形脚手架等支撑多种形式的里脚手架。

（1）折叠式里脚手支架

图3-62 为角钢制作的折叠式里脚手支架。使用时，两支架上铺设脚手板，支架间距一般为1.8~2.0m。可以设两步，第一步高1m，第二步高1.65m。

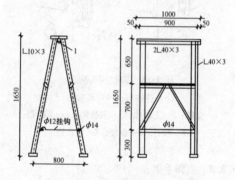

图3-62 角钢折叠式里脚手支架
1—铁铰链

（2）支柱式里脚手架

支柱式里脚手架的支撑采用钢制支柱，支柱上设置横杆和脚手板。支柱间距：砌墙时不超过2m，装饰时不超过2.5m。如图3-63所示为套管式支柱。套管插在立管中，用销孔调节高度。在套管顶端凹槽内搁置横杆，横杆上铺脚手板。其搭设高度一般为 1.57 ~ 2.17m。

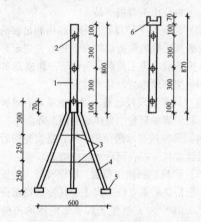

图 3-63　套管式支柱

1—ϕ50 × 3mm 立管；2—ϕ10 销孔；

3—ϕ12 拉杆；4—ϕ18 支脚；

5—垫板；6—槽口板

3.5.2.4　脚手架的安全使用要求

脚手架的施工大部分属于高空作业，所以确保脚手架使用安全是施工中的重要问题，现将有关脚手架总的安全要求简要归纳如下：

（1）脚手架所用材料和加工质量必须符合规定要求，不得使用不合格产品。

（2）确保脚手架具有稳定的结构和足够的承载力。普通脚手架的构造应符合前述有关规定。特殊工程、重荷载、施工荷载显著偏于一侧或高 30m 以上的脚手架必须进行设计和计算。

（3）认真处理好地基、确保地基具有足够的承载力，避免脚手架发生整体或局部沉降。

（4）严格按要求搭设脚手架，搭设完毕后应进行质量检查和验收合格后才能使用。

（5）严格控制使用荷载，确保有较大的安全储备。一般搭法的多立杆式脚手架其使用均布荷载不得超过 $2.7kN/m^2$；框组式脚手架使用均布荷载不得超过 $1.8kN/m^2$ 或作用于脚手板跨中集中荷载 $1.9kN/m^2$；悬挂式脚手架不超过设计值。

（6）要有可靠的安全防护措施。如：按规定设置挡板、围栅或安全网；必须有良好的防电、避雷装置以及接地设施；做好楼梯、斜道等防滑措施等。

（7）六级以上大风、大雪、大雨、大雾天气下应暂停在脚手架上作业。

（8）因故闲置一段时间或发生大风、大雨雪等灾害性天气后，重新使用脚手架时必须认真检查加固后才能使用。

3.5.3 砖砌体施工

在我国随着墙体改革的深入和发展，普通黏土砖构成的砌体结构已经基本杜绝。但由于砖砌体技术相对比较成熟，且造价较低，所以部分地区采用灰砂砖、粉煤灰砖或淤泥质砖等材料制成块材，沿用砖砌体施工技术。下面简要介绍其施工要点。

3.5.3.1 砖砌体砌筑的一般要求

砖砌体的质量主要由原材料质量和砌筑质量来决定的，在进行砌体施工时除应采用符合质量要求的原材料外，还必须有良好的砌筑质量，以使砌体有良好的整体性、稳定性和良好的受力性能。为此要求砖砌体灰缝横平竖直，砂浆饱满，厚薄均匀，砌块上下错缝，内外搭砌，接槎牢固，墙面垂直。

（1）砖砌体的灰缝

砖砌体灰缝对砌体承担压力、减少砌体的剪力和拉力起着重要的作用。为保证砌体灰缝横平竖直，砌筑时应将砌体基础找平，并按皮数杆拉通线，将每皮砖砌平。

为保证砖块之间的粘结，使块体和砂浆均匀受力，水平灰缝的厚度以 10mm 为宜，施工时通常控制在 8~12mm 范围内；水平灰缝的饱满度不低于 80%。

（2）砖砌体的组砌方式

砖砌体砌筑时应遵循"上下错缝，内外搭砌"的原则，以保证砌体的整体受力性能。为此在砌筑前应确定砌体的组砌方式。根据砌体厚度的不同常用的组砌方式，如图 3-64 所示。

（3）砖砌体的接槎

砖墙的转角处和交接处应同时砌筑，对不能同时砌筑又必须留槎的临时间断处，应砌成斜槎，斜槎长度不小于墙高的 2/3，如图 3-65a 所示。如临时间断处留斜槎确有困难时，除转角处，可留直槎，但必须砌成凸槎，并设拉结钢筋，如图 3-65b 所示。拉结钢筋的数量为每 1/2 砖不少于一根，钢筋直径不小于 4mm（工程中常用直径为 6mm 的钢筋）。间距沿墙高不大于 500mm，埋入长度从墙的留槎处起，每边均不小于 500mm，钢筋末端应做成 90° 弯钩。应注意抗震设防地区建筑物不得留直槎。

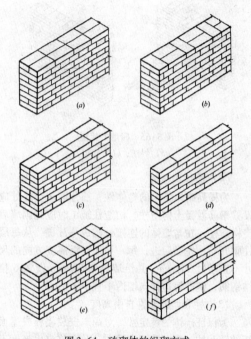

图 3-64　砖砌体的组砌方式

(a) 一顺一丁；(b) 梅花丁；(c) 三顺一丁；

(d) 全顺式；(e) 全丁式；(f) 两平一侧

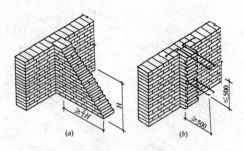

图 3-65　砖墙的接槎

（a）斜槎；（b）直槎

（4）墙体构造柱

为提高砌体结构的整体性，部分墙体交接处应设置钢筋混凝土构造柱，构造柱施工时应先砌墙后浇构造柱，在与墙体的连接处砌成马牙槎，从每层柱脚开始，先退后进，每一马牙槎沿高度方向的尺寸不宜超过 300mm，并沿墙高每 500mm 设 2φ6 拉结钢筋，钢筋每边伸入墙内不宜小于 1m。

（5）柱和墙的允许自由高度

为保证砌体的稳定性，对尚未安装楼板或屋面板的墙和柱，当可能遇大风时，其允许自由高度不得超过表 3-29 的规定。否则应采用临时支撑等加固措施。

柱和墙的允许自由高度（m）

表 3-29

墙（柱）厚（mm）	砌体密度 >1600（kg/m³）风载（kN/m²）			砌体密度 1300～1600（kg/m³）风载（kN/m²）		
	0.3（约7级风）	0.4（约8级风）	0.5（约9级风）	0.3（约7级风）	0.4（约8级风）	0.5（约9级风）
190	—	—	—	1.4	1.1	0.7
240	2.8	2.1	1.4	2.2	1.7	1.1
370	5.2	3.9	2.6	4.2	3.2	2.1
490	8.6	6.5	4.3	7.0	5.2	3.5
620	14.0	10.5	7.0	11.4	8.6	5.7

注：1. 本表适用于施工处相对标高（H）在10m 范围内的情况。如 10m＜H≤15m，15m＜H≤20m时，表中的允许自由高度应分别乘以 0.9、0.8 的系数；H＞20m 时，应通过抗倾覆验算确定其允许自由高度。

2. 当所砌筑的墙有横墙或其他结构与其连接，而且同距小于表列值的2倍时，砌筑高度可不受本表的限制。

427

3.5.3.2 砖砌体的砌筑工艺

砖砌体砌筑工艺一般包括：抄平、弹线、立皮数杆、摆砖、盘角、挂线、砌筑、勾缝以及楼层轴线和标高的引测等工序。

(1) 抄平、弹线

墙体砌筑前，应在基础防潮层或楼板的顶面用水准仪等进行抄平，然后用水泥砂浆或细石混凝土找平。为保证墙体位置准确，应根据龙门板上标志的轴线，弹出墙身轴线、边线及门窗洞口位置线。

(2) 立皮数杆

皮数杆是一层楼墙体高度方向的标志杆，如图3-66 所示。皮数杆上划有每皮砖和灰缝的厚度，门窗洞口、过梁、楼板、梁底的标高位置，用以控制砌体的竖向尺寸。皮数杆一般立在墙体的转角处，若墙体长度较大，每隔 10～15m 应立一根。立皮数杆时，应使皮数杆上的 ±0.00 与房屋的 ±0.00（或楼面）相吻合。

(3) 摆砖

在放好线的基面上按确定的组砌方式用干砖试摆，也称摆砖摆底。通过试摆砖核对所弹出的墨线在门洞、窗口、墙垛等处是否符合砖的模数，以便借助灰缝进行调整，尽可能减少砍砖，并使砖墙灰缝均匀，组砌得当。

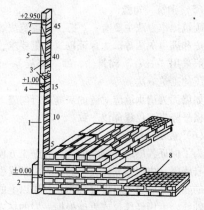

图 3-66　皮数杆设置

1—皮数杆；2—木桩；3—窗口；
4—窗台砖；5—窗顶过梁；6—圈梁；
7—楼板；8—防潮层

（4）盘角、挂线

墙角是确定墙面的主要依据，砌筑时应根据皮数杆在墙角处先砌 3～5 皮砖，称盘角（也称把大角），如图 3-66 所示。然后拉准线砌中间墙身。挂线规定为：24cm 及 24cm 以下的墙厚挂单线，24cm

以上的墙厚挂双线。

（5）砌筑、勾缝

砌筑操作方法主要有："三一"砌筑法、铺灰挤砖法和满口灰法等。为保证砌筑质量要求，施工中一般采用"三一"砌筑法，即一铲灰、一块砖、一揉压的砌筑方法。

如墙面为清水墙应对砖的灰缝进行勾缝。勾缝要求横平竖直，色泽深浅一致。

（6）楼层轴线引测

为了保证各层墙身轴线的重合和施工方便，在弹墙身线时，应根据龙门板上的标志将轴线引测到房屋的底层外墙面上，做好标志。二层以上的各层墙的轴线，可用经纬仪或垂球根据一层的标志引测到楼面上，并应根据施工图的尺寸用钢尺进行校核。

（7）楼层标高引测

各层标高一般用皮数杆控制向上引测。当精度要求较高时，应在底层砌到一定高度后，用水准仪根据龙门板上的 ±0.000 标高，在室内墙角引测出标高控制点（一般比室内地坪高 200～500mm 左右），然后根据该控制点弹出水平线，用以控制底层过梁、圈梁及楼板的标高。第二层墙体砌到一定高度后，先从底层水平线用钢尺往上量出第二层水平线的第一个标志，然后以此标志为准，定出各墙面的水平线，以控制第二层的标高。

3.5.4　中小型砌块砌体施工

用砌块代替黏土砖作为墙体材料，是我国墙体改革的一个重要途径。近几年来各地因地制宜，充分利用地方材料和工业废料为原材料，制作了多种形式和规格的建筑砌块，其中中小型砌块组砌灵活、施工简便，被广泛地应用于建筑物墙体结构，既可以用于承重墙，也可以用于填充墙。

3.5.4.1　砌块排列图

由于砌块的规格较多，为调节砌块墙的灰缝和进行材料的准备，在砌块吊装前应先根据施工的部位绘制砌块排列图，以指导吊装施工。

砌块排列图按每片墙体分别绘制，通常以墙体的立面图表示，若立面图表达不够完整，可配以墙体平面图表示。砌块排列图如图 3-67 所示。其绘制方法是：

（1）用 1:50 或 1:30 的比例绘制出纵横墙的立面图；

（2）将过梁、楼板、圈梁、门窗洞口等墙体上的结构和构造标示在图上；

（3）按主规格砌块划分墙体的皮数（即标示水平灰缝线）；

（4）按砌块错缝搭接等构造要求设置副规格砌块（即标示竖向灰缝线）；

（5）局部嵌砖。

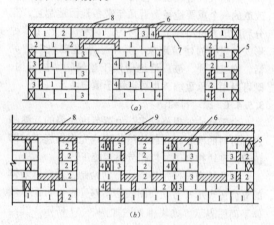

图 3-67　砌块排列图

（a）内隔墙；（b）纵墙

1—主规格砌块；2、3、4—副规格砌块；5—顶砌砌块；

6—顺砌砌块；7—过梁；8—嵌砖；9—圈梁

3.5.4.2　砌块排列的技术要求

（1）按设计要求从墙体的垫层上开始排列；排列时，尽可能采用主规格，以减少砌块种类，并应注明砌块编号以及嵌砖和过梁等部位。

（2）空心砌块的排列应使上、下皮砌块孔洞的壁、肋垂直对齐以提高砌块墙的强度。凡遇到两墙垂直交接、墙上有预留孔洞以及建筑物的墙脚处等，应按模数处理。

（3）尽量考虑不嵌砖或少嵌砖，必须嵌砖时，应尽量分散、均匀布置，且砖的强度等级不低于砌块的强度等级。

（4）砌体水平灰缝的厚度，当配有钢筋时，一般为 20~25mm；垂直灰缝宽为 20mm，当垂直灰缝宽大于 30mm，应用 C20 以上强度等级的细石混凝土灌实，当垂直灰缝宽度大于或等于 150mm 时，应用整砖嵌入。

（5）当构件布置位置与砌块位置发生矛盾时，应先满足构件布置。

（6）砌块排列时，上、下皮应错缝搭接，搭接长度一般为砌块长度的 1/2，不得小于砌块高度的 1/3，且不应小于 150mm。如不满足搭接要求，应在水平灰缝内设 $3\phi4$ 的钢筋网片，网片长度不小于

600mm，予以补强。

（7）外墙转角及纵横墙交接处，应交错搭接，如图3-68所示；否则，应在交接处水平灰缝中设置 $2\phi6$ 或 $3\phi4$ 柔性钢筋拉结网片，如图3-69所示。

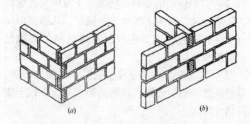

图 3-68　砌块墙的搭接

（a）外墙转角；（b）纵横墙交接

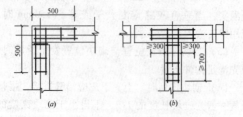

图 3-69　砌块墙的钢筋网柔性拉结

（a）外墙转角；（b）纵横墙交接

（8）对于混凝土空心砌块，在墙体转角和纵横墙交接处应使砌块孔洞，上下对准贯通，插入2φ12钢筋，并浇筑混凝土形成构造小柱，如图3-70所示。

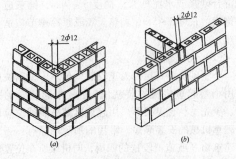

图3-70 空心砌块的构造小柱

（a）外墙转角；（b）纵横墙交接

3.5.4.3 砌块砌筑施工工艺。

砌块施工前应编制施工方案，以确定施工机具设备、施工方法、施工顺序以及相关的技术措施。砌块砌筑的主要工序为：弹线找平、铺灰、砌块就位、校正、灌缝、嵌砖等。

（1）铺灰

砌块安装前，与砖墙施工相同，应弹出墙体中心线、安装边线以及门窗洞口等标志线，以控制墙体施工位置。

水平缝应控制在 8～12mm，采用稠度良好的水泥混合砂浆或水泥砂浆，稠度 5～7cm，铺灰应平整饱满，长度 3～5m，炎热天气或寒冷季节应适当缩短。

（2）砌块就位

小型砌块可直接由人工安装就位。中型砌块应采用小型起重机械吊装就位，如：带起重臂的井架、少先吊、台灵架等。用起重机械吊装就位应确定起重机械的安装顺序，常用的吊装顺序有：一是由建筑物（或施工段）的四周，向机械所在位置逐渐合拢的合拢法；二是由建筑物（或施工段）的一端，向另一端逐渐推进的连续吊装法；三是由机械所在位置为安装起点，整个建筑物（或施工段）循环安装，最后到机械所在位置结束的循环作业法。

（3）校正

用托线板和线坠在门窗或转角处挂线吊直，检查砌块垂直度；拉准线检查砌块水平度；每层砌块均应用2m托线板靠正、吊直；并随时检查竖向灰缝，防止游丁走缝现象。

（4）灌缝

竖向灰缝应随砌随灌。灰缝厚度宜控制在 8 ~ 12mm。中型砌块，当竖缝宽超过 30mm 时，应采用强度等级不低于 C20 的细石混凝土灌实。灌缝时用灌缝夹板夹牢，用瓦刀和竹片将砂浆或细石混凝土灌入，并捣实。

（5）嵌砖

出现较大的竖缝（大于 145mm）或过梁、圈梁找平时，可用镶砖。嵌砖用红砖的强度等级一般不低于 MU10，镶嵌前砖应浇水湿润。砖应平砌，任何情况下不得竖砌或斜砌。砖与砌块间的灰缝应控制在 15 ~ 35mm 内。

嵌砖的上皮砖口与砌块必须找齐，不得高于或低于砌块口，避免上皮砌块断裂损坏。嵌砖的最后一皮和安放有檩条、梁、楼板等构件下的砖层，均需用顶砖镶砌。两砌块间凡不足 145mm 的竖缝，不得嵌砖，应用与砌块强度相同的细石混凝土灌筑。

（6）质量检验

砌块砌筑过程中，应对砂浆和细石混凝土随时进行检验。在每一楼层 250m³ 砌体中，每种强度等级的砂浆或细石混凝土应至少制作一组试块。任意一组试块的强度最低值，对砂浆和细石混凝土分别不得低于设计强度等级的 75% 和 85%；同一强度等级的砂浆和细石混凝土的平均强度不得低于设计强度值。另外，应对砌体的轴线、标高、垂直度以及水平灰缝的平直度等方面进行检验。

3.6 建筑防水工程

建筑防水工程的施工，是建筑施工技术的重要组成部分，也是保证建筑物和构筑物不受侵蚀，内部空间不受危害的分项工程施工。

3.6.1 概述

3.6.1.1 建筑防水的分类、基本要求

（1）建筑防水工程的分类

1）按建（构）筑物结构做法不同主要有：结构自防水和防水层防水。

结构自防水是依靠建（构）筑物结构（如底板、墙体、楼顶板等）材料自身的密实性以及采取坡度、伸缩缝等构造措施和辅以嵌缝油膏、埋设止水带或止水环等，起到结构构件自身防水的作用。

防水层防水是在建（构）筑物结构的迎水面以

及接缝处，使用不同防水材料做成防水层，以达到防水的目的。其中按所用的不同防水材料又可分为刚性防水材料（如涂抹防水砂浆、浇筑掺有外加剂的细石混凝土或预应力混凝土等）和柔性防水材料（如铺设不同档次的防水卷材，涂刷各种防水涂料等）。

2）按建（构）筑物防水部位不同可划分为：地下防水、屋面防水、室内厕浴间防水、外墙板缝防水以及特殊建（构）筑物和部位（如水池、水塔、室内游泳池、喷水池、四季厅、室内花园等）防水。

（2）建筑防水工程的质量要求

建筑防水工程整体质量的要求是：不渗不漏，保证排水畅通，使建筑物具有良好的防水和使用功能。为此，防水工程应以设计为前提、防水材料为基础、提高管理意识、抓好防水施工这一关键环节，确保防水工程质量。

3.6.1.2　建筑防水材料

常用建筑防水材料主要包括：防水卷材、防水涂料、防水砂浆和防水混凝土等。

（1）防水卷材

常用防水卷材参见表3-30。

防水卷材分类表　　　　表 3-30

类　别		防水卷材名称
沥青基防水卷材		纸胎、玻璃胎、玻璃布、黄麻、铝箔沥青卷材等
高聚物改性沥青防水卷材		SBS, APP, SBS-APP, 丁苯橡胶改性沥青卷材；胶粉改性沥青卷材、再生胶卷材、PVC改性煤焦油沥青卷材等
合成高分子防水卷材	硫化型橡胶或橡胶共混卷材	三元乙丙卷材、氯磺化聚乙烯卷材、丁基橡胶卷材、氯丁橡胶卷材、氯化聚乙烯-橡胶共混卷材等
	非硫化型橡胶或橡塑共混卷材	丁基橡胶卷材、氯丁橡胶卷材、氯化聚乙烯-橡胶共混卷材等
	合成树脂系防水卷材	氯化聚乙烯卷材、PVC卷材等
特种卷材		热熔卷材、冷自粘卷材、带孔卷材、热反射卷材、沥青瓦等

（2）防水涂料

防水涂料按其组成材料可分为沥青基防水涂料、高聚物改性沥青防水涂料和合成高分子防水涂料三类。按涂料形成液态的方式不同分为溶剂型、反应型和水乳型三类。主要防水涂料的分类见表3-31。

主要防水涂料的分类　　　表3-31

类　　别	材料名称	
高聚物改性沥青防水涂料	溶剂型	再生橡胶沥青涂料、氯丁橡胶沥青涂料等
	乳液型	再生橡胶沥青涂料、丁苯胶乳沥青涂料、氯丁胶乳沥青涂料、PVC煤焦油涂料等
合成高分子防水涂料	乳液型	硅橡胶涂料、丙烯酸酯涂料、AAS隔热涂料等
	反应型	聚氨酯防水涂料、环氧树脂防水涂料等

（3）水泥砂浆防水

水泥砂浆防水层是一种刚性防水层．它是用普通水泥砂浆或在砂浆中掺入一定量防水剂，进行分层涂抹而达到防水抗渗的目的。水泥砂浆防水层可分为刚性多层抹面水泥砂浆防水层和掺外加剂的水泥砂浆防水层两种。掺外加剂的水泥砂浆防水层又可分为掺无机盐防水剂的水泥砂浆防水层和聚合物水泥砂浆防水层。水泥砂浆防水层适用于埋置深度不大，使用时不会因结构沉降、温度与湿度变化以及受振动等而产生有害裂缝的地下防水工程。除聚合物水泥砂浆防水层外，其他防水层均不宜用于长期受冲击荷载和较大振动作用的防水工程，也不适用于受腐蚀、高温（100℃以上）以及遭受反复冻融作用的砌体工程。

（4）防水混凝土

防水混凝土是以自身壁厚及其憎水性和密实性来达到防水目的。防水混凝土可分为普通防水混凝土、外加剂防水混凝土和膨胀水泥防水混凝土三种，防水混凝土的适用范围参见表 3-32。

3.6.2 地下建筑防水工程

地下防水工程是防止地下水对地下构筑物或建筑物基础的长期浸透，保证地下构筑物或地下室使用功能正常发挥的一项重要工程。由于地下工程常年受到地表水、潜水、上层滞水、毛细管水等的作

表 3-32

防水混凝土的适用范围

种　类	最高抗渗压力（MPa）	特　点	适用范围
普通防水混凝土	>3.0	施工简单，材料来源广泛	适用于一般工业、民用建筑及公共建筑的地下防水工程
外加剂防水混凝土　引气剂防水混凝土	>2.2	抗冻性好	适用于北方高寒地区、抗冻性要求较高的防水工程及一般防水工程，不适用于抗压强度 >20MPa 或耐磨性要求较高的防水工程
减水剂防水混凝土	>2.2	拌合物流动性好	适用于钢筋密集或振捣困难的薄壁型防水构筑物，也适用于对混凝土凝结时间（促凝或缓凝）和流动性有特殊要求的防水工程（如泵送混凝土工程）

种　类		最高抗渗压力（MPa）	特　点	适用范围
	三乙醇胺防水混凝土	>3.8	早期强度高，抗渗等级高	适用于工期紧迫，要求早强及抗渗性较高的防水工程及一般防水工程
外加剂防水混凝土	氯化铁防水混凝土	>3.8		适用于水中结构的无筋少筋，厚大防水混凝土工程及一般地下防水工程。砂浆修补基面工程在接触直流电源或预应力混凝土及重要结构的薄壁结构上不宜使用
	膨胀剂防水混凝土	>3.8	密实性好、抗裂性好	适用于地下工程和地上防水构筑物

用，所以，正确选择合理有效的防水方案是地下防水工程中的首要问题。目前，在地下防水工程中较常采用的防水方案有：防水混凝土防水、水泥砂浆防水层防水和卷材防水层防水。

3.6.2.1 防水混凝土

防水混凝土结构是指以本身的密实性而具有一定防水能力的整体式混凝土或钢筋混凝土结构进行防水，也称为构件自防水。它兼有承重、围护和抗渗的功能，还可满足一定的耐冻融及耐侵蚀要求。

（1）防水混凝土施工

防水混凝土结构工程质量的优劣，除取决于合理的设计、材料的性质及配合比成分以外，还取决于施工质量的好坏。因此，对施工中的各主要环节，如混凝土搅拌、运输、浇筑、振捣、养护等，均应严格遵循施工及验收规范和操作规程的各项规定进行施工。

防水混凝土所用模板，除满足一般要求外，应特别注意模板拼缝严密，支撑牢固。在浇筑防水混凝土前，应将模板内部清理干净。如若两侧模板需用对拉螺栓固定时，应在螺栓或套管中间加焊止水环，螺栓加堵头。

钢筋不得用钢丝或铁钉固定在模板上，必须采用相同配合比的细石混凝土或砂浆块作垫块，并确保钢筋保护层厚度符合规定，不得有负误差。如结构内设置的钢筋确需用钢丝绑扎时，均不得接触模板。

防水混凝土的配合比应通过试验选定。选定配合比时，应按设计要求的抗渗等级提高 0.2MPa。防水混凝土的抗渗等级不得小于 P6，所用水泥的强度等级不低于 32.5 级，石子的粒径宜为 5～40mm，宜采用中砂，防水混凝土可根据抗裂要求掺入钢纤维或合成纤维。其掺合料、外加剂的掺量应经试验确定，其水灰比不大于 0.55。地下防水工程所使用的防水材料应有产品合格证书和性能检测报告，材料的品种、规格、性能等应符合现行国家产品标准和设计要求，不合格的材料不得在工程中使用。

防水混凝土要用机械搅拌，先将砂、石、水泥一次倒入搅拌筒内搅拌 0.5～1.0min，再加水搅拌1.5～2.5min。如掺外加剂应最后加入。外加剂必须先用水稀释均匀，掺外加剂防水混凝土的搅拌时间应根据外加剂的技术要求确定。对厚度≥250mm的结构，混凝土坍落度宜为 10～30mm。厚度 <250mm 或钢筋稠密的结构，混凝土坍落度宜为30～50mm。拌好的混凝土应在半小时内运至现场，于初凝前浇筑完毕，如运距较远或气温较高时，宜掺

缓凝减水剂。防水混凝土拌合物在运输后，如出现离析，必须进行二次搅拌，当坍落度损失后，不能满足施工要求时，应加入原水灰比的水泥浆或二次掺减水剂进行搅拌，严禁直接加水。混凝土浇筑时应分层连续浇筑，其自由倾落高度不得大于 1.5m。混凝土应用机械振捣密实，振捣时间为 10～30s，以混凝土开始泛浆和不冒气泡为止，并避免漏振、欠振和超振。混凝土振捣后，须用铁锹拍实，等混凝土初凝后用铁抹子压光，以增加表面致密性。

防水混凝土应连续浇筑，尽量不留或少留施工缝。必须留设施工缝时，宜留在下列部位：墙体水平施工缝不应留在剪力与弯矩最大处或底板与侧墙的交接处，应留在高出底板表面不小于 300mm 的墙体上；拱（板）墙结合的水平施工缝，宜留在拱（板）墙接缝线以下 150～300mm 处，水平施工缝的形式有凹缝、凸缝、阶梯形缝和平缝；墙体有预留孔洞时，施工缝距孔洞边缘不应小于 300mm；垂直施工缝应避开地下水和裂隙水较多的地段，并宜与变形缝相结合。

施工缝浇筑混凝土前，应将其表面浮浆和杂物清除干净，先铺净浆，再铺 30～50mm 厚的 1:1 水泥砂或涂刷混凝土界面处理剂，并及时浇筑混凝土；垂直施工缝可不铺水泥砂浆，选用的遇水膨胀止水条，应牢固地安装在缝表面或预留槽内，且该止水条应具有缓胀性能，其 7d 的膨胀率不应大于最终膨胀率的 60%，如采用中埋式止水带时，应位置准确，固定牢靠。

防水混凝土终凝后（一般浇后 4~6h）即应开始覆盖浇水养护，养护时间应在 14d 以上，冬期施工混凝土入模温度不应低于 5℃，宜采用综合蓄热法、蓄热法、暖棚法等养护方法，并应保持混凝土表面湿润，防止混凝土早期脱水。如采用掺化学外加剂方法施工时，能降低水溶液的冰点，使混凝土在低温下硬化，但要适当延长混凝土搅拌时间，振捣要密实，还要采取保温保湿措施，不宜采用蒸汽养护和电热养护。地下构筑物应及时回填分层夯实，以避免由于干缩和温差产生裂缝。防水混凝土结构须在混凝土强度达到设计强度等级 40% 以上时方可在其上面继续施工，达到设计强度等级 70% 以上时方可拆模。拆模时，混凝土表面温度与环境温度之差，不得超过 15℃，以防混凝土表面出现裂缝。

防水混凝土浇筑后严禁打洞，因此，所有的预留孔和预埋件在混凝土浇筑前必须埋设准确。对防水混凝土结构内的预埋铁件、穿墙管道等防水薄弱之处，应采取措施，仔细施工。

（2）防水混凝土施工质量检验

拌制防水混凝土所用材料的品种、规格和用量，每工作班检查不应少于两次；混凝土在浇筑地点的坍落度，每工作班至少检查两次；防水混凝土抗渗性能，应采用标准条件下养护混凝土抗渗试件的试验结果评定，试件应在浇筑地点制作。连续浇筑混凝土每 500m³ 应留置一组抗渗试件，一组为 6 个试件，每项工程不得少于两组。

防水混凝土的施工质量检验，应按混凝土外露面积每 100m² 抽查 1 处，每处 10m²，且不得少于 3 处，细部构造应全数检查。

防水混凝土的抗压强度和抗渗压力必须符合设计要求，其变形缝、施工缝、后浇带、穿墙管道、埋设件等的设置和构造均要符合设计要求，严禁有渗漏。防水混凝土结构表面的裂缝宽度不应大于 0.2mm，并不得贯通，其结构厚度不应小于 250mm，迎水面钢筋保护层厚度不应小于 50mm。

3.6.2.2 水泥砂浆防水层

刚性抹面防水根据防水砂浆材料组成及防水层构造不同可分为两种：掺外加剂的水泥砂浆防水层与刚性多层抹面防水层。掺外加剂的水泥砂浆防水层，近年来已从掺用一般无机盐类防水剂发展至用聚合物外加剂改性水泥砂浆，从而了提高水泥砂浆防水层的抗拉强度及韧性，有效地增强了防水层的抗渗性，可单独用于防水工程，获得较好的防水效果。刚性多层抹面防水层主要是依靠特定的施工工艺要求来提高水泥砂浆的密实性，从而达到防水抗渗的目的，适用于埋深不大，不会因结构沉降、温度和湿度变化及受振动等产生有害裂缝的地下防水工程，可用于结构主体的迎水面或背水面，在混凝土或砌体结构的基层上采用多层抹压施工，但不适用于环境有侵蚀性、持续振动或温度高于80℃的地下工程。

水泥砂浆防水层所采用的水泥强度等级不应低于32.5级，宜采用中砂，其粒径在3mm以下，外加剂的技术性能应符合国家或行业标准一等品及以上的质量要求。

刚性多层抹面防水层通常采用四层或五层抹面做法。一般在防水工程的迎水面采用五层抹面做法，如图3-71所示，在背水面采用四层抹面做法（少一道水泥浆）。

施工前要注意对基层的处理，使基层表面保持湿润、清洁、平整、坚实、粗糙，以保证防水层与基层表面结合牢固，不空鼓且密实不透水。施工时

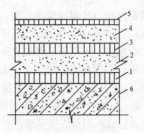

图 3-71 防水砂浆五层做法构造

1、3—素灰层 2mm；2、4—砂浆层 4~5mm；

5—水泥浆 1mm；6—结构层

应注意素灰层与砂浆层应在同一天完成。施工应连续进行，尽可能不留施工缝，一般顺序为先平面后立面。分层做法如下：第一层，在浇水湿润的基层上先抹 1mm 厚素灰（用铁板用力刮抹 5~6 遍），再抹 1mm 找平。第二层，在素灰层初凝后终凝前进行，使砂浆压入素灰层 0.5mm 并扫出横纹。第三层，在第二层凝固后进行，做法同第一层。第四层，同第二层做法，抹后在表面用铁板抹压 5~6 遍，最后压光。第五层，在第四层抹压二遍后刷水泥浆一遍，随第四层压光。水泥砂浆铺抹时，采用砂浆收水后二次抹光，使表面坚固密实。防水层的厚度应满足设计要求，一般为 18~20mm 厚，聚合物水泥砂浆防水层厚度要视施工层数而定。施工时应注意素灰层与砂浆层应在同一天完成，防水层各层之间应结合牢固，不空鼓。每层宜连续施工尽可能不留施工缝，必须留施工缝时，应采用阶梯坡形接槎，如图 3-72 所示。接槎处应先抹一层水泥浆后再继续施工，接槎处离开阴阳角处不小于200mm，防水层的阴阳角应做成圆弧形。

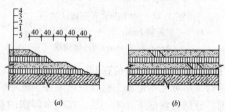

图 3-72　防水层留槎与接槎方法
(a) 留槎方法 (b) 接槎方法
1，3—素灰层；2，4—砂浆层；5 结构基层

水泥砂浆防水层不宜在雨天及 5 级以上大风中施工。冬期施工不应低于 5℃，夏期施工不应在35℃以上或烈日照射下施工。

如采用普通水泥砂浆做防水层，铺抹的面层终凝后应及时进行养护，且养护时间不得少于 14d。

对聚合物水泥砂浆防水层未达硬化状态时，不得浇水养护或受雨水冲刷，硬化后应采用干湿交替的养护方法。

3.6.2.3 卷材防水层的防水

卷材防水层是用沥青胶结材料粘贴卷材而成的一种防水层，属于柔性防水层。其特点是具有良好的韧性和延伸性，能适应一定的结构振动和微小变形，对酸、碱、盐溶液具有良好的耐腐蚀性，是地下防水工程常用的施工方法，采用改性沥青防水卷材和高分子防水卷材，抗拉强度高，延伸率大，耐久性好，施工方便。但由于沥青卷材吸水率大，耐久性差，机械强度低，直接影响防水层质量，而且材料成本高，施工工序多，操作条件差，工期较长，发生渗漏后修补困难。

（1）铺贴方案

地下防水工程一般是把卷材防水层设置在建筑结构的外侧迎水面上称为外防水，这种防水层的铺贴法可以借助土压力压紧，并与结构一起抵抗有压地下水的渗透和侵蚀作用，防水效果良好，采用比较广泛。卷材防水层用于建筑物地下室，应铺设在结构主体底板垫层至墙体顶端的基面上，在外围形成封闭的防水层，其厚度应满足表3-33的规定。

防水卷材厚度

表 3-33

防水等级	设防道数	合成高分子卷材	高聚物改性沥青防水卷材
一级	三道或三道以上设防	单层: 不应小于 1.5mm 双层: 每层不应小于 1.2mm	单层: 不应小于 4mm 双层: 每层不应小于 3mm
二级	二道设防		
三级	一道设防	不应小于 1.5mm	不应小于 4mm
	复合设防	不应小于 1.2mm	不应小于 3mm

阴阳角处应做成圆弧或135°折角，其尺寸视卷材品质而定，在转角处、阴阳角等特殊部位，应增贴1~2层相同的卷材，宽度不宜小于500mm。

　　外防水的卷材防水层铺贴方法，按其与地下防水结构施工的先后顺序分为外贴法和内贴法两种。

　　1）外贴法

　　在地下建筑墙体做好后，直接将卷材防水层铺贴在墙上，然后砌筑保护墙，如图3-73所示。

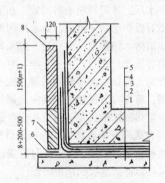

图3-73　外贴法

1—垫层；2—找平层；3—卷材防水层；

4—保护层；5—构筑物；6—油毡；

7—永久保护墙；8—临时性保护墙

外贴法的施工程序是：首先浇筑防水结构的底板混凝土垫层；并在垫层上砌筑永久性保护墙，墙下干铺卷材一层，墙高不小于结构底板厚度，另加 200～500mm；在永久性保护墙上用石灰砂浆砌临时保护墙，墙高为 150mm×（卷材层数 +1）；在永久性保护墙上和垫层上抹 1:3 水泥砂浆找平层，临时保护墙上用石灰砂浆找平；待找平层基本干燥后，即在其上满涂冷底子油，然后分层铺贴立面和平面卷材防水层，并将顶端临时固定。在铺贴好的卷材表面做好保护层后，再进行防水结构的底板和墙体施工。需防水结构施工完成后，将临时固定的接槎部位的各层卷材揭开并清理干净，再在此区段的外墙外表面上补抹水泥砂浆找平层，找平层上满涂冷底子油，将卷材分层错槎搭接向上铺贴在结构墙上。卷材接槎的搭接长度，高聚物改性沥青卷材为 150mm，合成高分子卷材为 100mm，当使用两层卷材时，卷材应错槎接缝，上层卷材应盖过下层卷材，并应及时做好防水层的保护结构。

2）内贴法

在地下建筑墙体施工前先砌筑保护墙，然后将卷材防水层铺贴在保护墙上，最后施工并浇筑地下建筑墙体，如图 3-74 所示。

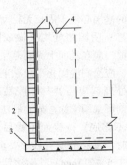

图 3-74　内贴法
1—卷材防水层；2—永久保护墙；3—垫层；
4—尚未施工的构筑物

内贴法的施工程序是：先在垫层上砌筑永久保护墙，然后在垫层及保护墙上抹 1:3 水泥砂浆找平层，待其基本干燥后满涂冷底子油，沿保护墙与垫层铺贴防水层。卷材防水层铺贴完成后，在立面防水层上涂刷最后一层沥青胶时，趁热粘上干净的热砂或散麻丝，待冷却后，随即抹一层 10～20mm 厚 1:3 水泥砂浆保护层。在平面上可铺设一层 30～50mm 厚 1:3 水泥砂浆或细石混凝土保护层。最后进行需防水结构的施工。

（2）施工要点

铺贴卷材的基层必须牢固、无松动现象；基层表面应平整干净；阴阳角处均应做成圆弧形或钝角。铺贴卷材前，应在基面上涂刷基层处理剂，当基面较潮湿时，应涂刷湿固化型胶粘剂或潮湿界面隔离剂。基层处理剂应与卷材和胶粘剂的材性相容，基层处理剂可采用喷涂法或涂刷法施工，喷涂应均匀一致，不露底，待表面干燥后，再铺贴卷材。铺贴卷材时，每层的沥青胶，要求涂布均匀，其厚度一般为 1.5～2.5mm。外贴法铺贴卷材应先铺平面，后铺立面，平、立面交接处应交叉搭接；内贴法宜先铺垂直面，后铺水平面。铺贴垂直面时应先铺转角，后铺大面。墙面铺贴时应待冷底子油干燥后自下而上进行。卷材接槎的搭接长度，高聚物改性沥青卷材为 150mm，合成高分子卷材为 100mm，当使用两层卷材时，上下两层和相邻两幅卷材的接缝应错开 1/3～1/2 幅宽，并不得互相垂直铺贴。在立面与平面的转角处，卷材的接缝应留在平面距立面不小于 600mm 处。在所有转角处均应铺贴附加层并仔细粘贴紧密。粘贴卷材时应展平压实。卷材与基层和各层卷材间必须粘贴紧密，搭接缝必须用沥青胶仔细封严。最后一层卷材贴好后，应在其表面均匀涂刷一层 1～1.5mm 的热沥青胶，以保护防水层。铺贴高聚物改性沥青卷材应采用热熔法施工,在幅宽内卷材底表面均匀加热,不可过分加热或烧穿卷材,只使卷材的粘贴面材料加热呈熔融状态后,立即与基层或已粘贴好的卷材粘贴牢固,但对厚度小于3mm的高聚物改青沥青防水卷材不能采用热熔法施工。铺贴合成高分子卷材要采用冷粘法施工,所使用的胶粘剂必须与卷材材性相容。

如用模板代替临时性保护墙时,应在其上涂刷隔离剂。从底面折向立面的卷材与永久性保护墙的接触部位,应采用空铺法施工,与临时性保护墙或围护结构模板接触的部位,应临时贴附在该墙上或模板上,卷材铺好后,其顶端应临时固定。当不设保护墙时,从底面折向立面的卷材的接槎部位应采取可靠的保护措施。

3.6.3 屋面防水工程

屋面防水工程是房屋建筑的一项重要工程。根据建筑物的性质、重要程度、使用功能要求及防水层耐用年限等,将屋面防水分为四个等级,并按不同等级进行设防,见表3-34。防水屋面的常用种类有卷材防水屋面、涂膜防水屋面和刚性防水屋面等。

屋面防水等级和设防要求　　　　表3-34

项目	屋面防水等级			
	I	II	III	IV
建筑物类别	特别重要或对防水有特殊要求的建筑	重要的建筑和高层建筑	一般的建筑	非永久性的建筑
防水层合理使用年限	25年	15年	10年	5年
防水层选用材料	宜选用合成高分子防水卷材、高聚物改性沥青防水卷材、金属板材、合成高分子防水卷材	宜选用高聚物改性沥青防水卷材、合成高分子防水卷材、金属板材、合成高分子防水卷材	宜选用三毡四油沥青防水卷材、高聚物改性沥青防水卷材、合成高分子防水卷材	可选用二毡三油沥青防水卷材、高聚物改性沥青防水涂料等防水涂料材料

项 目	屋面防水等级			
	I	II	III	IV
防水层选用材料	干防水涂料、细石混凝土等材料	干防水涂料、高聚物改性沥青防水涂料、细石混凝土、平瓦、油毡瓦等材料	金属板材、高聚物改性沥青防水涂料、合成高分子防水涂料、细石混凝土、平瓦、油毡瓦等材料	可选用二毡三油沥青防水卷材、高聚物改性沥青防水涂料等材料
设防要求	三道或三道以上防水设防	二道防水设防	一道防水设防	一道防水设防

屋面工程所采用的防水、保温隔热材料应有产品合格证书和性能检测报告，材料的品种、规格、性能等应符合现行国家产品标准和设计要求。屋面工程施工前，要编制施工方案，应建立"三检"制度，并有完整的检查记录。伸出屋面的管道、设备或预埋件应在防水层施工前安设好。施工时每道工序完成后，要经监理单位检查验收，才可进行下道工序的施工。

屋面的保温层和防水层严禁在雨天、雪天和五级以上大风下施工，温度过低也不宜施工。屋面工程完工后，应对屋面细部构造、接缝、保护层等进行外观检验，并用淋水或蓄水进行检验，防水层不得有渗漏或积水现象。

3.6.3.1 卷材防水屋面

卷材防水屋面是用胶结材料粘贴卷材进行防水的屋面。这种屋面具有重量轻、防水性能好的优点，其防水层的柔韧性好，能适应一定程度的结构振动和胀缩变形。

（1）卷材屋面构造

卷材防水屋面的构造如图 3-75 所示。

（2）卷材防水的基层

1）找平层

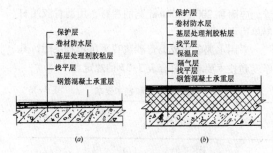

图 3-75　卷材屋面构造层次示意图

(a) 不保温卷材屋面；(b) 保温卷材屋面

卷材防水的基层一般采用水泥砂浆、细石混凝土或沥青砂浆找平，做到平整、坚实、清洁、无凹凸及尖锐颗粒。其平整度为：用 2m 长的直尺检查，基层与直尺间的最大空隙不应超过 5mm，空隙仅允许平缓变化，每米长度内不得多于一处。铺设屋面隔汽层和防水层以前，基层必须清扫干净。

为防止由于温差及混凝土构件收缩而使防水屋面开裂，找平层应留分格缝，缝宽一般为 20mm。缝应留在预制板支承边的拼缝处，其纵横向最大间距，当找平层采用水泥砂浆或细石混凝土时，不宜大于 6m；采用沥青砂浆时，则不宜大于 4m。分格缝处应附加 200～300mm 宽的卷材，用沥青胶结材料单边点贴覆盖。

采用水泥砂浆或沥青砂浆找平层做基层时，其厚度和技术要求应符合表 3-35 的规定。

找平层厚度和技术要求 　　表 3-35

类别	基层种类	厚度 （mm）	技术要求
水泥砂浆 找平层	整体混凝土	15～20	1：2.5～1：3 （水泥：砂）体 积比，水泥强 度等级不低于 32.5
	整体或板状材料保 温层	20～25	
	装配式混凝土板、 松散材料保温层	20～30	
细石混凝土 找平层	松散材料保温层	30～35	混凝土强度 等级不低于 C20
沥青砂浆 找平层	整体混凝土	15～20	质量比 1：8 （沥青：砂）
	装配式混凝土板、整 体或板状材料保温层	20～25	

2）基层处理剂

为了增强防水材料与基层之间的粘结力，在防水层施工前，预先涂刷在基层上的涂料。其选择应与所用卷材的材性相容。常用的基层处理剂有用于沥青卷材防水屋面的冷底子油，用于高聚物改性沥青防水卷材屋面的氯丁胶沥青乳胶、橡胶改性沥青溶液、沥青溶液（即冷底子油）和用于合成高分子防水卷材屋面的聚氨酯煤焦油系的二甲苯溶液、氯丁胶乳溶液、氯丁胶沥青乳胶等。

（3）卷材防水层的胶粘剂

卷材防水层的粘结材料，必须选用与卷材相应的胶粘剂。沥青卷材可选用沥青胶作为胶粘剂，沥青胶的强度等级应根据屋面坡度、当地历年室外极端最高气温按表 3-36 选用。

高聚物改性沥青卷材可选用橡胶或再生橡胶改性沥青的汽油溶液或水乳液作为胶粘剂，其粘结剪切强度应大于 0.05MPa，粘结剥离强度应大于 8N/10mm。

合成高分子防水卷材可选用以氯丁橡胶和丁基酚醛树脂为主要成分的胶粘剂或以氯丁橡胶乳液制成的胶粘剂，其粘结剥离强度不应小于 15N/10mm，其用量为 0.4~05kg/m²。胶粘剂均由卷材生产厂家配套供应。常用合成高分子卷材配套胶粘剂参见表 3-37。

沥青胶的标号选用表　表3-36

屋面坡度	历年室外极端 最高温度	沥青胶结材料 强度等级
1% ~ 3%	小于38℃	S-60
	38 ~ 41℃	S-65
	41 ~ 45℃	S-70
3% ~ 15%	小于38℃	S-65
	38 ~ 41℃	S-70
	41 ~ 45℃	S-75
15% ~ 25%	小于38℃	S-75
	38 ~ 41℃	S-80
	41 ~ 45℃	S-85

注：1. 油毡层上有板块保护层或整体保护层时，沥青胶
　　　强度等级可按上表降低5级。
　　2. 屋面受其他热影响（如高温车间等），或屋面坡
　　　度超过25%时，应考虑将其强度等级适当提高。

（4）沥青卷材防水施工

表 3-37

部分合成高分子卷材的胶粘剂

卷材名称	基层与卷材胶粘剂	卷材与卷材胶粘剂	表面保护层涂料
三元乙丙-丁基橡胶卷材	CX-404 胶	丁基胶粘剂 A、B 组分 (1:1)	水乳型醋酸乙烯-丙烯酸酯共聚，油溶型乙丙橡胶和甲苯溶液
氯化聚乙烯卷材	BX-12 胶粘剂	BX-12 乙组份胶粘剂	水乳型醋酸乙烯-丙烯酸酯共聚，油溶型乙丙橡胶和甲苯溶液
LYX-603 氯化聚乙烯卷材	LYX-603-3 (3 号胶) 甲、乙组份	LYX-603-2 (2 号胶)	LYX-603-1 (1 号胶)
聚氯乙烯卷材	FL-5 型 (5～15℃时使用) FL-15 型 (15～40℃时使用)		

卷材的铺设方向应根据屋面坡度和屋面是否有振动来确定。当屋面坡度小于3%时，卷材宜平行于屋脊铺贴；屋面坡度在3%～15%之间时，卷材可平行或垂直于屋脊铺贴；屋面坡度大于15%或屋面受振动时，卷材应垂直于屋脊铺贴。上下层卷材不得相互垂直铺贴。

屋面防水层施工时，应先做好节点、附加层和屋面排水比较集中部位（如屋面与水落口连接处、檐口、天沟、屋面转角处、板端缝等）的处理，然后由屋面最低标高处向上施工。铺贴天沟、檐沟卷材时，宜顺天沟、檐口方向，尽量减少搭接。铺贴多跨和有高低跨的屋面时，应按先高后低、先远后近的顺序进行。大面积屋面施工时，应根据屋面特征及面积大小等因素合理划分流水施工段。施工段的界线宜设在屋脊、天沟、变形缝等处。

铺贴卷材采用搭接法，上下层及相邻两幅卷材的搭接缝应错开。平行于屋脊的搭接应顺流水方向；垂直于屋脊的搭接应顺主导风向。叠层铺设的各层卷材，在天沟与屋面的连接处，应采用叉接法搭接，搭接缝应错开，接缝宜留在屋面或天沟侧面，不宜留在沟底。各种卷材搭接宽度应符合表3-38的要求。

卷材搭接宽度（mm）　　　表 3-38

铺贴方法 卷材种类		短边搭接		长边搭接	
		满粘法	空铺、点粘、条粘法	满粘法	空铺、点粘、条粘法
沥青防水卷材		100	150	70	100
高聚物改性沥青防水卷材		80	100	80	100
合成高分子防水卷材	胶粘剂	80	100	80	100
	胶粘带	50	60	50	60
	单缝焊	60，有效焊接宽度不小于 25			
	双缝焊	80，有效焊接宽度 10×2 + 空腔宽			

　　沥青卷材的铺贴方法有浇油法、刷油法、刮油法、撒油法等四种。通常采用浇油法或刷油法。要求在干燥的基层上满涂沥青胶，应随浇涂随铺卷材。铺贴时，卷材要展平压实，使之与下层紧密粘结，卷材的接缝应用沥青胶赶平封严。对容易渗漏水的薄弱部位（如天沟、檐口、泛水、水落口处等），均应加铺 1～2 层卷材附加层。

　　屋面特殊部位的如天沟、檐沟、檐口、水落口、泛水、变形缝和伸出屋面管道的防水构造，必须符合设计要求。天沟、檐沟、檐口、泛水和立面卷材收头的端部应裁齐，塞入预留凹槽内，用金属压条，钉压固定，最大钉距不应大于900mm，并用密封材料嵌填封严，凹槽距屋面找平层不小于250mm，凹槽上部墙体应做防水处理。

（5）高聚物改性沥青卷材防水施工

高聚物改性沥青防水卷材，是指对石油沥青进行改性，提高防水卷材使用性能，增加防水层寿命而生产的一类沥青防水卷材。对沥青的改性，主要是通过添加高分子聚合物实现，其分类品种包括：塑性体沥青防水卷材、弹性体沥青防水卷材、自粘结卷材、聚乙烯膜沥青防水卷材等。使用较为普遍的是SBS改性沥青卷材、APP改性沥青卷材、PVC改性沥青卷材和再生胶改性沥青卷材等。其施工工艺流程与普通沥青卷材防水层相同。

依据高聚物改性沥青防水卷材的特性，其施工方法有冷粘法、热熔法和自粘法之分。在立面或大坡面铺贴高聚物改性沥青防水卷材时，应采用满粘法，并宜减少短边搭接。

1）冷粘法施工

冷粘法施工是利用毛刷将胶粘剂涂刷在基层或卷材上，然后直接铺贴卷材，使卷材与基层、卷材与卷材粘结的方法。施工时，胶粘剂涂刷应均匀、不露底、不堆积。空铺法、条粘法、点粘法应按规定的位置与面积涂刷胶粘剂。铺贴卷材时应平整顺直，搭接尺寸准确，接缝处应满涂胶粘剂，滚压粘结牢固，不得扭曲，破折溢出的胶粘剂随即刮平封口；也可采用热熔法接缝。接缝口应用密封材料封严，宽度不应小于10mm。

2）热熔法施工

热熔法施工是指利用火焰加热器熔化热熔型防水卷材底层的热熔胶进行粘贴的方法。施工时，在卷材表面热熔后（以卷材表面熔融至光亮黑色为度）应立即滚铺卷材，使之平展，并滚压粘结牢固。搭接缝处必须以溢出热熔的改性沥青胶为度，并应随即刮封接口。加热卷材时应均匀，不得过分的加热或烧穿卷材。

3）自粘法施工

自粘法施工是指采用带有自粘胶的防水卷材，不用热施工，也不需涂刷胶结材料，而进行粘结的方法。铺贴前，基层表面应均匀涂刷基层处理剂，待干燥后及时铺贴卷材。铺贴时，应先将自粘胶底面隔离纸完全撕净，排除卷材下面的空气，并滚压粘结牢固，不得空鼓。搭接部位必须采用热风焊枪加热后随即粘贴牢固，溢出的自粘胶随即刮平封口。接缝口用不小于 10mm 宽的密封材料封严。对厚度小于 3mm 的高聚物改性沥青防水卷材，严禁采用热熔法施工。

（6）合成高分子卷材防水施工

合成高分子卷材的主要品种有：三元乙丙橡胶防水卷材、氯化聚乙烯—橡胶共混防水卷材、氯化聚乙烯防水卷材和聚氯乙烯防水卷材等。其施工工艺流程与前述相同。

其施工方法一般有冷粘法、自粘法和热风焊接法三种。

1）冷粘法、自粘法

冷粘法、自粘法施工要求与高聚物改性沥青防水卷材基本相同，但冷粘法施工时搭接部位应采用与卷材配套的接缝专用胶粘剂，在搭接缝粘合面上涂刷均匀，并控制涂刷与粘合的间隔时间，排除空气，滚压粘结牢固。

2）热风焊接法

热风焊接法是利用热空气焊枪进行防水卷材搭接粘合的方法。焊接前卷材铺放应平整顺直，搭接尺寸正确；施工时焊接缝的结合面应清扫干净，无水滴、油污及附着物。先焊长边搭接缝，后焊短边搭接缝，焊接处不得有漏焊、缺焊、焊焦或焊接不牢的现象，也不得损害非焊接部位的卷材。

（7）保护层施工

卷材铺设完毕，经检查合格后，应立即进行保护层的施工，及时保护防水层免受损伤，从而延长卷材防水层的使用年限。常用的保护层做法有以下几种：

1）涂料保护层

保护层涂料一般在现场配制，常用的有铝基沥青悬浮液、丙烯酸浅色涂料或在涂料中掺入铝粉的反射涂料。保护层施工前防水层表面应干净无杂物。涂刷方法与用量按各种涂料使用说明书操作，基本和涂膜防水施工相同。涂刷应均匀、不漏涂。

2）绿豆砂保护层

在沥青卷材非上人屋面中使用较多。施工时在卷材表面涂刷最后一道沥青胶，趁热撒铺一层粒径为 3～5mm 的绿豆砂（或人工砂），绿豆砂应撒铺均匀，全部嵌入沥青胶中。为了嵌入牢固，绿豆砂须经预热至 100℃ 左右干燥后使用。边撒砂边扫铺均匀，并用软辊轻轻压实。

3）细砂、云母或蛭石保护层

主要用于非上人屋面的涂膜防水层的保护层，使用前应先筛去粉料，砂可采用天然砂。当涂刷最后一道涂料时，应边涂刷边撒布细砂（或云母、蛭石），同时用软胶辊反复轻轻滚压，使保护层牢固地粘结在涂层上。

4）混凝土预制板保护层

混凝土预制板保护层的结合层可采用砂或水泥砂浆。混凝土板的铺砌必须平整，并满足排水要求。在砂结合层上铺砌块体时，砂层应洒水压实、刮平；板块对接铺砌，缝隙应一致，缝宽10mm左右，砌完后洒水轻拍压实。板缝先填砂一半高度，再用1:2水泥砂浆勾成凹缝。为防止砂流失，在保护层四周500mm范围内，应改用低强度等级水泥砂浆做结合层。采用水泥砂浆做结合层时，应先在防水层上做隔离层，隔离层可采用热砂、干铺卷材、铺纸筋灰或麻刀灰、黏土砂浆、白灰砂浆等多种方法施工。预制块体应先浸水湿润并阴干。摆铺完后应立即挤压密实、平整，使之结合牢固。预留板缝（10mm）用1:2水泥砂浆勾成凹缝。

上人屋面的预制块体保护层，块体材料应按照楼地面工程质量要求选用，结合层应选1:2水泥砂浆。

5）水泥砂浆保护层

水泥砂浆保护层与防水层之间应设置隔离层。保护层所用水泥砂浆配合比一般为1:2.5~3（体积比）。

保护层施工前，应根据结构情况每隔 4~6m 用木模设置纵横分格缝。铺设水泥砂浆时应随铺随拍实，并用刮尺刮平。排水坡度应符合设计要求。

立面水泥砂浆保护层施工时，为使砂浆与防水层粘结牢固，可事先在防水层表面粘上砂粒或小豆石，然后再做保护层。

6）细石混凝土保护层

施工前应在防水层上铺设隔离层，并按设计要求支设好分格缝木模，设计无要求时，分格面积不大于 $36m^2$，分格缝宽度为 20mm。一个分格内的混凝土应连续浇筑，不留施工缝。振捣宜采用铁辊滚压或人工拍实，以防破坏防水层。拍实后随即用刮尺按排水坡度刮平，初凝前用木抹子提浆抹平，初凝后及时取出分格缝木模，终凝前用铁抹子压光。

细石混凝土保护层浇筑后应及时进行养护，养护时间不应少于 7d。养护期满即将分格缝清理干净，待干燥后嵌填密封材料。

3.6.3.2 刚性防水屋面施工

刚性防水屋面是指利用刚性防水材料作防水层的屋面。主要有普通细石混凝土防水屋面、补偿收缩混凝土防水屋面、块体刚性防水屋面、预应力混凝土防水屋面等。与卷材屋面相比，刚性防水屋面所用材料易得、价格便宜、耐久性好、维修方便，但刚性防水层材料的表观密度大、抗拉强度低、极限拉应力变小、易受混凝土或砂浆的干湿变形、温度变形和结构变位而产生裂缝。主要适用于防水等级为Ⅲ级的屋面防水，也可用作Ⅰ、Ⅱ级屋面多道防水设防中的一道防水层，不适用于设有松散材料的保温屋面以及受较大振动或冲击和坡度大于15%的建筑屋面。

刚性防水屋面的一般构造形式如图3-76所示。

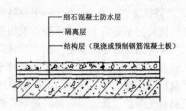

图3-76　细石混凝土防水屋面构造

（1）基层要求

刚性防水屋面的结构层宜为整体现浇的钢筋混凝土。当屋面结构层采用装配式钢筋混凝土板时，应用强度等级不小于C20的细石混凝土灌缝，灌缝的细石混凝土宜掺加膨胀剂。当屋面板板缝宽度大于 40mm 或上窄下宽时，板缝内必须设置构造钢筋，板端缝应进行密封处理。

（2）隔离层施工

在结构层与防水层之间宜增加一层低强度等级砂浆、卷材、塑料薄膜等材料，起隔离作用，使结构层和防水层变形互不受约束，以减少防水混凝土产生拉应力而导致混凝土防水层开裂。

1）黏土砂浆（或石灰砂浆）隔离层施工

预制板缝填嵌细石混凝土后板面应清扫干净，洒水湿润，但不得积水。按石灰膏:砂:黏土 = 1:2.4:3.6（或石灰膏:砂 = 1:4）配制的材料拌合均匀，砂浆以干稠为宜，铺抹的厚度约 10~20mm，要求表面平整、压实、抹光，待砂浆基本干燥后，方可进行下道工序施工。

2）卷材隔离层施工

用 1:3 水泥砂浆将结构层找平，并压实抹光养护，再在干燥的找平层上铺一层 3~8mm 干细砂滑动层，并在其上铺一层卷材，搭接缝用热沥青胶粘结。也可以在找平层上直接铺一层塑料薄膜。

做好隔离层继续施工时，要注意对隔离层加强保护。混凝土运输不能直接在隔离层表面进行，应采取垫板等措施；绑扎钢筋时不得扎破表面，浇捣混凝土时更不能振疏隔离层。

（3）分格缝的设置

为防止大面积的刚性防水层因温差、混凝土收缩等影响而产生裂缝，应按设计要求设置分格缝。其位置一般应设在结构应力变化较突出的部位，如结构层屋面板的支承端、屋面转折处、防水层与突出屋面结构的交接处，并应与板缝对齐。分格缝的纵横间距一般不大于6m。

分格缝的一般做法是在施工刚性防水层前，先在隔离层上定好分格缝位置，再安放分格条，然后按分隔板块浇筑混凝土，待混凝土初凝后，将分格条取出即可。分格缝处可采用嵌填密封材料并加贴防水卷材的办法进行处理，以增加防水的可靠性。

（4）防水层施工

1）普通细石混凝土防水层施工

混凝土浇筑应按先远后近、先高后低的原则进行，一个分格缝内的混凝土必须一次浇筑完毕，不得留施工缝。细石混凝土防水层厚度不小于40mm，应配双向钢筋网片，间距100～200mm，但在分隔缝处应断开，钢筋网片应放置在混凝土的中上部，其保护层厚度不小于10mm。混凝土的质量要严格

478

保证，加入外加剂时，应准确计量，投料顺序得当，搅拌均匀。混凝土搅拌应采用机械搅拌，搅拌时间不少于2min，混凝土运输过程中应防止漏浆和离析。混凝土浇筑时，先用平板振动器振实，再用滚筒滚压至表面平整、泛浆，然后用铁抹子压实抹平，并确保防水层的设计厚度和排水坡度。抹压时严禁在表面洒水、加水泥浆或撒干水泥。待混凝土初凝收水后，应进行二次表面压光，或在终凝前三次压光成活，以提高其抗渗性。混凝土浇筑12～24h后应进行养护，养护时间不应少于14d。养护初期屋面不得上人。施工时的气温宜在5～35℃，以保证防水层的施工质量。

2) 补偿收缩混凝土防水层施工

补偿收缩混凝土防水层是在细石混凝土中掺膨胀剂拌制而成，硬化后的混凝土产生微膨胀，以补偿普通混凝土的收缩，它在配筋情况下，由于钢筋限制其膨胀，从而使混凝土产生自应力，起到致密混凝土，提高混凝土抗裂性和抗渗性的作用。其施工要求与普通细石混凝土防水层大致相同。当用膨胀剂拌制补偿收缩混凝土时应按配合比准确称量，搅拌投料时膨胀剂应与水泥同时加入。混凝土连续搅拌时间不应少于3min。

3.7 建筑装饰装修工程

3.7.1 概述

为保护建筑物的主体结构，完善建筑物的使用功能，美化建筑物，采用装饰装修材料或饰物，对建筑物的内外表面及空间进行的各种处理过程，称为建筑装饰装修（《建筑装饰装修工程质量验收规范》GB 50201—2001）。

3.7.1.1 建筑装饰装修的作用

（1）保护主体结构，提高其耐久性，延长使用寿命；

（2）改善和增强建筑物的保温、隔热、隔声、防潮和防火等功能，满足房屋的使用功能要求；

（3）美化建筑物及其周围的环境，提高建筑艺术效果。

3.7.1.2 建筑装饰装修的类型

随着国民经济的高速发展，建筑工程以及装饰装修工程也发生了日新月异的变化，新型装饰装修材料和装施施工工艺更新换代迅速，出现了种类繁多的建筑装饰做法和施工工艺方法，简要归纳如下：

（1）建筑装饰装修工程按工程类别划分通常包

括：抹灰工程、门窗工程、吊顶工程、轻质隔墙工程、饰面板（砖）工程、幕墙工程、涂饰工程、裱糊与软包工程和细部工程等（《建筑装饰装修工程质量验收规范》GB 50210-2001）。

（2）建筑装饰装修工程按部位划分通常包括：屋面、顶棚、墙（柱）面、楼地面、门窗、阳台、雨篷及其他细部等。

（3）建筑装饰装修工程按材料划分通常包括：基层材料（如：水泥砂浆、混合砂浆等抹灰类材料；轻钢龙骨、铝合金龙骨、木龙骨、型钢龙骨等龙骨类材料）、面层材料（如：麻刀灰、石膏灰等抹灰类材料；建筑涂料、油漆等涂饰类材料；釉面砖、面砖、天然或人造大理石或花岗石板等饰面类材料；木线条、石膏线条等细部装饰材料）。

3.7.1.3　建筑装饰装修工程的基本规定

根据国家标准的要求，建筑装饰装修工程应遵循以下基本规定：

（1）设计

1）建筑装饰装修工程必须进行设计，并出具完整的施工图设计文件；

2）承担建筑装饰装修工程设计的单位应具备相应的资质，并应建立质量管理体系。由于设计原因造成的质量问题应由设计单位负责；

3）建筑装饰装修工程设计应符合城市规划、消防、环保、节能等有关规定；

4）承担建筑装饰装修工程设计的单位应对建筑物进行必要的了解和实地勘察，设计深度应满足施工要求；

5）建筑装饰装修工程设计必须保证建筑物的结构安全和主要使用功能。当涉及主体和承重结构改动或增加荷载时，必须由原结构设计单位或具备相应资质的设计单位核查有关原始资料，对建筑结构的安全性进行核验确认；

6）建筑装饰装修工程的防火、防雷和抗震设计，应符合现行国家标准的规定。

7）当墙体或吊顶内的管线可能产生冰冻或结露时，应进行防冻或防结露设计。

（2）材料

1）建筑装饰装修工程所用材料的品种、规格和质量，应符合设计要求和国家现行标准的规定，当设计无要求时，应符合国家现行标准的规定。严禁使用国家明令淘汰的材料；

2）建筑装饰装修工程所用材料的燃烧性能，应符合现行国家标准《建筑内部装修设计防火规范》

（GB 50222）、《建筑设计防火规范》（GBJ 16）和《高层民用建筑设计防火规范》（GB 50045）的规定；

3）建筑装饰装修工程所用材料应符合国家标准《民用建筑工程室内环境污染控制规范》（GB 50325），有关建筑装饰装修材料有害物质限量标准的规定；

4）所有材料进场时，应对品种、规格、外观和尺寸进行验收。材料包装要完好，应有产品合格证书、中文说明书及相关性能的检测报告；进口产品应按规定进行商品检验；

5）装饰装修材料进场后需要进行复验的材料种类及项目，应符合国家标准的规定；同一厂家生产的同一品种、同一类型的进场材料应至少抽取一组样品进行复验，当合同另有约定时，应按照合同执行；

6）当国家规定或合同约定应对材料进行鉴定检测，或对材料的质量发生争议时，应进行鉴定检测；

7）承担建筑装饰装修材料检测的单位应具备相应的资质，并应建立质量管理体系；

8）建筑装饰装修工程所使用的材料在运输、储存和施工过程中，必须采取有效措施防止损坏、变质和污染环境；

9）建筑装饰装修工程所使用的材料应按设计要求进行防火、防腐和防虫处理；

10）现场配制的材料如砂浆、胶粘剂等，应按设计要求或产品说明书配制。

（3）施工

1）承担建筑装饰装修工程施工的单位应具备相应的资质，并应建立质量管理体系；施工单位应编制施工组织设计，并应经过审查批准；施工单位应按有关的施工工艺标准或经审定的施工技术方案施工，并应对施工全过程实行质量控制；

2）承担建筑装饰装修工程施工的人员应有相应岗位的资格证书；

3）建筑装饰装修工程的施工质量应符合设计要求和规范规定，由于违反设计文件和规范的规定施工造成的质量问题应由施工单位负责；

4）建筑装饰装修工程施工中，严禁违反设计文件擅自改动建筑主体、承重结构或主要使用功能，严禁未经设计确认和有关部门批准擅自拆改水、暖、电、燃气、通讯等配套设施；

5）施工单位应遵守有关环境保护的法律法规，并应采取有效措施控制施工现场的各种粉尘、废气、废弃物、噪声、振动等对周围环境造成的污染和危害；

6）施工单位应遵守有关施工安全、劳动保护、防火和防毒的法律和法规，应建立相应的管理制度，并应配备必要的设备、器具和标志；

7）建筑装饰装修工程应在基体或基层的质量验收合格后施工。对既有建筑进行装饰装修前，应对基层进行处理并达到规范的要求；

8）建筑装饰装修工程施工前应有主要材料的样板或做样板间（件），并应经有关各方确认；

9）墙面采用保温材料的建筑装饰装修工程，所用保温材料的类型、品种、规格及施工工艺应符合设计要求；

10）管道、设备等的安装及调试应在建筑装饰装修工程施工前完成；当必须同步进行时，应在饰面装修前完成。建筑装饰装修工程不得影响管道、设备等的使用和维修；涉及燃气管道的建筑装饰装修工程必须符合有关安全管理的规定；

11）建筑装饰装修工程的电气安装应符合设计要求和国家现行标准的规定。严禁不经穿管直接埋设电线；

12）室内外建筑装饰装修工程施工的环境条件应满足施工工艺的要求。施工环境温度不应低于

5℃。当必须在低于5℃气温下施工时，应采取保证工程质量的有效措施；

13）建筑装饰装修工程施工过程中应做好半成品、成品的保护，防止污染和损坏；

14）建筑装饰装修工程验收前，应将施工现场清理干净。

3.7.2 抹灰工程

抹灰工程是指用灰浆（如砂浆、水泥石子浆等）涂抹在房屋建筑的墙、地、顶棚表面上的一种传统做法的装饰工程。我国有些地区把它习惯地叫做"粉饰"或"粉刷"。

3.7.2.1 抹灰的组成和分类

（1）抹灰的组成

为保证抹灰层的粘结牢固、控制抹灰层表面平整和保证施工质量，抹灰应分层涂抹。如一次涂抹太厚，由于内外收水快慢不同会产生裂缝、起鼓或脱落等缺陷。为此，抹灰层一般由底层、中层（或几遍中层）和面层构成，如图3-77所示。

底层主要起与基体粘结和初步找平的作用，其使用材料根据基体不同而异，厚度一般为5~7mm。

中层主要起找平的作用，使用材料同底层，厚

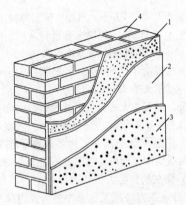

图 3-77　抹灰层组成
1—底层；2—中层；3—面层；4—基体

度为 5~9mm。

面层是使表面光滑细致，起装饰作用，厚度由于面层使用的材料不同而异，麻刀石灰膏罩面，其厚度不大于 3mm；纸筋石灰膏或石膏灰膏罩面，其厚度不大于 2mm；水泥砂浆面层和装饰面层不大于 10mm。

在抹灰施工中，除控制抹灰层的各分层厚度外，尚应根据抹灰的具体部位及基体材料控制抹灰层的总厚度。如顶棚为板条、空心砖、现浇混凝土时，总厚度不大于 15mm；顶棚为预制混凝土板时，总厚度不大于 18mm；内墙为普通抹灰时，总厚度不大于 18mm；高级抹灰总厚度一般为 20～25mm；外墙抹灰总厚度不大于 20mm；勒脚和突出部位的抹灰总厚度不大于 25mm。

另外，混凝土大板或大模板建筑的内墙面和楼板底面，如平整度较好，垂直偏差少，其表面可以不抹灰，用腻子分遍刮平，待各遍腻子粘结牢固后，进行表面刷浆即可，总厚度一般为 2～3mm。

（2）抹灰的分类

1）抹灰工程按施工的部位分为：内抹灰和外抹灰。

内抹灰通常是指位于室内各部位的抹灰，如楼地面、顶棚、内墙面、墙裙、踢脚线、内楼梯等；

外抹灰是位于室外各部位的抹灰，如外墙、雨篷、阳台、屋面等。

2）抹灰工程按材料和装饰效果分为：一般抹灰、装饰抹灰和特种砂浆抹灰。

一般抹灰是用石灰砂浆、水泥砂浆、水泥混合砂浆、聚合物水泥砂浆和麻刀灰、纸筋灰、石膏灰等材料进行的抹灰施工。一般抹灰按质量要求分为普通抹灰和高级抹灰两种。

普通抹灰通常由一层底层和一层面层组成。适用于简易住宅、大型设施和非居住的房屋（如汽车库、仓库、锅炉房），以及建筑物中的地下室、储藏室等。

高级抹灰通常由一层底层、一层或数层中层和一层面层组成。抹灰层表面应光滑、洁净、颜色均匀、无抹纹；分格缝和灰缝应清晰美观。适用于大型公共建筑、纪念性建筑物（如剧院、礼堂、展览馆和高级住宅）以及有特殊要求的高级建筑物等。

装饰抹灰的底层和中层与一般抹灰相同，但面层材料有区别，装饰抹灰的面层材料主要有：水刷石、水磨石、斩假石、干粘石、仿石和彩色抹灰等。

特种砂浆抹灰是指为了满足某些特殊的要求（如保温、耐酸、防水等）而采用保温砂浆、耐酸砂浆、防水砂浆等进行的抹灰。

3.7.2.2 一般抹灰施工

（1）施工顺序

在施工之前应安排好抹灰的施工顺序，目的是为了保护好成品。一般应遵循的施工顺序是先室外后室内、先上面后下面、先顶棚后墙地或先地面后顶墙。

（2）基层处理

为了使抹灰砂浆与基体表面粘结牢固，防止抹灰层产生空鼓现象，抹灰前应对基层进行必要的处理。

1）砖石、混凝土基层表面凹凸的部位，用1:3水泥砂浆补平；表面太光的要剔毛，或刮108胶水泥浆一道；

2）基层表面的砂浆污垢及其他杂质应清除干净，并洒水湿润；

3）楼板洞、穿墙管道及墙面脚手眼洞、门窗框与立墙交接缝隙处均应用水泥砂浆或水泥混合砂浆嵌填密实；

4）不同基层材料相接处应铺设金属抗裂网，如图3-78所示；抗裂网的搭接宽度从缝边起每边不得小于100mm；以防抹灰层因基体温度变化胀缩不一而产生裂缝；

5）在内墙面的阳角或门洞口侧壁的阳角、柱角等易于碰撞部位，宜用强度较高的1:2水泥砂浆制作护角，其高度应不低于2m，每侧宽度不小于50mm；

6）对砖或砌块砌体的基体，应待砌体充分沉实后再抹底层灰，以防砌体沉陷拉裂抹灰层。

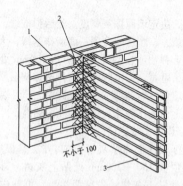

图 3-78　砖木结构基体交接处的处理
1—砖墙；2—抗裂钢丝网；3—板条墙

（3）抹灰施工工艺

一般抹灰的施工根据其部位不同稍有差别，现以墙面抹灰施工为例说明。墙面抹灰的施工工艺过程主要为：基层处理→墙面浇水→找规矩→设标志或标筋→做护角→抹底层灰→抹中层灰→抹罩面灰→压光。

1）找规矩

为有效地控制抹灰层的垂直度、平整度和厚度，使其符合抹灰工程的质量标准，抹灰前要找规矩。其方法是：首先用托线板检查墙体表面的平整和垂直情况，根据检查的结果兼顾抹灰总的平均厚度要求，决定墙面抹灰厚度。然后弹准线，将房间用角尺规方，小房间可用一面墙作基线，大房间应在地面上弹出十字线。在距阴角 100mm 处用托线板靠、吊垂直。弹出竖线后，再按抹灰层厚度向里反弹出墙角抹灰准线。并在准线上下两端钉上铁钉，挂上白线作为抹灰饼、冲筋的标准。

2）设标志或标筋

设标志（也称贴灰饼），其方法是根据规矩，先在距顶棚 150～200mm 处贴上灰饼，再距地面 200mm 处贴下灰饼；先贴两端头，再贴中间处灰饼，如图 3-79 所示。

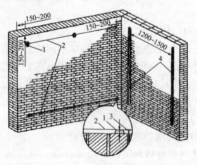

图 3-79　标志与标筋

1—标志；2—引线；3—钉子；4—标筋

做标筋（也称冲筋），就是在两灰饼间抹出一条长灰梗来，如图 3-79 所示。灰梗断面成梯形，底面宽约为 100mm，上宽 50~60mm，灰梗两边搓成与墙面角呈 45°~60°。抹灰梗时要求比灰饼凸出 5~10mm。然后用刮尺紧贴灰饼左上右下反复地搓刮，直至灰条与灰饼齐平为止，再将两侧修成斜面，以便与抹灰层结合牢固。

3）抹底层灰

抹底灰的操作包括：装档、刮杠、搓平。底灰装档要分层进行。当标筋完成 2h，达到一定强度（即标筋砂浆七八成干时），就要进行底层砂浆抹灰。底层抹灰要薄，使砂浆牢固地嵌入砖缝内。一般应从上而下进行，在两标筋之间的墙面上将砂浆抹满后，即用长刮尺两头靠着标筋，从上而下进行刮灰，使抹的底层灰比标筋面略低，再用木抹子搓实，并去高补低。且使每遍厚度控制在 7~9mm 范围之内。

4）抹中层灰

待底层灰凝结后抹中层灰，中层灰每层厚度一般为 5~7mm，中层砂浆成分同底层砂浆。抹中层灰时，以标筋为准满铺砂浆，然后用大木杠紧贴标筋，将中层灰刮平，最后用木抹子搓平。

5）抹面层灰

当中层灰干后，普通抹灰可用麻刀灰罩面，高级抹灰应用纸筋灰罩面，用铁抹子抹平，并分两遍连续适时压实收光，如中层灰已干透发白，应先适度洒水湿润后，再抹罩面灰。

（4）一般抹灰的检查验收

抹灰工程施工完毕后，应按国标进行质量检验和验收。表 3-39 为国标中一般抹灰的部分检验项目的允许偏差和检验方法。

一般抹灰的允许偏差和检验方法　　表 3-39

项次	项目	允许偏差（mm）		检验方法
		普通抹灰	高级抹灰	
1	立面垂直度	4	3	用 2m 垂直检测尺检查
2	表面平整度	4	3	用 2m 靠尺和塞尺检查
3	阴阳角方正	4	3	用直角测尺检查
4	分格条（缝）直线度	4	3	拉 5m 线，不足 5m 拉通线，用钢直尺检查

项次	项目	允许偏差（mm）		检验方法
		普通抹灰	高级抹灰	
5	墙裙、勒脚上口直线度	4	3	拉5m线，不足5m拉通线，用钢直尺检查

3.7.2.3 装饰抹灰施工

装饰抹灰是采用装饰性强的材料，或用不同的处理方法以及加入各种颜料，使建筑具备某种特定的色调和光泽。装饰抹灰的底层与一般抹灰要求相同，面层根据材料及施工方法的不同而具有不同的形式。常见的装饰抹灰的类型见抹灰的分类。

（1）水刷石

水刷石主要用于外墙面装饰，其底层与中层的做法同一般抹灰层。水刷石的施工工艺流程为：抹灰中层验收→弹线分格、粘分格条→抹面层水泥石子浆→冲洗→起分格条、修整→养护。

1）弹线分格、粘分格条

按设计要求进行分格弹线。根据弹线安装8～10mm宽的梯形分格木条，用水泥浆在两侧粘结固定，以防大片面层收缩开裂。

2）抹面层水泥石子浆

面层水泥石子浆的配比为：水泥:石子 = 1:1.25 ~ 1.5，稠度为 5 ~ 7cm。为增加与底层的粘结，抹浆前，在底层上浇水润湿，然后刮水泥浆一道，水泥浆的水灰比为 0.37 ~ 0.40。水泥石子浆面层厚度为 8 ~ 12mm，表面用抹子拍平压实，并使石子分布均匀。

3）冲洗

待面层石子浆收水后，用铁抹子将面层满压一遍，把露出的石子棱尖拍平；用棕刷蘸水自上而下刷掉面层水泥浆，使石子表面完全外露为止；最后用铁抹子拍平，使表面石子大面向外，排列紧密均匀。为使表面洁净，可用喷雾器自上而下喷水冲洗。

4）起分格条

冲刷面层后，要适时起出分格条，用小线抹子顺线刮平，然后用素水泥浆勾缝并上色。

5）水刷石的外观质量要求

石粒清晰、分布均匀、色泽一致、平整密实，不得有掉粒和接槎的痕迹。

（2）干粘石

干粘石抹灰工艺是水刷石抹灰的代用工艺技术，即在水泥砂浆粘结层上直接干粘装饰石子的做法。干粘石有水刷石同样的效果，却比水刷石造价低，施工进度快。但不如水刷石坚固、耐久。随着胶粘剂在建筑饰面抹灰中的广泛应用，在干粘石的粘结层砂浆中掺入适量胶粘剂，并逐渐从手工甩石粒改为机喷石，不仅使粘结层厚度比原来减小，且使粘结更牢固，从而显著提高了装饰层的耐久性。

干粘石一般多用于两层以上楼房的外墙装饰。其施工工艺流程为：抹灰中层验收→粘分格条（同水刷石）→抹石粒粘结层→甩石粒→拍压→养护。

1）抹石粒粘结层

干粘石的石粒粘结层现在多采用聚合物水泥砂浆，配合比为：水泥:石灰膏:砂:胶粘剂 = 1:1:2:0.2，其厚度根据石粒的粒径来选择。小八厘石粒粘结层厚度为 4 ~ 5mm；中八厘一般为 5 ~ 6mm。

2）甩石粒

粘结层抹好后，稍停即可往粘结层上甩石粒。此时粘结层砂浆的干湿度很重要。过干，石渣粘不上，过湿，砂浆会流淌。一般以手按上去有窝，但没水迹为好。甩石渣时，要注意甩撒均匀，用力轻重适宜。边角处应先甩，使石渣均匀地嵌入粘结层砂浆中。

3）拍压

当粘结层上均匀地粘上一层石渣后，开始拍压，即用抹子或橡胶（塑料）辊子轻压赶平，使石渣嵌牢。石渣嵌入砂浆粘结层内深度不小于1/2粒径，并同时将突出部分及下坠部分轻轻赶平。使表面平整坚实，石渣大面朝外。拍压时要注意用力适当，用力过大会将灰浆拍出来，造成翻浆糊面，影响美观；用力过小，石渣与砂浆粘结不牢，容易掉粒。并且不要反复拍打，滚压，以防泛水出浆或形成阴印。整个操作时间不应超过45min，即初凝前完成全部操作。

4）干粘石的质量要求

表面平整、石粒粘结牢固、分布均匀、不掉石粒、不露浆、不漏粘、颜色一致。

（3）斩假石与仿斩假石

斩假石又称剁斧石，是在石粒砂浆抹面层上经斩琢加工制成人造石材状的一种装饰抹灰。斩假石的装饰效果近于花岗石，属中高档外墙装饰，一般多用于外墙面、勒脚、室外台阶、纪念性建筑物的外装饰中。

斩假石的施工工艺流程为：抹灰中层验收→粘

分格条（同水刷石）→抹面层石粒浆→养护→剁石→起分格条、修整。

1）抹面层石粒浆

在分格条分区内先满刮一遍水灰比为 0.4 的素水泥浆，随即用 1:1.25 的水泥石粒浆抹面层，其厚度通常为 10mm（与分格条平齐）。然后用铁抹子横竖反复压几遍直至赶平压实，边角无空隙。随后用毛刷蘸水把表面的水泥浆刷掉，露出的石粒应均匀一致。面层石粒浆完成后 24h 开始浇水养护，常温下一般为 5～7d，其强度达到 5MPa，即面层产生一定强度但不太大，剁斧上去剁得动，且石粒剁不掉为宜。

2）剁石

斩剁前要按设计要求的留边宽度进行弹线，如设计无要求，每一方格的四边要留出 20～30mm 的边条；斩剁的纹路依设计而定；斩剁的顺序是先上后下，由左到右，先剁转角和四周边缘，后剁大面；为保证剁纹垂直和平行，可在分格内划垂直线控制；剁石的深度以石粒剁掉 1/3 为宜，使剁成的假石成品美观大方。

3）仿斩假石

剁斧工作量很大，后来出现仿斩假石的新施工方法。其做法与斩假石基本相同，面层厚度一般为8mm；不同处是表面纹路不是剁出，而是用钢箅子拉出。钢箅子用一段锯条夹以木柄制成。待面层收水后，钢箅子沿导向的长木引条轻轻划纹，随划随移动引条。待面层终凝后，仍按原纹路自上而下拉刮几次，即形成与斩假石相似效果的外表。

4）斩假石的质量要求

表面剁纹应均匀顺直、深浅一致，应无漏剁处；阳角处应横剁并留出宽窄一致的不剁边条，棱角应无损坏。

（4）装饰抹灰的检查验收

装饰抹灰施工完毕后，应按国标进行质量检验和验收。表 3-40 为国标中装饰抹灰部分检验项目的允许偏差和检验方法。

3.7.3 饰面板（砖）工程

饰面板（砖）工程是指用饰面砖、天然或人造石饰面板等安装或粘贴在室内外墙面、柱面等基层上的饰面装饰工程。

饰面砖常用的有：釉面瓷砖、外墙面砖、陶瓷锦砖等。

饰面板常用的有：大理石、花岗石等天然石板；

装饰抹灰的允许偏差和检验方法

表 3-40

| 项次 | 项目 | 允许偏差（mm） | | | | 检验方法 |
		水刷石	斩假石	干粘石	假面砖	
1	立面垂直度	5	4	5	5	用 2m 垂直检测尺检查
2	表面平整度	3	3	5	4	用 2m 靠尺和塞尺检查
3	阳角方正	3	3	4	4	用直角检测尺检查
4	分格条（缝）直线度	3	3	3	3	拉 5m 线，不足 5m 拉通线，用钢直尺检查
5	墙裙、勒脚上口直线度	3	3	—	—	拉 5m 线，不足 5m 拉通线，用钢直尺检查

预制水磨石、人造大理石等人造饰面板以及金属饰面板（如：彩色涂层钢板、彩色不锈钢板、镜面不锈钢饰面板、铝合金板等）。

依据饰面板（砖）的板块大小和设计构造做法，饰面板（砖）工程施工方法主要有：粘贴法、挂贴法和干挂法。

3.7.3.1 粘贴法施工工艺

粘贴法施工是指用粘结砂浆、聚合物水泥浆或强力胶等粘结材料，将饰面板（砖）块材粘结在基层表面形成装饰面层的施工做法。这种施工做法施工简便、成本较低，是饰面板（砖）施工中较常用的做法，适用于地面、内墙面、建筑细部及单层或多层外墙面块材较小的饰面板（砖）施工，如地面粘贴地面砖，室内墙面粘贴釉面砖，室外墙面粘贴外墙面砖以及厚度在 10mm 以下、边长小于 400mm 的大理石或花岗石板材等。

现以室内墙面粘贴釉面砖为例说明粘贴法施工工艺。室内墙面粘贴釉面砖的基本构造做法如图 3-80 所示。

（1）施工工艺顺序及操作要点

室内墙面粘贴釉面砖的施工工艺顺序包括：基层处理→找规矩、贴灰饼与冲筋→抹底层灰→选砖、

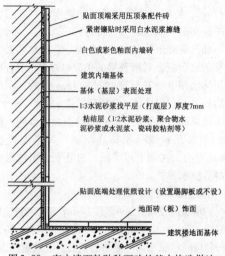

図中のラベル：
贴面顶端采用压顶条配件砖
紧密镶贴时采用白水泥浆擦缝
白色或彩色釉面内墙砖
建筑内墙基体
基体（基层）表面处理
1:3水泥砂浆找平层（打底层）厚度7mm
粘结层（1:2水泥砂浆、聚合物水泥砂浆或水泥浆、瓷砖胶粘剂等）
贴面底端处理依照设计（设置踢脚板或不设）
地面砖（板）饰面
建筑楼地面基体

图 3-80　室内墙面粘贴釉面砖的基本构造做法

排砖→弹线、贴标准点→垫底尺、粘贴瓷砖→擦缝。

1）抹底层灰

根据基层材料不同，底层灰的材料和操作也各有不同。

混凝土墙面抹底层灰：先用掺水重10%的乳液（胶粘剂）的素水泥浆薄薄地刷一道，然后紧跟前面用1:3水泥砂浆分层抹底层灰。每层厚度控制在

5～7mm，使底层砂浆与基层粘结牢固。底层砂浆抹平压实后，应将其扫毛或划毛。

加气混凝土抹底层灰：先刷一道掺水重20%的胶粘剂水溶液，紧跟着用1:0.5:4的水泥混合砂浆分层抹底层灰。其厚度控制在7mm左右，刮平压实后扫毛或划出纹道，待终凝后浇水养护。

砖墙面抹底层灰：先将砖墙面浇水湿润，然后用1:3水泥砂浆分层抹底层灰，其厚度控制在12mm左右，在刮平压实后，扫毛或划出纹道，待终凝后浇水养护。

2）选砖、排砖

内墙瓷砖或釉面砖一般按1mm差距分类选出1～3个规格，选好后应根据房间大小计划好用料，一面墙或一间房间尽量用同一规格的瓷砖。要求选用方正、平整、无裂纹、棱角完好、颜色均匀、表面无凸凹和扭翘等毛病的瓷砖，不合格的瓷砖不能使用。

排砖是在底层灰有六七成干时，按施工图设计要求排砖，同一方向应粘贴尺寸一致的瓷砖。如果不能满足要求，应将数量较多，规格较大的瓷砖贴在下部，以便上部的瓷砖通过缝隙宽窄来调整找齐。排砖要按粘贴顺序进行排列。一般由阴角开始粘贴，自下而上地进行，尽量使不成整块的瓷砖排在阴角处或次要部位，每面墙瓷砖不宜有两列非整砖，并且非整砖宽度不宜小于整砖的1/3。如遇有水池、镜框时，必须以水池、镜框为中心往两边分贴。外墙排砖时，应注意防止水的渗透。

3）弹线、贴标准点

待砖层排好后，应在底层砂浆上弹垂直与水平控制线。一般竖线间距为1m左右，横线间距根据瓷砖规格尺寸每隔5~10块弹一水平控制线，作为确定水平及竖向控制标志。

标准点是用废瓷砖片粘贴在底层砂浆上，粘贴时将砖的棱角翘起，以棱为粘贴瓷砖表面平整的标准点。标准点一般用水泥混合砂浆粘贴，其配比为水泥:石灰膏:砂 = 1:0.1:3。粘贴时，上下用靠尺板找好垂直，横向用靠尺板找平。标准点粘贴好后，在标准点的棱角上拉直线，再在直线上拴活动的水平线，用来控制瓷砖的表面平整度。

4）垫底尺、粘贴瓷砖

根据计算好的最下一皮砖的下口标高，垫放好尺板作为第一皮砖下口的标准，底尺上皮一般比地面低10mm左右，以使地面压住墙面砖。底尺安放必须平稳，底尺的垫点间距一般为400mm，以保证垫板牢固。

粘贴时，首先将规格一致的瓷砖清理干净，放入净水中浸泡 1h 以上，再取出擦净水痕，阴干。然后用水泥：石灰膏：砂 = 1：0.1：2.5 的混合砂浆，由下而上地进行粘贴。

瓷砖粘贴到上口必须平直成一线，上口用一面圆的配件瓷砖压顶封口。如墙面有孔洞，应先用瓷砖对准孔洞，上下左右画好位置，然后用切砖刀裁切，用胡桃钳钳去局部。整面墙不宜一次铺贴到顶，以免塌落。

5）擦缝

全部瓷砖粘贴完后，应自检一下是否有空鼓、不平、不直等现象，发现不符合要求时，应及时进行补救。然后用清水将砖面洗擦一遍，再用棉丝擦净，最后用长刷子蘸粥状白水泥素浆涂缝，再用麻布将缝子的素浆擦均匀，再把瓷砖表面擦干净即可。在整个粘贴瓷砖工程完成之后，要采取措施防止玷污和损坏。

（2）饰面砖粘贴的检查验收

饰面砖粘贴施工完毕后，应按国标进行质量检验和验收。其质量要求包括：

1）饰面板的品种、规格、颜色和性能应符合设计要求；

2）饰面砖粘贴工程的找平、防水、粘结和勾缝材料及施工方法应符合设计要求及国家现行产品标准和工程技术标准；

3）饰面砖粘贴必须牢固；

4）满粘法施工的饰面砖工程应无空鼓、裂缝；

5）饰面板表面应平整、洁净、颜色一致，无裂痕和缺损；

6）阴阳角处搭接方式、非整砖使用部位应符合设计要求；

7）墙面突出物周围的饰面砖应整砖割吻合，边缘应整齐；

8）饰面砖接缝应平直、光滑，填嵌应连续、密实；宽度和深度应符合设计要求；

9）有排水要求的部位做滴水线（或槽）；

10）饰面砖粘贴的允许偏差和检验方法见表3-41。

饰面砖粘贴的允许偏差和检验方法　　表3-41

项次	项目	允许偏差（mm）		检验方法
		内墙面砖	外墙面砖	
1	立面垂直度	3	2	用2m垂直检测尺检查
2	表面平整度	4	3	用2m靠尺和塞尺检查

507

项次	项目	允许偏差（mm）		检验方法
		内墙面砖	外墙面砖	
3	阴阳角方正	3	3	用直角检测尺检查
4	接缝直线度	3	2	拉 5m 线，不足 5m 拉通线，用钢直尺检查
5	接缝高低差	1	0.5	用钢直尺和塞尺检查
6	接缝宽度	1	1	用钢直尺检查

3.7.3.2 挂贴法施工工艺

挂贴法施工是指在装饰墙面的基体上首先固定钢筋网，将饰面板材挂在钢筋网上，或利用金属锚固件直接将板材锚固到基体上，然后在基体与饰面板材之间的缝隙中灌筑细石混凝土或粘结砂浆形成装饰面层的施工做法，又称为湿挂法。这种施工做法由于板材挂在固定钢筋网上，可以将板材自重形成的拉力和剪力通过钢筋网直接传递到基体上，大大提高了板材的稳定性，在规格较大的大理石、花岗石板材饰面施工中较常采用，适用于钢筋混凝土墙体或砖墙为基体的墙面饰面装饰。

挂贴法施工工艺主要有两种做法：绑扎固定灌浆法和金属件锚固灌浆法，图 3-81 为钢筋网绑扎固定灌浆法示意图。

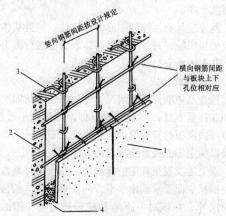

图 3-81　钢筋网绑扎固定法示意图
1—饰面石材；2—混凝土墙体；3—预埋件；
4—细石混凝土或粘结砂浆灌浆

钢筋网绑扎固定灌浆挂贴法施工工艺顺序通常为：基层处理→弹线分块、绑扎钢筋网→预拼编

号→钻孔、开槽、绑丝→安装饰面板→临时固定→
灌浆→清理→嵌缝。

（1）基体处理

将基体表面的残灰、污垢清理干净，有油污的
部位可用 10% 火碱液清洗，干净后再用清水将火碱
液清洗干净。

基体应具有足够的刚度和稳定性；并且基体表
面应平整粗糙；对于光滑的基体表面应进行凿毛处
理，并在板材安装前一天浇水湿透。

（2）弹线分块、绑扎钢筋网

检查基体墙面平整情况，然后在建筑物四周由
顶到底挂垂直线，再根据垂直标准，拉水平通线，
在边角做出板材安装厚度的标志块，根据标志块做
标筋以确定饰面板留缝灌浆的厚度。

按上述找规矩确定的标准线，在水平与垂直范
围内根据立面要求画出水平方向及垂直方向的板材
分块尺寸，并核对一下墙和柱预留的洞、槽的位
置。然后先剔凿出墙面或柱面结构施工时的预埋钢
筋，使其外露于墙、柱面，然后连接绑扎（或焊
接）φ8 竖向钢筋（竖向钢筋的间距，如设计无要
求，可按板材宽度距离设置，一般为 30～50cm），
随后绑扎横向钢筋，横向钢筋的间距比板材竖向尺

寸小 2~3cm 为宜。

（3）预拼编号

为了使板材安装时上、下、左、右颜色花纹一致、纹理通顺、接缝严密吻合，安装前，必须按大样图预拼排号。预拼好的板材应按施工顺序编号，编号一般由下往上编排。然后竖向堆好备用。

（4）安装饰面板

饰面板安装顺序一般由下往上进行，每层板材由中间或一端开始。先将墙面最下层的板材按地面标高线就位，如果地面未做，就需用垫块把板材垫高至墙面标高线位置。然后使板材上口外仰，把下口不锈钢丝（或铜丝）绑好后，用木楔垫稳。随后用靠尺板检查平整度、垂直度，合格后系紧绑丝，并用木楔挤紧。最下一层定位后，再拉上一层垂直线和水平线来控制上一层安装位置。上口水平线应到灌浆完后再拆除。

（5）灌浆

灌浆可采用细石混凝土或水泥砂浆，较常使用1:2.5 的水泥砂浆，砂浆稠度 10~15cm。

灌浆应分层进行，用铁簸箕将砂浆徐徐倒入板材内侧，不要只从一处灌注，也不能碰动板材，同时检查板材因灌浆是否有移位。第一层浇灌高度为

15cm左右，即不得超过板材高度1/3处。

第一次灌浆后稍停1~2h，待砂浆初凝无水溢出，并且板材无移动后，再进行第二次灌浆，高度为10cm左右，即灌浆高度达到板材的1/2高度处。稍停1~2h，再灌第三次浆，灌浆高度达到离上口5cm处，余量作为上层板材灌浆的接口。

（6）嵌缝

嵌缝是全部板材安装完毕后的最后一道工序。首先应将板材表面清理干净，并按板材颜色调制水泥色浆嵌缝，边嵌缝边擦拭清洁，使缝隙密实干净、颜色一致。安装固定后的板材，如面层光泽受到影响，要重新打蜡上光。

3.7.3.3 干挂法施工工艺

干挂法施工是指利用高强度螺栓和耐腐蚀、强度高的金属挂件（扣件、连接件）或利用金属龙骨，将饰面板材固定于建筑物的外表面的做法，石材饰面与结构之间留有40~50mm的空腔。此法免除了灌浆湿作业，可缩短施工周期，减轻建筑物自重，提高抗震性能，增强了石材饰面安装的灵活性和装饰质量。适用于大规格的大理石、花岗石板材安装。

干挂法施工工艺根据其挂件的固定、连接方法不同有多种构造做法，较常采用的主要有两种：板材干挂销针式做法、板材干挂板销式做法。这里只介绍板材干挂销针式做法。

板材干挂销针式做法是在板材上下端面打孔，插入 $\phi5$ 或 $\phi6$（长度宜为 20～30mm）不锈钢销，同时连接不锈钢舌板连接件，并与建筑结构基体固定，构造做法如图 3-82 所示。

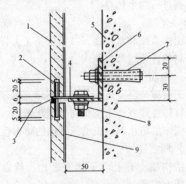

图 3-82　石板材干挂销针式做法示意图

1—饰面石板材；2—不锈钢钢销及石板销孔；

3—耐候密封结构胶；4—舌板；

5—钢筋混凝土结构基体；6—不锈钢连接件（L50×40×4）；

7—膨胀螺栓；8—连接调节螺栓（M8）；

9—玻璃纤维网格布增强层

石板材干挂销针式做法施工工艺顺序通常为：基层修整→弹线→墙面涂防水剂→打孔→固定连接件→安装板材→调整固定→顶部板安装→嵌缝→清理。

（1）墙面修整

混凝土外墙表面如有局部凸出处会影响扣件安装时，要进行凿平修整。

（2）弹线

弹出垂直线和水平线，并根据施工大样图弹出安装板材的位置线和分块线。

（3）墙面涂防水剂

由于板材与混凝土墙身之间不填充砂浆，为了防止因材料性能或施工质量可能造成渗漏，在外墙面上涂刷一层防水剂，以增强外墙的防水性能。

（4）固定连接件

在结构墙上打孔、下膨胀螺栓。然后固定扣件，用扳手拧紧。

（5）安装板材

底层板材安装：把侧面的连接铁件安好，便可把底层面板靠角上的一块就位。用夹具暂时固定石板材，先将石板材侧孔抹胶，调整钢件，插固定钢针，调整面板并临时固定。按顺序安装底层面板，待底层面板全部就位后，检查各板材水平与垂直度以及板缝宽度，满足设计和施工验收规范要求后，固定连接件节点。然后将 1∶2.5 的白水泥配制的砂浆，灌于底层面板内 20cm 高，并设排水装置。

上层板材安装：底层板材安装固定完毕后，接着安装上一层连接件，将胶粘剂灌入上层板材下方孔内，再将上层板材对准钢针插入；随后，将胶粘剂灌入该层板材上方孔内，插入连接钢针，并用相应连接件予以固定。如此反复直至板材全部安装完毕。

（6）嵌缝

每一施工段安装好经检查无误后，可清扫拼接缝，填入橡胶条，然后用打胶机进行硅胶涂封。一般硅胶只封平接缝表面或比板面稍凹少许即可。雨天或板材受潮时，不宜涂硅胶。

（7）清理

清理板块表面，用棉丝将石板擦干净。如有余胶等其他粘结杂物，可用开刀轻铲、用棉丝沾丙酮擦干净。

3.7.3.4 饰面板安装的检查验收

饰面板安装施工完毕后，应按国标进行质量检验和验收。其质量要求包括：

（1）饰面板的品种、规格、颜色和性能应符合设计要求，木龙骨面板和塑料面板的燃烧性能等级应符合设计要求；

（2）饰面板孔、槽的数量、位置和尺寸应符合设计要求；

（3）饰面板安装工程的预埋件（或后置埋件）、连接件的数量、规格、位置、连接方法和防腐处理必须符合设计要求；后置埋件的现场拉拔强度必须符合设计要求；饰面板安装必须牢固；

（4）饰面板表面应平整、洁净、颜色一致，无裂痕和缺损；石材表面应无泛碱等污染；

（5）饰面板嵌缝应密实、平直，宽度和深度应符合设计要求，嵌填材料色泽应一致；

（6）采用湿作业法施工的饰面工程，石材应进行防碱处理；饰面板与基体之间的灌注材料应饱满、密实；

（7）饰面板上的孔洞应套割吻合，边缘应整齐；

（8）饰面板安装的允许偏差和检验方法见表3-42。

表3-42

饰面板安装的允许偏差和检验方法

| 项次 | 项目 | 允许偏差（mm） | | | | | | | 检验方法 |
| | | 石材 | | | 瓷板 | 木材 | 塑料 | 金属 | |
		光面	剁斧石	蘑菇石					
1	立面垂直度	2	3	3	2	1.5	2	2	用2m垂直检测尺检查
2	表面平整度	2	3	—	1.5	1	3	3	用2m靠尺和塞尺检查
3	阴阳角方正	2	4	4	2	1.5	3	3	用直角检测尺检查
4	接缝直线度	2	4	4	2	1	1	1	拉5m线，不足5m拉通线，用钢直尺检查

项次	项目	允许偏差（mm）							检验方法
		石材			瓷板	木材	塑料	金属	
		光面	剁斧石	磨菇石					
5	墙裙脚上口直线度	2	3	3	2	2	2	2	拉 5m 线，不足 5m 拉通线，用钢直尺检查
6	接缝高低差	0.5	3	—	0.5	0.5	1	~1	用钢直尺和塞尺检查
7	接缝宽度	1	2	2	1	1	~1	1	用钢直尺检查

3.7.4 刷浆和裱糊工程

刷浆是将水性涂料（以水为溶剂）喷刷在抹灰层或物体表面上。刷浆工程常用的浆料有石灰浆、大白浆、可赛银浆和聚合物水泥浆等。

裱糊工程分墙纸裱糊和墙布裱糊，是通过胶粘剂将墙纸或墙布裱糊在建筑物基层表面的一种装饰做法。被广泛用于室内墙面、柱面及顶棚等部位的装饰，具有色彩丰富、质感性强、耐用、易清洗的特点。

3.7.4.1 刷浆工程

室内刷浆工程按质量要求，分为普通和高级两级，其操作工序见表 3-43；室外刷浆工程的主要工序见表 3-44。

刷浆工程的基体或基层应干燥。刷浆前应清除基层表面上的灰尘、污垢、溅沫和砂浆流痕。表面的缝隙应用腻子填补齐平，要坚实牢固，不得起皮和裂缝。浆膜干燥前，应防止尘土沾污和热空气的侵袭。刷浆浆料的工作稠度，刷涂时宜小些；喷涂时宜大些。刷浆次序须先顶棚，然后由上而下，且应待第一遍浆干燥后，方可涂刷第二遍，涂层不宜过厚。

表 3-43

室内刷浆的主要工序

项次	工序名称	石灰浆 普通	石灰浆 高级	聚合物水泥浆 普通	聚合物水泥浆 高级	大白浆 普通	大白浆 高级	可赛银浆 普通	可赛银浆 高级
1	清扫	+	+	+	+	+	+	+	+
2	用乳胶水溶液或聚乙烯醇缩甲醛胶水溶液湿润			+	+				
3	填补缝隙、局部刮腻子	+	+	+	+	+	+	+	+
4	磨平	+	+	+	+	+	+	+	+
5	第一遍满刮腻子					+	+	+	+
6	磨平					+	+	+	+
7	第二遍满刮腻子						+		+
8	磨平						+		+

项次	工序名称	石灰浆		聚合物水泥浆		大白浆		可赛银浆	
		普通	高级	普通	高级	普通	高级	普通	高级
9	第一遍刷浆	+	+	+	+	+	+	+	+
10	复补腻子		+	+	+	+	+	+	+
11	磨平		+	+	+	+	+	+	+
12	第二遍刷浆	+	+	+	+	+	+	+	+
13	磨浮粉		+			+	+	+	
14	第三遍刷浆		+			+	+		+

注：1. 表中"+"号表示应进行的工序。

2. 高级刷浆工程，必要时可增刷一遍浆。

3. 机械喷浆可不受表中遍数的限制，以达到质量要求为准。

4. 湿度较大的房间刷浆，应用具有防潮性能的腻子和浆料。

5. 腻子配比（重量比）：白乳胶：滑石粉或大白粉：2%羧甲基纤维素溶液＝1:5:3.5。

室外刷浆的主要工序　　　　表 3-44

项次	工 序 名 称	石灰浆	聚合物水泥浆
1	清扫	+	+
2	填补缝隙、局部刮腻子	+	+
3	磨平	+	+
4	用乳胶水溶液或聚乙烯醇缩甲醛胶子溶液湿润		+
5	第一遍刷浆	+	+
6	第二遍刷浆	+	+

注：1. 表中"＋"号表示应进行的工序。

　　2. 机械喷浆可不受表中遍数的限制，以达到质量要求为准。

　　3. 腻子配比（重量比）：白乳胶:水泥:水 = 1:5:1。

刷浆工程要求表面颜色均匀，不显刷纹，不脱皮、起泡、咬色、流坠。其质量要求见表 3-45 所示。

刷浆工程质量要求

表 3-45

项次	项目	普通涂饰	高级涂饰	检验方法
1	颜色	均匀一致	均匀一致	观察
2	泛碱、咬色	允许少量轻微	不允许	
3	流坠、疙瘩	允许少量轻微	不允许	
4	砂眼、刷纹	允许少量轻微砂眼、刷纹通顺	无砂眼、无刷纹	
5	装饰线、分色线直线度允许偏差 (mm)	2	1	拉 5m 线，不足 5m 拉通线，用钢直尺检查

3.7.4.2 裱糊工程

裱糊的部位、基层类别及面层材料不同，裱糊施工的工序亦有所不同。现以室内墙纸裱糊为例，简要介绍裱糊施工的做法和基本要求。

（1）墙纸的裱糊施工工艺过程

基层处理→墙面分幅和划垂直线→裁纸→润湿→墙纸上墙→对缝→赶大面→整理纸缝→擦净纸面。

1）基层处理　裱糊墙纸的基层，要求坚固密实，表面平整光洁，无酥松、粉化、孔洞、麻点、飞刺和砂粒，表面颜色应一致。

2）裁纸　裱糊墙纸时纸幅必须垂直，才能使墙纸之间花纹、图案、纵横连贯一致。分幅拼花裁切时，要照顾主要墙面花纹的对称完整，对缝和搭缝按实际尺寸统筹规划裁纸，纸幅应编号，按顺序粘贴。

3）墙纸润湿和刷浆　不同的墙纸、墙布湿胀干缩性不一样，对湿胀干缩反应较明显的 PVC 壁纸，裱糊前应在水中润湿，称为润湿。纸基塑料墙纸裱糊吸水后，在宽度方面能胀出约 1%。准备上墙裱糊的塑料墙纸，应先浸水 3min，再抖掉余水、静置 20min 待用。这样，刷浆后裱糊，可避免出现皱褶。但对于湿胀干缩反应不明显的，如无纺贴墙布则不需润纸。纺织纤维壁纸不能在水中浸泡，只需在壁纸背面用湿布稍揩一下即可。

在纸背和基层表面上刷胶要求薄而均匀。一般基层表面刷胶应比壁纸刷宽 2~3cm。

4）裱糊　墙纸纸面对褶上墙面，纸幅要垂直，先对花、对纹拼缝，由上而下赶平、压实。多余的胶粘剂挤出纸边，及时揩净以保持整洁。

（2）裱糊工程的质量应符合以下要求

1）墙纸、墙布必须粘贴牢固，表面色泽一致，不得有气泡、空鼓、裂缝、翘边、折皱和斑污，斜视时无胶痕。

2）表面平整，无波纹起伏。墙纸、墙布与挂镜线、贴脸板、踢脚板等紧接，不得有缝隙。

3）各幅拼接要横平竖直，接缝处花纹、图案吻合，不离缝，不搭接。距墙面 1.5m 处正视不显接缝。

4）阴、阳角垂直，棱角分明，阴角处搭接顺直，阳角处无接缝。

5）墙纸、墙布边缘整齐，不得有纸毛、飞刺。

6）不得有漏贴、补贴和缺层等缺陷。

4. 施工质量管理体系与程序

4.1 施工质量管理体系

4.1.1 施工质量管理体系的建立

施工质量管理体系是指现场施工管理组织的施工质量控制体系或管理体系，即施工单位为实施承建工程的施工质量管理和目标控制，以现场施工管理组织架构为基础，通过质量管理目标的确定和分解，所需人员和资源的配置，以及施工质量管理相关制度的建立和运行，形成具有质量控制和质量保证能力的工作系统。

4.1.1.1 质量管理体系的概念

质量管理体系，是指"在质量方面指挥和控制组织的管理体系"。它致力于建立质量方针和质量目标，并为实现质量方针和质量目标确定相关的过程、活动和资源。质量管理体系主要在质量方面帮助组织提供持续满足要求的产品，以满足顾客和其他相关方的需求。组织的质量目标与其他管理体系的目标,如财务、环境、职业、卫生与安全等的目标应是相辅相成。因此,质量管理体系的建立要注意与其他管理体系的整合,以方便组织的整体管理,其最终目的应使顾客和相关方都满意。

组织可通过质量管理体系来实施质量管理,质量管理的中心任务是建立、实施和保持一个有效的质量管理体系。

4.1.1.2 质量管理的原则

国际标准化组织(ISO)吸纳了国际上在质量管理方面的各种先进理念,结合实践经验及理论分析,为确保质量目标的实现,明确了质量管理的八项原则。这些原则适用于所有类型的产品和组织,成为质量管理体系建立的理论基础,组织应遵循这八项质量管理原则对工程项目进行管理。

(1)以顾客为中心

组织依存于其顾客,因此,组织应理解顾客当前的和未来的需求,满足顾客要求并争取超出顾客期望。

顾客是接受产品的组织或个人,既指组织外部的消费者、购物者、最终使用者、零售商、受益者和采购者,也指组织内部的生产、服务和活动中接受前一个过程输出的部门、岗位或个人。顾客是组织存在的基础，顾客的要求应放在组织的第一位。最终的顾客是使用产品的群体，对产品质量感受最深，其期望和需求对于组织意义重大。对潜在的顾客亦不容忽视，如果条件成熟，他们会成为组织的一大批现实的顾客。市场是变化的，顾客是动态的，顾客的需求和期望也是不断变化的。因此，组织要及时调整自己的经营策略，采取必要的措施，以适应市场的变化，满足顾客不断发展的需求和期望，争取超越顾客的需求和期望，使自己的产品或服务处于领先的地位。

实施本原则可使组织了解顾客及其他相关方的需求；可直接与顾客的需求和期望相联系，确保有关的目标和指标；可提高顾客对组织的忠诚度；能使组织及时抓住市场机遇，做出快速而灵活的反应，从而提高市场占有率，增加收入，提高经济效益。

实施本原则时一般要采取的主要措施包括：全面了解顾客的需求和期望，确保顾客的需求和期望在整个组织中得到沟通，确保组织的各项目标；有计划地、系统地测量顾客满意程度并针对测量结果采取改进措施；在重点关注顾客的前提下，确保兼顾其他相关方的利益，使组织得到全面、持续的发展。

（2）领导作用

领导者确立组织统一的宗旨和方向，并努力创造与保持使员工能够充分参与实现组织目标的内部环境。

一个组织的领导者，即最高管理者是"在最高层指挥和控制组织的一个人或一组人"。领导者要想指挥好和控制好一个组织，必须做好确定方向、策划未来、激励员工、协调活动和营造一个良好的内部环境等工作。领导者的领导作用、承诺和积极参与，对建立并保持一个有效的和高效的质量管理体系，并使所有相关方获益是必不可少的。此外，在领导方式上，领导者要做到透明、务实和以身作则。

在领导者创造的比较宽松、和谐和有序的环境下，全体员工能够理解组织的目标并动员起来去实现这些目标。所有的活动能依据领导者规定的各级、各部门的工作准则以一种统一的方式加以评价、协调和实施。领导者可以对组织的未来勾画出一个清晰的远景，并细化为各项可测量的目标和指标，在组织内部进行沟通，让全体员工都能了解组织的奋斗方向，从而建立起一支权责明确、积极性高、组织严密、稳定的员工队伍。

实施本原则时一般要采取的措施包括：全面考虑所有相关方的需求，做好发展规划，为组织勾画一个清晰的远景，设定富有挑战性的目标，并实施为达到目标所需的发展战略；在一定范围内给予员工自主权，激发、鼓励并承认员工的贡献，提倡公开和诚恳的交流和沟通，建立宽松、和谐的工作环境，创造并坚持一种共同的价值观，形成企业的精神和企业文化。

（3）全员参与

各级人员都是组织之本，只有他们的充分参与，才能使他们的才干为组织带来最大的收益。

组织的质量管理有赖于各级人员的全员参与，组织应对员工进行以顾客为关注焦点的质量意识和敬业爱岗的职业道德教育，激励他们的工作积极性和责任感。此外，员工还应具备足够的知识、技能和经验，以胜任工作，实现对质量管理的充分参与。

实施本原则可使全体员工动员起来，积极参与，努力工作，实现承诺，树立起工作责任心和事业心，为实现组织的方针和战略作出贡献。

实施本原则一般要采取的主要措施包括：对员工进行职业道德教育，教育员工要识别影响他们工作的制约条件；在本职工作中，让员工有一定的自主权，并承担解决问题的责任。把组织的总目标分解到职能部门和层次，激励员工为实现目标而努力，并评价员工的业绩；启发员工积极提高自身素质；在组织内部提倡自由地分享知识和经验，使先进的知识和经验成为共同的财富。

(4) 过程方法

将活动和相关的资源作为过程进行管理，可以更高效地得到期望的结果。

过程方法或 PDCA（P—策划，D—实施，C—检查，A—处置）模式适用于对每一个过程的管理，这是公认的现代管理方法。

过程方法的目的是获得持续改进的动态循环，并使组织的总体业绩得到显著的提高。通过识别组织内的关键过程，随后加以实施和管理并不断进行持续改进来达到顾客满意。将活动和相关的资源作为过程进行管理，可以更高效地得到期望的结果。

实施本原则可对过程的各个要素进行管理和控制，可以通过有效地使用资源，使组织具有降低成本并缩短周期的能力。可制定更富有挑战性的目标和指标，可建立更经济的人力资源管理过程。

实施本原则一般要采取的措施包括：识别质量管理体系所需要的过程；确定每个过程的关键活动，并明确其职责和义务；确定对过程的运行实施有效控制的准则和方法，实施对过程的监督和测量，并对结果进行数据分析，发现改进的机会并采取措施。

（5）管理的系统方法

针对设定的目标，识别、理解并管理一个由相互关联的过程所组成的体系，有助于提高组织的有效性和效率。

质量管理的系统方法，就是要把质量管理体系作为一个大系统，对组成质量管理体系的各个过程加以识别、理解和管理，以达到实现质量方针和质量目标。

系统方法可包括系统分析、系统工程和系统管理三大环节。它通过系统分析有关的数据、资料或客观事实来确定要达到的优化目标；然后通过系统工程设计或策划为达到目标而采取的各种资料和步骤，以及应配置的资源，形成一个完整的方案；最后在实施中通过系统管理而取得高有效性和高效率。

实施本原则可使各过程彼此协调一致，能最好地取得所期望的结果；可增强把注意力集中于关键过程的能力。由于体系、产品和过程处于受控状态，组织能向重要的相关方提供对组织的有效性和效率信任。

实施本原则时一般要采取的措施包括：建立一个以过程为主体的质量管理体系；明确质量管理过程中的顺序和相互作用，使这些过程相互协调；控制并协调质量管理体系的各个过程的运行，并规定其运行的方法和程序；通过对质量管理体系的测量和评审，采取措施以持续改进体系，提高组织的业绩。

（6）持续改进

持续改进是组织的一个永恒目标。

进行质量管理的目的就是保持和提高产品质量，没有改进就不可能提高。持续改进增强满足要求能力的循环活动，通过不断寻求改进机会，采取适当的改进方式，重点改进产品的特性和管理体系的有效性。改进的途径可以是日常渐进的改进活动也可以是突破性的改进项目。

坚持持续改进，可提高组织对改进机会快速而灵活的反应能力，增强组织的竞争优势；可通过战略和业务规划，把各项持续改进集中起来，形成更有竞争力的业务计划。

实施本原则时一般要采取的措施包括：使持续改进成为一种制度；对员工提供关于持续改进的方法和工具的培训，使产品、过程和体系的持续改进成为组织内每个员工的目标；为跟踪持续改进规定指导和测量的目标，承认改进的结果。

（7）基于事实的决策方法

对数据和信息的逻辑分析或直觉判断是有效决策的基础。

对数据和信息的逻辑分析或直觉判断是有效决策的基础。以事实为依据做决策，可以防止决策失误。通过合理运用统计分析，来测量、分析和说明产品和过程的变异性，通过对质量信息和资料的科学分析，确保信息和资料的足够准确和可靠，基于事实的分析、过去的经验和直观判断做出决策并采取行动。

实施本原则可增强通过实际来验证过去决策的正确性的能力，可增强对各种意见和决策进行评审、质疑和更改的能力，发扬民主决策的作风，使决策更切合实际。

实施本原则时一般要采取的措施包括：收集与

目标有关的数据信息，并规定收集信息的种类、渠道和职责；通过鉴别，确保数据和信息的准确性和可靠性；采取各种有效的方法，对数据和信息进行分析，确保数据和信息能为使用者得到和利用；根据对事实的分析、过去的经验与直觉判断做出决策并采取行动。

（8）互利的供方关系

通过互利的关系，可以增强组织及其供应方创造价值的能力。

供方提供的产品将对组织向顾客提供满意的产品产生重要影响，能否处理好与供方的关系，影响到组织能否持续稳定地向顾客提供满意的产品。对供方不能只讲控制，不讲合作与利益，特别对关键供方，更要建立互利互惠的合作关系，这对组织和供方来说都是非常重要的。

实施本原则可增强供需双方创造价值的能力，通过与供方建立合作关系可以降低成本，使资源的配置达到最优化，并通过与供方的合作增强对市场变化联合做出灵活和快速的反应，创造竞争优势。

实施本原则时一般要采取的措施包括：识别并选择重要供方，考虑眼前和长远的利益；创造一个通畅和公开的沟通渠道，及时解决问题，联合改进活动；与重要供方共享专门技术、信息和资源，激发、鼓励和承认供方的改进及其成果。

4.1.1.3 质量管理体系的要素

质量管理体系要素是构成质量管理体系的基本单元。它是产生和形成工程产品的主要因素。

质量管理体系是由若干个相互关联、相互作用的基本要素组成。在施工企业施工建筑安装工程的全部活动中，工序内容多，施工环节多，工序交叉作业多，有外部条件和环境的因素，也有内部管理和技术水平的因素，企业要根据自身的特点，参照质量管理和质量保证国际标准和国家标准中所列的质量管理体系要素的内容，选用和增删要素，建立和完善施工企业的质量体系。

质量管理体系的要素中，根据施工企业的特点可列出 17 个要素。这 17 个要素可分为 5 个层次。第一个层次阐述了企业的领导职责，指出经理的职责是制定实施本企业的质量方针和目标，对建立有效的质量管理体系负责，是质量的第一责任人。质量管理的职能就是负责质量方针的制定与实施。这是企业质量管理的第一步，也是最关键的一步。第二层次阐述了展开质量体系的原理和原则，指出建立质量管理体系必须以质量形成规律的质量环为依据，要建立与质量体系相适应的组织机构，并明确有关人员和部门的质量责任和权限。第三层次阐述了质量成本，从经济角度来衡量体系的有效性，这是企业的主要目的。第四层次阐述了质量形成的各个阶段如何进行质量控制与内部质量保证。第五层次阐述了质量形成过程中的间接影响因素。

4.1.1.4 施工质量管理体系的建立

施工质量管理体系的建立是以现场施工管理组织机构（如施工项目经理部）为主体，根据施工单位质量管理体系和业主方或总承包方的工程项目质量控制总体系统的有关规定和要求而建立的。

（1）施工质量管理体系的主要内容

施工质量管理体系需要根据施工管理的范围，结合工程的特点建立，其主要内容有：

1）现场施工质量控制的目标体系，确定工程项目施工的质量目标，应依据工程项目的重要程度和工程项目施工可能达到的管理水平，确定工程项目施工预期达到的质量目标。

2）现场施工质量控制的业务职能（部门）分工。

3）现场施工质量控制的基本制度和主要工作流程，如技术质量岗位责任制度、施工质量检验制度、检验试验管理制度、信息档案管理制度、质量控制例会制度等，以及各相关方面的工作流程。

4）现场施工质量计划或施工组织设计文件，施工质量计划是针对特定的工程项目，为完成预定的质量控制目标，编制专门规定的质量措施、资源配置和活动顺序的文件。它对外作为针对特定工程项目的质量保证，对内作为针对特定工程项目的质量管理依据。

施工组织设计是施工承包单位针对每一特定工程项目而编制的，用以作为施工准备和施工全过程的指导性文件。为确保工程质量，承包单位在施工组织设计文件中加入了质量目标、质量管理及质量保证措施等质量计划的内容。

施工质量计划与施工组织设计既有相同的地方，又存在着差别。

①编制对象相同。二者都是针对某一特定工程项目而编制的；

②形式相同。二者均为文件形式；

③作用既相同又存在区别。投标时，二者的作用是相同的，都是投标单位对建设单位做出工程项目质量管理的承诺。施工期间，承包单位编制的施工组织设计仅供内部使用，用于具体指导工程项目

的施工。而质量计划主要是向建设单位做出质量保证;

④编制原理不同。质量计划的编制是以质量管理标准为基础,从质量职能上对影响工程质量的各环节进行控制,而施工组织设计则是从施工部署的角度,着重从技术质量形成规律来编制全面施工管理的计划文件;

⑤内容上各有侧重点。质量计划的内容包括:质量目标、组织结构和人员培训、采购、过程质量控制的手段和方法;而施工组织设计是建立在对这些手段和方法结合工程特点具体而灵活运用的基础。

5)现场施工质量控制点及其控制措施,质量控制点是指为了保证作业过程的质量而确定的重点控制对象、关键部位或薄弱环节。其控制措施主要有审核技术文件、报告和报表以及现场监督和检查。

6)现场施工质量控制的内外沟通协调关系网络及其运行措施。如与业主方、监理单位、分包单位、设计单位、供应单位、政府部门等方面以及本企业各职能部门的沟通关系。

(2)施工质量管理体系的特点

施工质量管理体系并非独立于现场施工管理组织以外的专门组织体系，而是通过上述内容所形成的现场施工质量管理的制度性和程序性的文件体系，为现场施工管理组织注入质量控制的活力和机制。因此，施工质量管理体系有如下特点：

1）系统性：从根本上说，它是一种以履行承包商自身的施工质量责任、创造施工质量管理环境和实施施工质量控制为目的的、系统的组织措施。

2）互动性：施工质量管理体系和施工进度控制系统、施工的成本控制系统、施工安全职业健康及环境管理系统的建立与运行有着密切的联系，而且通常在一个施工管理组织内部成为一个综合的管理体系。

3）双重性：施工质量管理体系，既是施工单位质量管理体系在承建项目上的具体体现或延伸，也是特定建设项目质量控制总体系统的构成单元或其分解结构。它必须同时糅合这两方面质量管理方针和目标的要求。

4）一次性：它的建立和运行是与施工任务的承包和实施相同步，随着工程竣工而终止，也是施工项目管理特征的体现。

4.1.2 施工质量管理体系的运行

施工质量管理体系的运行，应以质量计划为龙头，过程管理为中心，按照 PDCA 循环原理展开。

（1）P（Plan）——计划

可理解为施工质量计划阶段，主要是确定为达到预期的各项质量目标，并制定实现质量目标的实施方案。在施工质量计划阶段，现场施工管理组织应根据其任务目标和责任范围，建立施工质量控制的管理制度，对质量工作程序、技术方法、业务流程、资源配置、检验试验要求、质量记录方式、不合格处理、管理措施等内容做出具体规定并形成相关文件。施工质量计划编制完成后，还需要对其实现预期目标的可行性、有效性、经济合理性等进行分析论证，并按规定的程序与权限经过审批后执行。

（2）D（Do）——实施

进行质量计划目标和施工方案的交底，落实相关条件并按质量计划的目标所确定的程序和方法展开施工作业技术活动。交底的目的在于使具体的作业者和管理者，明确质量计划的意图和要求，正确执行质量计划的实施方案，努力实现预期的施工质量目标。

（3）C（Check）——检查

是指对计划实施过程进行各种检查，包括作业者的自检、互检和专职管理者的专检。首先是检查是否严格按照预定计划认真执行；实际条件是否发生了变化；没按计划执行的原因。其次是检查计划执行的结果，即施工质量是否达到标准的要求，对此进行评价和确认。

（4）A（Action）——处理

对质量检查中发现的施工质量问题或质量不合格，及时分析原因，采取必要的措施予以纠正，保持施工质量始终处于受控状态。处置包括纠偏处置和预防处置与持续改进的途径。纠偏是采取应急措施，解决当前的质量问题和缺陷；预防是将信息反馈给管理部门，分析问题的症结或计划的不周，为今后类似质量问题的预防提供借鉴。

施工质量管理体系的运行，应按照事前、事中和事后控制相结合的模式依次展开。

（1）事前控制

事前控制属于预控方式，要求预先编制周密的施工质量计划。施工质量计划、施工组织设计、施工项目管理实施规划的编制都必须建立在切实可行、有效实现预期质量目标的基础上，作为施工质量控制的实施方案进行施工部署。

事前控制有两层含义，一是强调运用计划手段，进行施工质量目标的预控，简称"计划预控"；二是强调按施工质量计划的要求，控制施工准备工作状态，为施工作业过程或工序的质量控制打好基础。

（2）事中控制

事中控制主要是通过技术作业和管理活动行为的自我约束和他人监控，来达到施工质量控制的目的。

1）自我约束。就是在施工质量计划的指导下，依靠作业者和管理者的内在因素，把作业技术能力调整到最佳状态，努力按规定的程序和标准去完成预定质量目标的作业任务。

2）他人监控。包括来自企业内部管理者的检查监督和来自企业外部的工程监理等的监控，是自我行为约束的一种外在推动力。

自我约束和他人监控是事中施工质量控制的基本保证。事中控制虽然包含自控和监控两大环节，但其关键还是增强质量意识，发挥操作者自我约束来自我控制，即坚持质量标准是根本，他人监控是必要的补充，没有前者或用后者取代前者，都是不正确的。因此，现场施工管理组织通过建立和实施施工质量管理体系，运用监督机制和激励机制相结合的管理方法，更好地发挥操作者的自控能力，以达到质量控制的效果，是非常必要的。

（3）事后控制

事后控制包括对质量活动结果的评价认定和对质量偏差的纠正。从理论上来讲，如果计划预控制定的实施方案考虑得越周密、事中自控和监控能力越强、越严格，实现预期的质量目标的可能性就越大。理想的状况是希望各项作业活动"一次成活"、"一次交验合格率100％"。但这种理想状态并不是所有的施工过程都能达到，因为在施工过程中不可避免地会存在一些计划时难以预料的影响因素，包括偶然性因素和系统性因素。因此，当出现质量实际值与目标值之间超出允许偏差时，必须分析原因，采取措施纠正偏差，保持质量处于受控状态。

上述质量控制的两个阶段，不是孤立和截然分开的，它们之间构成有机的系统过程，实质上也就是 PDCA 循环的具体化，并在每一次滚动循环中不断提高，达到质量管理或质量控制的持续改进。

4.2 施工质量的预控措施

4.2.1 施工质量计划预控

4.2.1.1 施工质量计划预控的概念

计划是管理的一种职能，也是一种管理手段或工具。施工质量计划是施工质量控制的手段或工具，任何管理活动，由于计划在先，实施在后，因此，计划具有预控职能，通常称计划预控或事前控制。

施工质量计划预控是以"预防为主"作为指导思想，在施工之前，通过施工质量计划的编制，确定合理的施工程序、施工工艺和技术方案，以及制定与此相关的技术、组织、经济与管理措施，用以指导施工过程的质量管理和控制活动。

4.2.1.2 施工质量计划的作用

（1）为现场施工管理组织的全面、全过程施工质量控制提供依据；

（2）向发包人证实施工单位质量承诺的具体实现步骤和措施，获得发包人和相关方的信任，并成为发包人实施质量监督的依据。

4.2.1.3 施工质量计划的重要性

施工质量计划的重要性在于其明确了具体的质

量目标，制定了行动方案和管理措施，规范了现场施工组织内部的质量活动行为，保证了质量形成的技术能力，为各项施工技术作业活动的"一次成活一次交验合格"奠定了基础。

4.2.1.4 施工质量计划的方式

施工质量计划的方式目前尚无统一规定，常见的有三种：

（1）按 ISO9000：2000 质量管理体系标准的要求采用《施工质量计划》文件方式；

（2）传统的《施工组织设计》文件方式；

（3）结合施工项目管理的要求，施工质量计划包含在《施工项目管理实施规划》文件中。

4.2.2 施工准备状态预控

施工准备状态是指施工组织设计或质量计划的各项安排和确定的内容，在施工准备过程或工程施工前，具体落实到的情况。施工准备状态的预控目的在于抓好计划的落实，防止承诺与行为、计划与执行不相一致，而使施工质量的预控流于形式。

由于建筑产品生产的单件性和生产过程组织管理的一次性，做好充分的施工准备，对施工过程的顺利展开和有效施工管理目标，有其重要的现实意义。施工准备按工程项目所处的施工阶段不同分为：工程项目开工之前的施工准备和各施工阶段前的施工准备。

4.2.2.1 施工准备工作的目的

为了保证工程项目顺利地施工，必须做好施工准备工作。施工准备工作是生产经营管理的重要组成部分，是对拟建工程目标、资源供应、施工方案的选择、空间布置和时间安排等诸方面进行施工决策的依据。

4.2.2.2 施工准备工作的任务

基本建设工程项目的总程序按照计划、设计和施工等几个阶段进行。施工阶段又分为施工准备、土建施工、设备安装和交工验收。施工准备工作的基本任务是为拟建工程的施工建立必要的技术和物资条件，统筹安排施工力量和施工现场。施工准备工作也是施工企业搞好目标管理，推行技术经济承包的重要依据。同时施工准备工作还是土建施工和设备安装顺利进行的根本保证。因此认真地做好施工准备工作，对于发挥企业优势、合理资源供应、加快施工速度、提高工程质量、降低工程成本、增加企业经济效益、赢得企业社会信誉、实现企业管理现代化等具有重要的意义。

4.2.2.3 施工准备状态分类

(1) 按工程项目施工准备工作的范围不同，一般可分为全场性施工准备、单位工程施工条件准备和分部分项工程作业条件准备等三种。

1) 全场性施工准备，是以一个建筑工地为对象而进行的各项施工准备。其特点是它的施工准备工作的目的、内容都是为全场施工服务的。它不仅要为全场性的施工活动创造有利条件，而且要兼顾单位工程施工条件的准备。

2) 单位工程施工条件准备，是以一个建筑物或构筑物为对象而进行的施工条件准备工作，其特点是它的准备工作的目的、内容都是为单位工程施工服务的。它不仅为该单位工程在开工前做好一切准备，而且要为分部分项工程做好施工准备工作。

3) 分部分项工程作业条件准备，是以一个分部分项工程或冬雨期施工为对象而进行的作业条件准备。

(2) 按拟建工程所处的施工阶段的不同，一般可分为开工前的施工准备和各施工阶段前的施工准备等两种。

1) 开工前的施工准备，是在拟建工程正式开工之前所进行的一切施工准备工作。其目的是为拟建工程正式开工创造必要的施工条件。它既可能是全场性的施工准备，又可能是单位工程施工条件的准备。

2）各施工阶段前的施工准备，是在拟建工程开工之后，每个施工阶段正式开工之前所进行的一切施工准备工作。其目的是为施工阶段正式开工创造必要的施工条件。每个施工阶段的施工内容不同，所需要的技术条件、物质条件、组织要求和现场布置等方面也不同，因此在每个施工阶段开工之前，都必须做好相应的施工准备工作。

综上所述，可以看出：不仅在拟建工程开工之前要做好施工准备工作，而且随着工程施工的进展，在各施工阶段开工之前也要做好施工准备工作，施工准备工作既要有阶段性，又要有连续性。因此，施工准备工作必须有计划、有步骤、分期和分阶段地进行，要贯穿拟建工程整个建造过程。

4. 2. 2. 4 施工准备工作的内容

（1）技术准备

技术准备是施工准备的核心，主要内容有：

1）熟悉、审查施工图纸和有关的设计资料；

2）原始资料的调查分析。主要是自然条件和技术经济条件的调查分析；

3）编制施工预算。施工预算是根据中标后的合同价、施工图纸、施工组织设计或施工方案、施工定额等文件编制而成的，是企业内部控制各项成本支出，考核用工、签发工程施工任务单、限额领料、基层进行经济核算的依据；

4）编制中标后的施工组织设计。中标后的施工组织设计是施工准备的重要组成部分，也是指导现场全部生产活动的技术经济文件。

（2）材料物资准备

材料物资是保证工程施工顺利进行的物质基础，因此，必须在工程开工之前完成。

1）建筑材料准备。按照施工进度计划的要求和材料名称、规格、使用时间、材料储备定额及消耗定额汇总，并编制材料需要量计划；

2）构（配）件、制品的加工准备。根据施工预算提供的构（配）件、制品的名称、规格、质量和消耗量、确定加工方案、供应渠道及进场后的储存地点和方式，并编制其需要量计划；

3）建筑安装机具的准备。根据采用的施工方案、安排的施工进度，确定施工机械的类型、数量和进场时间，确定施工机具的供应方式和进场后的存放地点和方式，并编制其需要量计划；

4）生产工艺设备的准备。按照工程项目工艺流程及工艺设备布置图，提出工艺设备的名称、型号、生产能力和需要量，确定分期分批进场时间和保管方式，并编制其需要量计划。

（3）劳动组织准备

1）建立工程项目施工领导机构。施工组织领导机构的建立应根据工程项目的规模、结构特点和复杂程度确定施工组织领导机构的人选和名额，要求合理分工与密切协作相结合；

2）建立精干的施工队组。施工队组的建立要求专业、工种合理配置，技工、普工比例要满足合理的劳动组织，符合流水施工组织方式的要求，并编制劳动力需要量计划；

3）集结施工力量，组织劳动力进场。按开工日期和劳动力需要量计划，组织劳动力进场，并进行安全、防火和文明施工等方面的教育；

4）向施工队组及工人进行施工组织设计、计划和技术交底。交底的目的是把工程项目的设计内容、施工计划和技术要求等，详细地向施工队组和工人交代清楚，以便按要求更好地进行施工。交底的方式有书面形式、口头形式和现场示范形式等；

5）建立健全各项管理制度。其内容包括：工程质量检验与验收制度；工程技术档案管理制度；建筑材料、构（配）件、制品的检查验收制度；技术责任制度；施工图纸学习与会审制度；技术交底制度；职工考勤、考核制度；安全操作制度；机具使用保养制度等。

（4）施工现场准备

主要是为了给工程施工创造有利的施工条件和物资保证。施工现场准备包括：

1）做好施工场地的控制网测量；

2）搞好"七通一平"；

3）做好施工现场的补充勘察；

4）建造临时设施；

5）安装、调试施工机具；

6）做好建筑构（配）件、制品和材料的储存和堆放；

7）及时提供建筑材料的试验申请计划；

8）做好冬雨期施工安排；

9）进行新技术项目的试制与试验；

10）设置消防、保安设施。

（5）施工场外准备

施工场外准备内容包括：

1）材料的加工和订货；

2）签订分包合同；

3）提交开工申请报告。

4.2.2.5　项目开工前的施工准备

工程项目开工前的施工准备，是指在拟建工程正式开工前进行的各项施工准备，其目的是为工程项目施工创造必要的施工条件。为此，工程项目开工前应检查下述各项施工准备状态：

（1）是否认真完成了设计交底和施工图会审；

（2）施工组织设计或质量计划是否已向现场管理和作业人员传达或说明；

（3）先期进场的施工材料和施工机械设备等是否符合施工组织设计或质量计划的要求；

（4）施工平面图的实际布置内容和方式是否正确执行施工平面图及有关安全生产的规定；

（5）施工分包企业选择及进场作业人员资质资格是否符合施工组织设计或质量计划要求；

（6）施工技术、质量、安全等专业职能管理人员是否到位，其责任与权利是否明确；

（7）施工所需要的文件资料、技术标准、规范等各类管理工具是否已经获得；

（8）工程计量及测量器具、仪表等的配置数量和质量，是否符合要求；

（9）工程定位轴线、标高引测基准是否明确，实施结果是否已经复核；

（10）施工组织设计或质量计划是否已经报业主或监理机构校核等。

4.2.2.6 各施工阶段前的施工准备

各施工阶段前的施工准备是指在每个施工阶段开工前的施工准备，其目的是为每个施工阶段创造必要的施工条件。为此，各施工阶段正式开工前，应检查下述各项施工准备状态：

（1）相关施工内容的技术交底是否明确、到位和理解；

（2）使用的材料、构配件等是否进行质量验收和记录；

（3）规定必须持证上岗的作业人员是否经过资质核查或培训；

（4）前道工序是否已按规定进行施工质量交接检查或隐蔽工程验收；

（5）施工作业环境（如通风、照明、防护设施等）是否符合要求；

（6）施工作业所需的图纸、资料、规范、标准或作业指导书、要领书、材料使用说明书等是否已经准备就绪；

（7）工种间的交叉衔接、协同配合关系是否已经协调明确等。

4.2.3 施工生产要素预控

4.2.3.1 施工生产要素预控的意义

施工生产要素通常是指人、材料、机械、技术（或施工方法）、环境和资金。其中资金是其他生产要素配置的条件。施工管理的基本思路是通过施工生产要素的合理配置、优化组合和动态管理，以最经济合理的施工方案，在规定的工期内完成质量合格的施工任务，并获得预期的施工经营效益。由此可见，施工生产要素不仅影响工程质量，而且与施工管理其他目标的实现也有很大关系。

（1）人——指作业者、管理者的素质以及组织效果。

（2）材料——包括材料、半成品、工程用品等的质量。

（3）机械——包括自购和租赁的所有施工机械、工具、模具和设备等条件。

（4）技术——采取的施工工艺及技术措施的水平。

（5）环境——现场水文、地质、气象等自然环境，通风、照明、安全等作业环境以及协调配合的管理环境。

（6）资金——包括自有资金和贷款。

4.2.3.2　施工人员资格预控

人是施工生产劳动的主体。劳动主体的质量包括参与工程各类作业人员和管理人员的生产技能、文化素养、生理体能、心理行为等方面的个体素质及经过合理组织充分发挥其潜在能力的群体素质。

企业应通过择优录用、加强思想教育及技能方面的教育培训；合理组织、严格考核，并辅以必要的激励机制，使企业员工的潜在能力得到最佳组合和充分发挥，从而保证劳动主体在质量控制系统中发挥主体自控作用。

施工企业控制必须坚持对所选派的项目领导者、组织者进行质量意识教育和组织管理能力训练，坚持对分包商的资质考核和施工人员的资格考核，严格执行规定工种持证上岗制度。

4.2.3.3　材料物资质量预控

原材料、半成品、结构件、工程用品和设备是构成工程实体的基础，其质量是工程项目实体质量的组成部分。加强原材料、半成品及设备的质量控制，不仅是提高工程质量的必要条件，也是实现工程项目费用目标和进度目标的前提。

凡涉及安全、功能的有关产品，应按各专业工程质量验收规范规定讲行复验，并应经监理工程师（建设单位技术负责人）检查认可。

施工作业前对原材料、半成品及设备进行质量控制的主要内容包括：

（1）控制材料设备性能、标准与设计文件的相符性；

（2）控制材料设备各项技术性能指标、检验测试指标与标准要求的相符性；

（3）控制材料设备进场验收程序及质量文件资料的齐全程度等；

（4）控制不合格材料、设备的处理程序。不合格材料设备必须经过记录、标识，及时清退处理或指定专用，以防用错；不合格品不得用于工程。

4.2.3.4　施工技术方法预控

施工技术方法包含施工技术方案、施工工艺和操作方法。其中，施工技术方案是施工组织设计或质量计划的核心内容，必须在全面施工准备阶段编审完成。在施工总体技术方案确定的前提下，各分部分项施工展开之前还必须结合具体施工条件进一步深化和进行具体操作方法的详细交底，并设置质量控制点并跟踪管理。

（1）进行施工组织设计和技术交底

在施工人员确定后需向施工队组、工人进行施工组织设计和技术交底。进行施工组织设计和技术交底的目的是把拟建工程的设计内容、施工计划和施工技术要求等，详尽地向施工队组和工人讲解说明。这是落实计划和技术责任制的必要措施。

施工组织设计和技术交底在单位工程或分部分项工程开工前及时进行，以保证工程严格地按照设计图纸、施工组织设计、安全操作规程和施工验收规范等要求进行调整。施工组织设计和技术交底的内容有：工程的施工进度计划、月（旬）作业计划；施工组织设计，尤其是施工工艺、质量标准、安全技术措施、降低成本措施和施工验收规范的要求；新结构、新材料、新技术和新工艺的实施方案和保证措施；图纸会审中所确定的有关部位的设计变更和技术核定等事项。

交底工作应该按照管理系统逐级进行，由上而下直到工人队组。交底的方式有书面形式、口头形式和现场示范形式等。在施工组织设计和技术交底后，队组工人要认真进行分析研究，弄清工程关键部位、操作要领、质量标准和安全措施，必要时应该根据示范交底，进行练习，并明确任务，做好施工协作安排，同时建立健全岗位责任制和保证措施。

（2）设置质量控制点并跟踪管理

所谓质量控制点就是根据工程项目的特点，为保证工程质量而确定的重点控制对象、关键部位或薄弱环节。设置质量控制点并对其分析是事前预控的一项重要内容。可作为质量控制点的对象可能是技术要求高、施工难度大的部位，也可能是影响质量的关键工序、操作或某一环节。概括地说，应当选择那些保证质量难度大的、对质量影响大的或者是发生质量问题时危害大的对象作为质量控制点。具体来说，被选择作为质量控制点的可以是施工过程中的关键工序或环节以及隐蔽工程，例如预应力结构的张拉程序、钢筋混凝土结构中的钢筋架立；可以是施工中的薄弱环节，或质量不稳定的工序、部位或对象，例如地下防水层施工；可以是对后续工程施工质量或安全有重大影响的工序、部位或对象，例如预应力结构中的预应力钢筋质量、模板的支撑与固定等；可以是采用新技术、新工艺、新材料的部位或环节；也可以是施工上无足够把握的、施工条件困难的或技术难度大的工序或环节，例如复杂曲线模板的放样等。

在施工过程中，应按照前面过程控制和纠偏控制的内容和方法对质量控制点实施动态控制与跟踪管理。可以说，凡是影响所设置质量控制点的因素都可以作为质量控制点的对象，因此，人、材料、机械设备、施工环境、施工方法等均可作为质量控制点的对象，但对特定的质量控制点，它们的影响作用是不同的，这就要重要因素，重点设防。

进行质量预控时，质量控制点的选择是关键，应准确有效，一般由有经验的工程技术人员进行选择，承包商应在每阶段施工前，设置相应的质量控制点。

4.2.3.5 施工设备因素的预控

施工设备泛指施工现场所配置的各类施工机械、设备、工器具和模板等。为保证施工质量，不但需要在施工组织设计或质量计划阶段，认真做好各类施工机械设备的选型，而且需要在施工之前严格按照配置计划所确定的型号、规格和数量认真落实到位，并做好进场安装、调试和检测。应根据工程需要在确定设备选型时，控制好主要性能参数。

（1）对施工所用的机械设备，包括起重设备、各项加工机械、专项技术设备、检查测量仪表设备及人货两用电梯等，应根据工程需要从设备造型、主要性能参数及使用操作要求等方面加以控制。

（2）对施工方案中选用的模板、脚手架等施工设备，除按适用的标准定型选用外，一般需按设计及施工要求进行专项设计，对其设计方案及制作质量的控制及验收应作为重点进行控制。

（3）按现行施工管理制度要求，工程所用的施工机械、模板、脚手架，特别是危险性较大的现场安装的起重机械设备，不仅要对其设计安装方案进行审批，而且安装完毕交付使用前必须经专业管理部门的验收，合格后方可使用。同时，在使用过程中尚需落实相应的管理制度，以确保其安全正常使用。

（4）施工设备因素预控的内容，视具体设备的特点而定，一般包括技术性能参数、计量精度、安全性、可靠性以及日常使用管理的制度和措施等。

4.2.3.6 施工环境的预控

施工环境因素分为主观因素和客观因素两大类。客观因素是指地质、水文、气象、周边建筑、地下管道线路及其他不可抗力因素。主观因素指施工现场的通风、照明、安全卫生防护设施等，由施工企业自身创设的劳动作业环境因素。

环境因素对工程质量的影响具有复杂多变的特点，如气象条件千变万化，温度、湿度、大风、暴雨、严寒、酷暑都直接影响工程质量。又如前一工序往往就是后一工序的环境，前一分项、分部工程也就是后一分项、分部工程的环境。

客观环境因素对工程施工的影响一般难以避免，要消除其对施工质量的不利影响，主要是采取预防的控制方法：

（1）对地质、水文等方面的影响因素的控制，应根据设计要求，分析地质、水文资料，预测不利因素，并会同设计等单位采取相应的措施，如降水、排水、加固等技术控制方案。

（2）对天气气象方面的不利条件，应通过合理安排冬雨期施工项目，制定专项施工方案，从强化施工措施、落实人员、器材等方面控制其对施工质量的不利影响。

主观环境因素同样需要按照施工组织设计或质量计划的要求做好事前控制。主要是根据承发包的合同结构，理顺各参建施工单位之间的管理关系，建立现场施工组织系统和质量管理的综合运行机制。确保施工程序的安排以及施工质量形成过程能够起到相互促进、相互制约、协调运转的作用。此外，在管理环境的创设方面，还应注意与现场近邻的单位、居民及有关方面的协调、沟通，建立良好的公共关系，以使他们对施工造成的干扰和不便给予必要的谅解和支持配合。

4.3 施工质量管理程序

4.3.1 文件控制程序

质量管理体系所要求的文件应予以控制。应编制形成文件的程序，以规定以下方面所需的控制：

（1）文件发布前得到批准，以确保文件是充分与适宜的；

（2）必要时对文件进行评审与更新，并再次批准；

（3）确保文件的更改和现行修订状态得到识别；

（4）确保在使用处可获得适用文件的有效版本；

（5）确保文件保持清晰、易于识别；

（6）确保外来文件得到识别，并控制其分发；

（7）防止作废文件的非预期使用，若因任何原因而保留作废文件时，对这些文件进行适当标识。

施工企业项目部在实施该要素时，重点对与质量体系和产品质量有关的文件及资料进行控制，确保项目部所使用文件版本的有效性。

（1）为实施质量计划，所有文件和资料由项目内业资料员负责标识、登记发放，用后回收保管，资料使用人员要妥善保管自己使用的文件和资料，如因工作调动或其他原因离开项目时，必须如数向内业资料员交回文件资料，没有如数交回者不得办理离岗手续。

（2）文件的标识和引用方法。文件和资料由项目内业资料员按公司的《文件和资料控制程序》规定进行标识，对其"受控"、"非受控"、"作废"、"资料保存"四种状态进行标识控制。

（3）项目自选的文件和资料由项目内业资料员按公司《文件和资料控制程序》的相应规定进行编号、标识。

（4）关于工程质量体系方面的文件由项目内业资料员负责标识、发放登记，按《文件和资料控制程序》进行控制。

（5）施工组织设计由项目总工程师组织项目技术员进行编制，经过会审后报公司总工程师批准，再由项目总工程师组织实施。施工方案、技术措施由项目技术部制定，由项目总工程师审批，由总工程师组织向工长、技术员进行交底并实施。

4.3.2 质量记录控制程序

施工企业项目部应建立并保持记录，以提供符合要求和质量管理体系有效运行的证据。记录应保持清晰、易于识别和检索。应编制形成文件的程序，以规定记录的标识、储存、保护、检索、保存期限和处置所需的控制。

工程质量记录是交付的建筑物质量符合规定要求和质量管理体系有效运行的证据，必须加以控制和管理，以便提供质量证实和便于追溯。本工程实施形成的质量记录主要是体系运行记录和工程产品质量记录。项目实施全过程的质量记录的总责任人员是项目经理和项目总工程师。质量管理体系运行记录由项目经理部质量体系文件人员按文件规定做好记录、整理、编号。

部长、质检专职、资料员、试验专职负责指导和监督分公司、物资部等部门的质量记录工作，对现场质量复核进行记录并汇总各部门的质量记录。

资料室资料员负责组织收集施工图纸、图纸会审记录、工程联系单及代用材料、设备代替、设计变更通知、工程洽商记录、竣工图、工程施工组织设计、单位工程施工组织设计、施工方案及措施、工程技术总结及以上清单。

试验专职人员负责收集各个强度等级混凝土、砂浆配合比设计及原料试验报告、混凝土试件试验报告、钢材材质及试验报告，埋件试验报告、钢结构摩擦面抗滑系数及高强度螺栓连接试验报告、砌筑砂浆试验报告，构件试验报告、无损探伤记录、电气试验、绝缘（受电）试验、高压（带电）负荷试验报告等及时向资料室提供，并附记录清单。

4.3.3 内部审核程序

施工企业应按策划的时间间隔进行内部审核，以确定质量管理体系是否：

（1）符合策划的安排、标准的要求以及组织所确定的质量管理体系的要求；

（2）得到有效实施和保持。

拟审核的过程和区域的状况和重要性以及以往审核的结果，应对审核方案进行策划。应规定审核的准则、范围、频次和方法。审核员的选择和审核的实施应确保审核过程的客观性和公正性。审核员不应审核自己的工作。策划和实施审核以及报告结果和保持记录的职责和要求应在形成文件的程序中做出规定。

负责受审区域的管理者应确保及时采取措施，以消除发现的不合格及其原因。跟踪活动应包括对所采取措施的验证和验证结果的报告。

4.3.4 不合格控制程序

建筑工程项目需要上千种原材料，涉及几百道不同的施工工艺，十多个不同专业的配合。因此，无论是多么完美的质量策划和质量管理措施，施工过程中总会有不合格品的出现。包括工序过程的不合格品，材料上的不合格品等等，这些都是难免的。

为了加强对不合格品的控制，确保不合格品不交付使用或转入下道工序。项目部就必须对不合格品进行有效的管理和控制。项目质量管理正是通过对施工过程中出现的不合格品进行有效的控制和管理，才最终确保了工程的整体质量。在该项目的施工过程中，对可能出现的不合格品进行了分类分级，并采取了相应的管理措施，取得了良好的效果，为按期保质完工打下了坚实的基础。不合格品分为物资不合格品、工程轻微不合格品、一般不合格品、严重不合格品四类。

要编制工种、分项、分部工程不合格品出现的方案、措施，以及防止与合格品之间发生混淆的标识和隔离措施。规定哪些范围不允许出现不合格；明确一旦出现不合格哪些允许修补返工，哪些必须推倒重来，哪些必须局部更改设计或降级处理。

规定当分项分部和单位工程不符合设计图纸（更改）和规范要求时，项目和企业各方面对这种情况的处理有如下职权：质量监督检查部门有权提出返工修补处理、降级处理或做不合格品处理；质量监督检查部门以图纸（更改）、技术资料、检测记录为依据用书面形式向以下各方发出通知：当分部分项工程不合格时通知项目质量副经理和生产副经理；当分项不合格时通知项目经理；当单位工程不合格时通知项目经理和公司生产经理。

对于上述返工修补处理、降级处理或不合格的处理，接受通知方有权接受和拒绝这些要求：当通知方和接收通知方意见不能调解时，则上级质量监督检查部门、公司质量主管负责人，乃至经理裁决；若仍不能解决时申请由当地政府质量监督部门裁决。

4.3.5 纠正措施程序

施工企业应采取措施，以消除不合格的原因，防止不合格的再发生。纠正措施应与所遇到不合格的影响程度相适应。应编制形成文件的程序，以规定下列方面的要求：

（1）评审不合格；

（2）确定不合格的原因；

（3）评价确保不合格不再发生的措施的需求；

（4）确定和实施所需的措施；

（5）记录所采取措施的结果；

（6）评审所采取的措施。

施工企业对发包人或监理工程师、设计人员、质量监督部门提出的质量问题，应分析原因，制定纠正措施；对已发生或潜在的不合格信息，应分析并记录结果；对检查发现的质量问题或不合格报告提及的问题，应由项目技术负责人组织有关人员判定不合格程度，制定纠正措施；对严重不合格或重大质量事故，必须实施纠正措施；实施纠正措施的结果应由项目技术负责人验证并记录，对严重不合格或等级质量事故的纠正措施和实施效果应进行验证，并应报企业管理层；项目经理部或责任单位应定期评价纠正措施的有效性。

4.3.6 预防措施程序

组织应采取措施，以消除潜在不合格的原因，防止不合格的发生。预防措施应与潜在问题的影响程度相适应。应编制形成文件的程序，以规定下列方面的要求：

（1）确定潜在不合格及其原因；

（2）评价防止不合格发生的措施的需求；

（3）确定和实施所需的措施；

（4）记录所采取措施的结果；

（5）评审所采取的措施。

施工企业项目经理部应定期召开质量分析会议，对影响工程质量潜在的原因，采取预防措施；对可能出现的不合格，应制定防止其发生的措施并组织实施；对质量通病应采取预防措施；对潜在的严重不合格，应实施预防措施控制程序；项目经理部应定期评价预防措施的有效性。

该要素的宗旨在于从失败中学习和总结，进而防患于未然。因此，项目部应非常重视对已出现的不合格，调查分析原因，制定纠正措施，防止类似问题再发生。这在施工中也确实起到了很大的作用。另外，针对潜在的不合格原因，制定预防措施，能够防止发生新的不合格。

5. 施工进度计划安排与控制

单位工程施工进度计划的安排是在既定施工方案的基础上，根据规定工期和各种资源供应条件，按照施工过程的合理顺序及组织施工的原则，用横道图或网络图对一个工程项目从开工到竣工，确定其全部施工过程在时间上和空间上的安排及相互间配合的关系。

施工进度控制是指在既定的工期内，编制出最优的施工进度计划，并在执行该计划的过程中，经常检查施工的实际情况，并将其与计划进度相比较，若出现偏差，以便分析产生偏差的原因和对工期的影响程度，制定出必要的调整措施，修改原进度计划，不断地如此循环，直至工程竣工验收。

5.1 施工进度计划的编制方法

施工进度计划一般用图表来表示，常用的有横道图和网络图两种形式。

5.1.1 横道图进度计划的编制方法

任何一个建筑工程都是由许多施工过程组成的,而每一个施工过程都可以组织一个或多个施工班组来进行施工。如何组织各施工班组的先后顺序或平行搭接施工,是组织施工中的一个最基本的问题。

5.1.1.1 组织施工的方式

根据建筑产品的特点,建筑施工作业可以采用多种方式,通常所采用的组织施工方式有依次(顺序)施工、平行施工和流水施工三种。

下面举例对三种组织施工方式进行分析比较。

例如:有四幢相同的砖混结构房屋的基础工程,根据施工图设计、施工班组的构成情况及工程量等,其施工过程划分、施工班组人数及工种构成、各施工过程的工程量、完成每幢房屋一个施工过程所需时间等,见表5-1所示。

(1) 依次施工

依次施工也称顺序施工,通常有以下两种进度安排:

1) 按幢(或施工段)依次施工

每幢房屋基础工程的施工过程及其工程量等指标   表 5-1

| 施工过程 | 工程量 | | 每工产量 | 劳动量（工日） | | 每班人数 | 每天工作班数 | 施工天数 | 班组工种 |
	数量	单位		需要	采用				
基槽挖土	130	m³	4.18	31	32	16	1	2	普工
混凝土垫层	38	m³	1.22	31	30	30	1	1	普工、混凝土工
砌砖基础	75	m³	1.28	59	60	20	1	3	普工、瓦工
基槽回填土	60	m³	5.26	11	10	10	1	1	普工

这种方式是一幢房屋基础工程的各施工过程全部完成后，再施工第二幢房屋，依次完成每幢房屋的施工任务。这种施工组织方式的施工进度安排，见图5-1所示。图下为劳动力动态变化曲线，其纵坐标为每天施工班组人数，横坐标为施工进度（天）。将每天各施工班组投入的人数之和连接起来，即可绘出劳动力动态变化曲线。

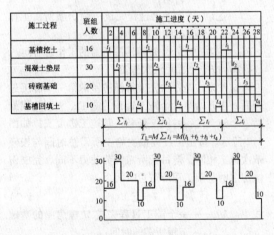

图 5-1 按幢（或施工段）依次施工

如果用 t_i（$i=1$，2，$\cdots$，n）表示每个施工过程在一幢房屋中完成施工所需时间，则完成一幢房屋基础工程施工所需时间为 $\sum t_i$，完成 M 幢房屋基础工程所需总时间为：

$$T = M \sum t_i \qquad (5\text{-}1)$$

式中　　M——房屋幢数（或施工段数）；

$\quad\quad\quad t_i$——某施工过程完成一幢房屋所需工作时间；

$\quad\quad\quad \sum t_i$——各施工过程完成一幢房屋所需工作时间；

$\quad\quad\quad T$——完成 M 幢房屋所需的工作总时间。

2）按施工过程依次施工

这种方式是依次完成每幢房屋的第一个施工过程后，再开始第二个施工过程的施工，直至完成最后一个施工过程的施工任务，其施工进度安排如图 5-2 所示。按施工过程依次施工所需总时间与按幢依次施工相同，但每天所需的劳动力不同。完成 M 幢房屋的基础工程所需总时间为：

$$T = \sum M t_i \qquad (5\text{-}2)$$

式中　$M t_i$——一个施工过程完成 M 幢房屋的基础工程所需的时间；

其他符号的含义同上。

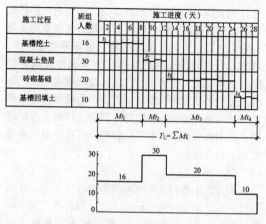

图 5-2 按施工过程依次施工

从图 5-1 和图 5-2 中可以看出：依次施工的优点是每天投入施工的班组只有一个，现场的劳动力较少，机具、设备使用不很集中，材料供应单一，施工现场管理简单，便于组织和安排。当工程的规模较小，施工工作面又有限时，依次施工是较为适宜的。

依次施工的缺点是：按幢（或施工段）依次施工虽然能较早地完成一幢房屋基础工程的施工任

务，为上部主体结构开始施工创造工作面，但各施工班组的施工时间都是间断的，施工班组不能实现专业化施工，不利于提高工程质量和劳动生产率，各施工班组的施工及材料供应无法保持连续和均衡，工人有窝工的情况；按施工过程依次施工，各施工班组虽然能连续施工，但完成每幢房屋的基础工程时间拖得较长，不能充分利用工作面。由此可知，采用依次施工不但工期较长，而且在组织安排上也不尽合理。

（2）平行施工

平行施工是指几个相同的专业施工班组，在同一时间不同的工作面上同时开工、同时竣工的一种施工组织方式。平行施工一般适用于工期要求较紧、大规模的建筑群体（如住宅小区）及分批分期组织施工的工程任务。但必须在各种资源供应有保障的情况下，才是合理的。

在上面的例子中，如果采用平行施工的组织方式，其施工进度计划安排和劳动力动态变化曲线如图 5-3 所示。由图可知，完成四幢房屋的基础工程所需时间等于完成一幢房屋基础工程的时间，即：

$$T = \sum t_i \tag{5-3}$$

式中符号的含义同公式（5-2）。

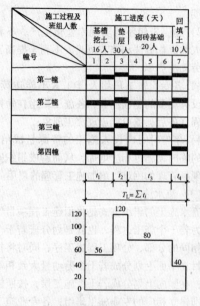

图 5-3　平行施工

从图 5-3 可以看出，平行施工的组织方式具有以下特点：

1）能够充分利用工作面，争取时间，可以缩短工期；

2）施工班组不能实现专业化生产，不利于改进工人的操作方法和施工机具，不利于提高工程质量和劳动生产率；

3）各专业施工班组及其工人不能连续作业，如果没有更多的工程任务，各施工班组在短期内完成工程任务后，就可能出现窝工现象；

4）单位时间内投入施工的资源量成倍增加，现场的临时设施也相应增加，从而造成组织安排和施工现场管理的困难，增加施工管理的费用。

（3）流水施工

流水施工的组织方式是将拟建工程项目的施工分解为若干个施工过程，也就是划分成若干个工作性质相同的分部、分项工程或工序；同时将拟建工程项目在平面上划分成若干个劳动量大致相等的施工段；在竖向上划分成若干个施工层，按照施工过程分别建立相应的专业施工班组；各专业施工班组按照一定的施工顺序投入施工；完成第一个施工段上的施工任务后，在专业施工班组的人数、使用的机具和材料不变的情况下，依次地、连续地投入到第二、第三……直到最后一个施工段的施工，在规定的时间内，完成同样的施工任务；不同的专业施

580

工班组在工作时间上最大限度地、合理地搭接起来；当第一个施工层各个施工段上的相应施工任务全部完成后，各专业施工班组依次地、连续地投入到第二、第三……施工层，保证工程项目的施工全过程在时间上、空间上，有节奏、连续、均衡地进行下去，直到完成全部施工任务。

在上例中，如果采用流水施工组织方式，其施工进度计划的安排和劳动力动态变化曲线如图 5-4 所示。其施工的工期可按下式计算：

$$T = \sum K_{i,i+1} + Mt_{n,i} \qquad (5-4)$$

式中　$K_{i,i+1}$——两个相邻的施工过程相继投入第一幢房屋施工的时间间隔；

　　　M——房屋幢数（或施工段数）；

　　　$t_{n,i}$——最后一个施工过程完成一幢房屋（施工段）施工所需的时间；

　　　T——完成工程施工任务所需的总时间。

5.1.1.2　流水施工的特点

流水施工是一种以分工为基础的协作过程，是成批生产建筑产品的一种优越的施工组织方式。它是在依次施工和平行施工的基础上产生的，它既克服了依次施工和平行施工组织方式的缺点，又具有它们两者的优点：

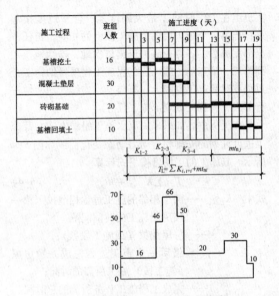

图 5-4 流水施工（施工过程全部连续）

（1）科学合理地利用了工作面，争取了时间，有利于缩短施工工期，而且工期较为合理；

（2）能够保持各施工过程的连续性、均衡性，有利于提高施工管理水平和技术经济效益；

（3）由于实现了专业化施工，可使各施工班组在一定时期内保持相同的施工操作和连续、均衡的施工，更好的保证工程质量，提高劳动生产率；

（4）单位时间内投入施工的资源量较为均衡，有利于资源供应的组织工作；

（5）为文明施工和进行现场的科学管理创造了有利条件。

5.1.1.3 流水施工的技术经济效果

流水施工在工艺划分、时间安排和空间布置上统筹安排，必然会给相应的项目经理部带来显著的经济效果，具体可归纳为以下几点：

（1）便于改善劳动组织，改进操作方法和施工机具，有利于提高劳动生产率；

（2）专业化的生产可提高工人的技术水平，使工程质量相应提高；

（3）工人技术水平和劳动生产率的提高，可以减少用工量和施工临时设施的建造量，降低工程成本，提高经济效益；

（4）可以保证施工机械和劳动力得到充分、合理的利用；

（5）由于流水施工的连续性，减少了专业施工班组的间歇时间，达到了缩短工期的目的，可使施工项目尽早竣工，交付使用，发挥投资效益；

（6）由于工期短、效率高、用工少、资源消耗均衡，可以减少现场管理费和物资消耗，实现合理储存与供应，有利于提高项目经理部的综合经济效益。

5.1.1.4 组织流水施工的要点

（1）划分分部分项工程

要组织流水施工，应根据工程特点及施工要求，将拟建工程划分为若干分部工程；每个分部工程又根据施工工艺要求、工程量大小、施工班组的组成情况，划分为若干施工过程（即分项工程）。

（2）划分施工段

根据组织流水施工的需要，将拟建工程在平面上或空间上划分为工程量大致相等的若干个施工段。

（3）每个施工过程组织独立的施工班组

每个施工过程尽可能组织独立的施工班组，施工班组的形式可以是专业班组，也可以是混合班组，并配备必要的施工机具，按施工工艺的先后顺序，依次地、连续地、均衡地从一个施工段转移到另一个施工段完成本施工过程相同的施工操作。

（4）主要施工过程必须连续、均衡地施工

对工程量较大、施工时间较长的施工过程，必须组织连续、均衡地施工；对其他次要施工过程，可考虑与相邻的施工过程合并；如不能合并，为缩短工期，可安排间断施工。

（5）不同的施工过程尽可能组织平行搭接施工

根据施工顺序，不同的施工过程，在具有工作面的情况下，除必要的技术间歇和组织间歇时间（如混凝土的养护）外，尽可能地组织平行搭接施工。

5.1.1.5 流水施工组织方法

组织一个工程项目或某分部工程的流水施工，就是要使参与流水施工的各施工过程的专业施工班组，有节奏地从施工对象的各施工段，逐个有节奏地连续施工。根据施工对象及施工过程的特点，流水施工按其流水节拍的特征不同可分为有节奏流水施工和无节奏流水施工等形式。有节奏流水施工是指参与流水施工的各专业施工班组，在各施工段上的工作持续时间（即流水节拍）相同。有节奏流水施工又可分为全等节拍流水施工和成倍节拍流水施工两种。

（1）全等节拍流水施工

全等节拍流水施工是指参与施工的所有施工过程在各施工段上的流水节拍全部相等的一种组织流

水施工方式。

1）基本特点

①所有的流水节拍都彼此相等，即 $t_1 = t_2 = \cdots = t_n = t$（常数）。

②所有的流水步距都彼此相等，而且等于流水节拍，即 $K_{1,2} = K_{2,3} = \cdots = K_{n-1,n} = K = t$。

③每个专业施工班组都能连续施工，施工段没有空闲。

④专业施工班组数等于施工过程数，即 $N_1 = N$。

2）组织方法

①确定施工顺序，分解施工过程。

②确定工程项目的施工起点流向，划分施工段。施工段数目的确定方法如下：

A. 无层间关系或无施工层时，$M = N$。

B. 有层间关系或有施工层时，施工段的数目分两种情况确定：

（A）无技术间歇和组织间歇时，取 $M = N$。

（B）有技术间歇和组织间歇时，为了保证各专业施工班组能够连续施工，应取 $M > N$。此时，施工段的数目可按公式（5-5）确定：

$$M = N + \frac{\sum Z_{i,i+1} + \sum G_{i,i+1}}{K} + \frac{Z_1 + G_1}{K} \quad (5\text{-}5)$$

式中　$\sum Z_{i,i+1} + \sum G_{i,i+1}$——一个楼层内各施工过程之间的技术间歇与组织间歇时间之和，如果每层的 $\sum Z_{i,i+1} + \sum G_{i,i+1}$ 不完全相等，应取各层中的最大值；

$Z_1 + G_1$——楼层间技术间歇与组织间歇时间之和，如果每层的 $Z_1 + G_1$ 不完全相等，应取各层中的最大值。

③确定主要施工过程的施工班组人数并计算其流水节拍；

④确定流水步距，即 $K = t$；

⑤计算流水施工的工期，如公式（5-6）所示：

$$T = (M + N - 1)t + \sum Z_{i,i+1} + \sum G_{i,i+1} - \sum C_{i,i+1}$$

(5-6)

式中　$\sum C_{i,i+1}$——各施工过程之间搭接时间之和。

⑥绘制流水施工进度图表。

在组织全等节拍流水施工时，根据流水步距的不同有下述两种情况：

①等节拍等步距流水施工，是指各施工过程的

流水节拍以及流水步距均相等，而且流水步距等于流水节拍。这种组织流水施工的方式是各施工过程之间没有技术与组织间歇时间，也不安排相邻施工过程在同一施工段上搭接施工。其流水施工的工期可按公式（5-7）计算：

$$T = (N+M-1)K = (N+M-1)t \qquad (5-7)$$

例如，某工程划分为 A、B、C 三个施工过程，每个施工过程划分四个施工段，流水节拍均为 10 天。则该工程流水施工进度安排如图 5-5 所示，其工期为：

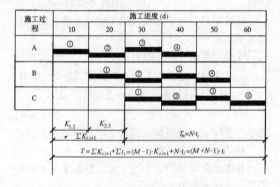

图 5-5　某工程全等节拍流水施工进度表

$$T = (N + M - 1)t = (3 + 4 - 1) \times 10 = 60(\text{天})$$

②等节拍不等步距流水施工，是指各施工过程的流水节拍全部相等，而各流水步距不相等（有的流水步距等于流水节拍，有的流水步距不等于流水节拍）的流水施工组织方式。这是由于各施工过程之间，有的需要技术与组织间歇时间，有的安排搭接施工造成的。其流水施工的工期可按公式（5-6）计算。

如上例中，如果施工过程 B、C 之间有 10 天的技术与组织间歇时间，则该工程流水施工进度安排如图 5-6 所示，其工期为：

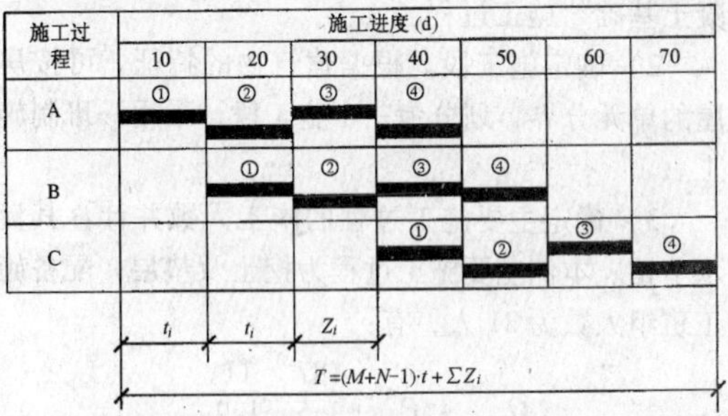

施工过程	施工进度 (d)						
	10	20	30	40	50	60	70
A	①	②	③	④			
B		①	②	③	④		
C				①	②	③	④

$$t_i \quad t_i \quad Z_i$$

$$T = (M + N - 1) \cdot t + \sum Z_i$$

图 5-6　全等节拍流水施工有技术与
组织间歇时间的进度安排表

589

$$T = (M + N - 1)t + \sum Z_{i,i+1} + \sum G_{i,i+1} - \sum C_{i,i+1}$$
$$= (3 + 4 - 1) \times 10 + 10 = 70(\text{天})$$

【例5-1】 某五层三单元砖混结构住宅的基础工程，每一单元的工程量分别为挖土187m³，垫层11m³，绑扎钢筋2.53t，浇筑混凝土50m³，砌筑基础90m³，回填土130m³。以上施工过程的每工产量见表5-2。在浇筑混凝土后，应养护3d才能进行基础墙砌筑。试组织全等节拍流水施工。

【解】 1）划分施工过程。由于垫层工程量较小，将其与挖土合并为一个"挖土及垫层"施工过程；绑扎钢筋和浇筑混凝土也合并为一个"钢筋混凝土基础"施工过程。

2）确定施工段。根据建筑物的特征，可按房屋的单元分界，划分为三个施工段，采用一班制施工。

3）确定主要施工过程的施工人数并计算其流水节拍。本例主要施工过程为挖土及垫层，配备施工班组人数为21人，有：

$$t_i = \frac{Q_i}{S_i R_i N_i} = \frac{P_i}{R_i N_i} = \frac{\frac{187}{3.5} + \frac{11}{1.2}}{21} = 3(\text{d})$$

其中 $N_i = 1$；

根据主要施工过程的流水节拍，应用以上公式可计算出其他施工过程的施工班组人数，其结果见表5-2。

各施工过程的流水节拍及施工班组人数

表5-2

施工过程	工程量		每工产量	劳动量（工日）	施工班组人数	流水节拍
	数量	单位				
挖土	187	m³	3.5	53	18	3
垫层	11	m³	1.2	9	3	
绑钢筋	2.53	t	0.45	6	2	3
浇筑混凝土基础	50	m³	1.5	33	11	
砌基础墙	90	m³	1.25	72	24	3
回填土	130	m³	4.0	33	11	3

流水步距为：$K_{i,i+1} = t_i = 3$（天）

4）计算工期。由公式（5-6）可得：

$$T = (M+N-1)t + \sum Z_{i,i+1} + \sum G_{i,i+1} - \sum C_{i,i+1}$$
$$= (3+4-1) \times 3 + 3 = 21（天）$$

5）绘制流水施工进度表，如图5-7所示。

591

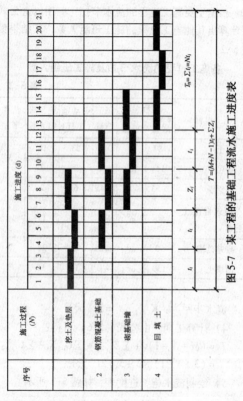

图 5-7 某工程的基础工程流水施工进度表

（2）成倍节拍流水施工

成倍节拍流水（也称异节拍流水）是指同一施工过程在各个施工段上的流水节拍都相等，而各施工过程彼此之间的流水节拍全部或部分不相等，但各施工过程的流水节拍均为其中最小流水节拍的整数倍的流水施工组织方式。

在组织等节拍专业流水施工时，有时由于各施工过程的性质、复杂程度不同，可能会出现某些施工过程所需要的人数或机械台数超出施工段上工作面所能容纳数量的情况。这时，只能按施工段所能容纳的人数或机械台数确定这些施工过程的流水节拍，这可能使某些施工过程的流水节拍为其他施工过程流水节拍的倍数，从而形成成倍节拍专业流水。

1）基本特点

①同一施工过程在各个施工段上的流水节拍都彼此相等，不同施工过程在同一施工段上的流水节拍彼此不同。

②流水步距彼此相等，且等于各个流水节拍的最大公约数；该流水步距在数值上应小于最大的流水节拍，并要大于1；只有最大公约数等于1时，该流水步距才能等于1。

③每个专业施工班组都能够连续作业，施工段

593

都没有空闲。

④专业施工班组数目大于施工过程数目，即 $N_1 > N$。

2）组织方法

①确定施工顺序，分解施工过程；

②确定施工起点流向，划分施工段：

A. 不分施工层时，可按施工段划分的原则确定施工段数。

B. 分施工层时，每层施工段的数目可按公式（5-8）确定：

$$M = N_1 + \frac{\sum Z_{i,i+1} + \sum G_{i,i+1}}{K_b} + \frac{Z_1 \div G_1}{K_b} \quad (5\text{-}8)$$

式中 N_1——专业施工班组的总数；

K_b——成倍节拍流水施工的流水步距；

其他符号的含义同前。

③按成倍节拍流水施工的要求，确定各施工过程的流水节拍；

④确定成倍节拍流水施工的流水步距，如公式（5-9）所示：

$$K_b = 最大公约数\{t_1, t_2, \cdots, t_n\} \quad (5\text{-}9)$$

⑤确定专业施工班组的数目，如公式（5-10）和（5-11）所示：

$$b_i = \frac{t_i}{K_b} \tag{5-10}$$

$$N_1 = \sum b_i \tag{5-11}$$

式中 t_i——施工过程 i 在各施工段上的流水节拍;

b_i——施工过程 i 的专业施工班组数目。

⑥确定计划总工期,如公式(5-12)所示:

$$T = (M + N_1 - 1)K_b + \sum Z_{i,i+1} + \sum G_{i,i+1} - \sum C_{i,i+1} \tag{5-12}$$

⑦绘制流水施工进度计划表。

【例5-2】拟建四幢同类型砖混结构住宅工程,施工过程分为基础工程、主体结构工程、建筑装饰装修工程和建筑屋面工程,各施工过程流水节拍分别为10天、20天、20天、10天。若要求缩短工期,在工作面、劳动力和资源供应有保障的条件下,试组织该工程的流水施工方案。

【解】1)确定流水步距,由公式(5-9)得:

$K_b = $ 最大公约数 $\{10,20,20,10\} = 10$(天)

2)确定专业施工班组数目,由公式(5-10)得:

$$b_1 = \frac{10}{10} = 1 \text{（个）}$$

$$b_2 = b_3 = \frac{20}{10} = 2 \text{（个）}$$

$$b_4 = \frac{10}{10} = 1 \ (个)$$

则施工班组总数, 由公式 (5-11) 得:

$$N_1 = \sum b_i = 1 + 2 + 2 + 1 = 6 \ (个)$$

3) 确定该工程的计划工期, 由公式 (5-12) 得:

$$T = (M + N_1 - 1) \ K_b + \sum Z_{i,i+1} + \sum G_{i,i+1}$$
$$- \sum C_{i,i+1} = (4 + 6 - 1) \times 10 = 90 \ (天)$$

4) 绘制流水施工进度表, 如图 5-8 所示。

(3) 无节奏流水施工 (分别流水施工)

在工程项目的实际施工中, 通常每个施工过程在各个施工段上的工程量彼此不相等, 各施工班组的生产效率相差较大, 导致大多数的流水节拍也彼此不相等, 这时不可能组织全等节拍专业流水或成倍节拍专业流水。在这种情况下, 可按照流水施工的基本概念, 在保证施工工艺、满足施工顺序要求的前提下, 按照一定的计算方法, 确定相邻专业施工班组之间的流水步距, 使相邻两个专业施工班组在开工时间上最大限度地、合理地搭接起来, 形成每个专业施工班组都能连续作业的非节奏流水施工, 这种流水施工的组织方式, 称为无节奏流水施工, 也叫分别流水施工。它是流水施工的普通形式。

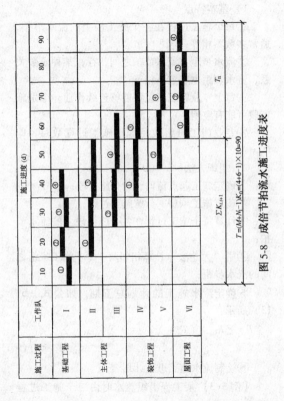

图 5-8　成倍节拍流水施工进度表

1）基本特点

①每个施工过程在各个施工段上的流水节拍，通常多数不相等；

②流水步距与流水节拍之间，存在某种函数关系，流水步距也多数不相等；

③每个专业施工班组都能够连续作业，个别施工段可能有空闲；

④专业施工班组数目等于施工过程数目，即 $N_1 = N$。

2）组织方法

①确定施工起点流向，划分施工段；

②确定施工顺序，分解施工过程；

③计算每个施工过程在各个施工段上的流水节拍；

④用"大差法"计算相邻两个专业施工班组之间的流水步距；

⑤确定流水施工的计划总工期，如公式（5-13）所示：

$$T = \sum K_{i,i+1} + T_n + \sum Z_{i,i+1} + \sum G_{i,i+1} - \sum C_{i,i+1}$$

$$(5-13)$$

⑥绘制流水施工进度计划表。

【例5-3】某工程组织流水时由三个施工过程

组成，在平面上划分为四个施工段，每个施工过程的流水节拍如表5-3所示，试编制流水施工方案。

【解】根据题设条件，本例只能组织分别流水施工。

（1）确定流水步距

某工程施工时的流水节拍   表5-3

施工过程名称	流水节拍（天）			
	I	II	III	IV
A	2	4	3	2
B	3	3	2	2
C	4	2	3	2

1）将每个施工过程的流水节拍逐段累加，求得累加数列：

A：2　6　9　11

B：3　6　8　10

C：4　6　9　11

2）相邻两个施工过程的流水节拍的累加数列错位相减：

$$
\begin{array}{cccccc}
& 2 & 6 & 9 & 11 & \\
A、B & & & & & \\
- & & 3 & 6 & 8 & 10 \\
\hline
& 2 & 3 & 3 & 3 & -10 \\
\end{array}
$$

B、C	3	6	8	10	
-		4	6	9	11
	3	2	2	1	-11

3）取差值最大者作为流水步距，则：

$K_{A,B} = \max \{2, 3, 3, 3, -10\} = 3$（天）

$K_{B,C} = \max \{3, 2, 2, 1, -11\} = 3$（天）

（2）计算该工程的计划工期

由公式（5-13）得：

$T = \sum K_{i,i+1} + T_n + \sum Z_{i,i+1} + \sum G_{i,i+1} - \sum C_{i,i+1}$

$= (3+3) + (4+2+3+2) = 17$（天）

（3）绘制流水施工进度计划表，如图 5-9 所示。

5.1.2　网络计划的类型和应用

网络计划技术既是一种科学的计划方法，又是一种有效的生产管理方法。网络计划技术是随着现代科学技术和工业生产的发展而产生的，20 世纪 50 年代后期出现于美国，目前在工业发达国家已广泛应用，是一种比较盛行的现代生产管理的科学方法，可以运用计算机进行网络计划绘图、参数计算、优化、分析和控制。

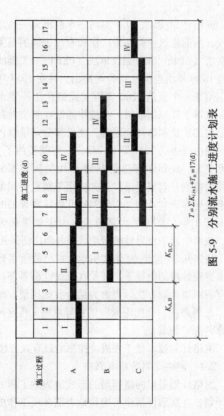

图 5-9 分别流水施工进度计划表

网络计划技术，几乎每两三年就出现一些新的模式，当前建筑业应用最广泛和有代表性的是关键线路法（CPM）和计划评审法（PERT）。关键线路法是 1956 年由美国杜邦公司提出，并在 1957 年首先应用于一个价值 1000 多万美元的化工厂建设工程，取得了良好的效果。关键线路法在解决杜邦化学公司的扩建和修理问题时，使杜邦公司维修停产的时间由过去的 125h 降到 74h，一年就节约了 100 多万美元。计划评审法是 1958 年由美国海军部武器局的特别计划室提出，首先应用于制定美国海军北极星导弹研制计划，它使制造北极星导弹的时间缩短了 3 年，节约了大量资金。由于效果极为显著，故而引起了世界性的轰动，被各国广泛采用。

　　我国从 20 世纪 60 年代中期，在已故著名数学家华罗庚教授的倡导下，开始在国民经济各部门试点应用网络计划方法。当时为结合我国国情，并根据"统筹兼顾、全面安排"的指导思想，将这种方法命名为"统筹法"。

　　网络计划技术是工程进度控制的最有效方法。

5.1.2.1　网络计划的基本原理

　　网络计划是以网络模型的形式来表达工程的进度计划，在网络模型中可确切地表明各项工作的相互联系和制约关系。

（1）首先将一项工程的全部建造过程分解成若干个施工过程，按照各项工作开展顺序和相互制约、相互依赖的关系，将其绘制成网络图形。也就是说，各施工过程之间的逻辑关系，在网络图中能按生产工艺严密地表达出来。

（2）通过网络计划时间参数的计算，找出关键工作和关键线路。即可以根据绘制的网络图计算出工程中各项工作的最早或最晚开始时间，从而可以找出工程的关键工作和关键线路。所谓关键工作就是网络计划中机动时间最少的工作，而关键线路是指在该工程施工中，自始至终全部由关键工作组成的线路。在肯定型网络计划中是指线路上工作总持续时间最长的线路；在非肯定型网络计划中是指按估计工期完成可能性最小的线路。

（3）利用最优化原理，不断改进网络计划初始方案，并寻求其最优方案。例如工期最短；各种资源最均衡；在某种有限的资源条件下，编出最优的网络计划；在各种不同工期下，选择工程成本最低的网络计划等。所有这些均称网络计划的优化。

（4）在网络计划执行过程中，对其进行有效的监督和控制，合理地安排各项资源，以最少的资源消耗，获得最大的经济效益。也就是在工程实施中，根据工程实际情况和客观条件不断的变化，可随时调整网络计划，使得计划永远处于最切合实际的最佳状态。总之，就是要保证该项工程以最小的消耗，取得最大的经济效益。

5.1.2.2 双代号网络计划

（1）双代号网络图的构成

双代号网络图是以双代号表示法绘成的网络图，它由箭线（工作）、节点和线路三个基本要素构成，见图5-10所示。

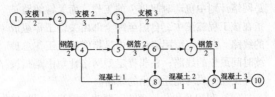

图5-10 双代号网络计划

1）箭线

在双代号网络图中（图5-10），一条箭线代表一项工作，而工作可分为实工作和虚工作。实工作是指既要消耗时间，又要消耗资源的工作，如墙体砌筑等；

或只消耗时间而不消耗资源的工作，如混凝土的养护等。在双代号网络图中，实工作用实箭线表示。虚工作是指既不消耗时间也不消耗资源的工作，只表示相邻工作之间相互制约、相互依赖的逻辑关系。在双代号网络图中，虚工作用虚箭线表示。

在双代号网络图中，一条箭线与其两端的节点表示一项工作（或称工序、作业、活动），它所包括的工作范围可大可小，视情况而定，因此可用来表示一项分部工程、一项工程的主体结构、装修工程，甚至某一项工程的全部施工过程。

在无时标的网络图中，箭线的长短并不反映该工作占用时间的长短。原则上讲，箭线的形状怎么画都行，可以是水平直线，也可以画成折线或斜线，但是不得中断。

箭线所指的方向表示工作进行的方向，箭线的箭尾表示该工作的开始，箭头表示该工作的结束，一条箭线表示工作的全部内容。工作名称应标注在箭线水平部分的上方，工作的持续时间（也称作业时间）则标注在箭线下方，如图 5-11 所示。

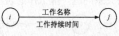

图 5-11 双代号网络图的表示法

两项工作前后连续进行时，代表两项工作的箭线也要前后连续画下去。工程施工时还经常出现平行工作，平行的工作其箭线也要平行地绘制。就某工作而言，紧靠其前面的工作叫紧前工作，紧靠其后面的工作叫紧后工作，与之平行的叫做平行工作，该工作本身则可叫"本工作"，如图5-12所示。

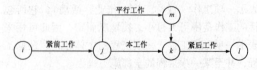

图5-12　双代号网络图中的工作关系

在双代号网络图中，除有表示工作的实箭线外，还有一种一端带箭头的虚线，称为虚箭线，它表示一项虚工作。虚工作是虚拟的，工程中实际并不存在，因此它没有工作名称，不占用时间，不消耗资源，它的主要作用是在网络图中解决工作之间的连接关系问题。虚工作的表示方法如图5-13所示。

图5-13　双代号网络图中虚工作
的表示法

虚箭线不是一项正式的工作，而是在绘制网络图时根据逻辑关系的需要而增设的。虚箭线的作用主要是帮助正确表达各工作间的逻辑关系，避免逻辑错误。

①虚箭线对工作的逻辑连接作用

如 A 工作结束后可同时进行 B、D 两项工作，C 工作结束后进行 D 工作。从这四项工作的逻辑关系可以看出，A 的紧后工作为 B，C 的紧后工作为 D，但 D 又是 A 的紧后工作，为了把 A、D 两项工作紧前紧后的关系表达出来，这时就需要引入虚箭线。因虚箭线的持续时间是零，虽然 A、D 间隔有一条虚箭线，又有两个节点，但二者的关系仍是在 A 工作完成后，D 工作才可以开始，见图 5-14。

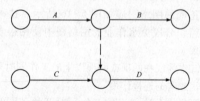

图 5-14　虚箭线的作用之一

②虚箭线对工作的逻辑"断路"作用

例如，绘制某基础工程的网络图，该基础共划分为四项工作（挖槽、垫层、墙基、回填土），分两段施工，如绘制成图5-15的形式那就错了。因为第二施工段的挖槽（即挖槽2）与第一施工段的墙基（即墙基1）没有逻辑上的关系（图中用粗线表示），同样第一施工段的回填土（回填土1）与第二施工段的垫层（垫层2）也不存在逻辑上的关系（图中用双线表示），但是，在图5-15中却都发生了关系，直接联系起来了，这是网络图的原则性错误，它将会导致以后计算中的一系列错误。上述情况如要避免，必须运用断路法，增加虚箭线来加以分隔，使墙基1仅为垫层1的紧后工作，而与挖槽2断路；使回填土1仅为墙基1的紧后工作，而与垫层2断路。正确的网络图应如图5-16所示。这种断路法在组织分段流水作业的网络图中使用很多，十分重要。

③虚箭线在两项或两项以上的工作同时开始和同时完成时的连接作用

两项或两项以上的工作同时开始和同时完成时，必须引进虚箭线，以免造成混乱。

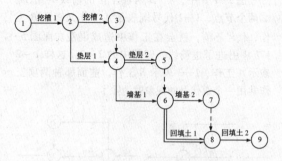

图 5-15　逻辑关系错误的网络图

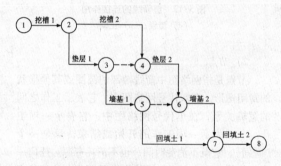

图 5-16　逻辑关系表达正确的网络图

图 5 - 17a 中，A、B 两项工作的箭线共用①、②两个节点，1—2 代号既表示 A 工作又表示 B 工作，代号不清，就会在工作中造成混乱。而图 5-17b 中引进了虚箭线，即图中的 2 - 3，这样 1 - 2 表示 A 工作，1—3 表示 B 工作，前面那种两项工作共用一个双代号的现象就消除了。

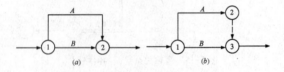

图 5 - 17　虚箭线的连接作用
（a）错误；（b）正确

2）节点

节点是指网络图中箭线端部的圆圈或其他形状的封闭图形。在双代号网络图中，它表示工作之间的逻辑关系；在单代号网络图中，它表示一项工作。节点表示一项工作的开始或结束，只是一个"瞬间"，它既不消耗时间，也不消耗资源。任何一项工作的名称，都可以用其箭线两端节点的编号表示。

①对于任何一项工作 (i, j) 而言，箭线尾部的节点 (i) 称起点节点，又称开始节点，它表示一项工作或任务的开始；箭线头部的节点 (j) 称终点节点，又称结束节点，它表示一项工作或任务的结束；对于任何相邻两项工作 (i, j) 和 (j, k) 而言，除了每项工作的起点节点和终点节点外，两项工作连接处的节点 (j) 称为中间节点，如图 5-18 所示。

图 5-18　节点示意图

②在网络图中，对一个节点来讲，可能有许多箭线通向该节点，这些箭线就称为"内向箭线"（或内向工作）；同样也可能有许多箭线由同一节点发出，这些箭线就称为"外向箭线"（或外向工作），如图 5-19 所示。

③在双代号网络图中，一项工作是由一条箭线和两个节点来表示的，为了使网络图便于检查、识

别各项工作和计算各项工作的时间参数，以及编制网络计划电算程序，必须对每个节点进行编号。节点编号必须满足：箭尾节点编号小于箭头节点编号，即 $i<j$；不重号、不漏编。

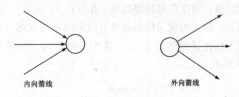

内向箭线　　　　　　　外向箭线

图 5-19　内向箭线和外向箭线

④节点编号方法主要有：沿水平方向编号、沿垂直方向编号、连续编号（按自然数的顺序进行编号）和间断编号。采用间断编号，主要是为了适应计划的调整，考虑增添工作的需要，编号留有余地。上述编号均应遵循：从左至右，先上后下；由起点节点开始，直到终点节点为止。

3）线路

从网络图的起点节点出发，沿着箭线方向连续通过一系列箭线与节点，最后到达终点节点的通路称为线路。

①线路时间

线路时间是指完成网络计划图中某条线路的全部工作所必需的持续时间的总和，它代表该条线路的计算工期。现以图5-20为例，说明线路条数和线路时间的计算。

第1条 ①→②→④→⑥ $T_1 = 8$（天）

第2条 ①→②→④--→⑤→⑥ $T_2 = 6$（天）

第3条 ①→②→③→④→⑥ $T_3 = 15$（天）

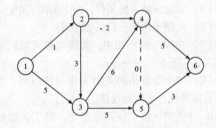

图5-20 双代号网络计划

第4条 ①→②→③→④--→⑤→⑥ $T_4 = 13$（天）

第5条 ①→②→③→⑤→⑥ $T_5 = 12$（天）

第6条 ①→③→④→⑥ $T_6 = 16$（天）

第7条 ①→③→④--→⑤→⑥ $T_7 = 14$（天）

第8条 ①→③→⑤→⑥ $T_8 = 13$（天）

②线路种类

在双代号网络图中，线路可分为：关键线路和非关键线路两种。

A. 关键线路：在网络图中，线路时间总和最长的线路，称为关键线路。如图5-20第6条线路。关键线路具有以下性质：

（A）关键线路的线路时间代表整个网络图的计算总工期，并以 T_n 表示；

（B）关键线路上的工作，均为关键工作；

（C）关键工作均没有机动时间；

（D）在同一网络图中，关键线路可能同时存在多条，但至少应有一条；

（E）如果缩短某些关键工作持续时间，关键线路可能转化为非关键线路。

B. 非关键线路：在网络图中，除了关键线路之外，其余线路均称为非关键线路。如图5-20的其余7条线路。非关键线路具有以下性质：

（A）非关键线路的线路时间，只代表该条线路的计算工期；

（B）非关键线路上的工作，除了关键工作之外，其余均为非关键工作；

（C）非关键工作均有机动时间，可利用机动时间调整资源；

（D）在同一网络图中，除了关键线路之外，其余线路均为非关键线路；

（E）如果拖延了某些非关键工作的持续时间，非关键线路可能转化为关键线路。

（2）双代号网络图的绘制方法

网络图的绘制是网络计划方法应用的关键，要正确绘制网络图，必须正确反映网络计划中各工作之间的逻辑关系，并遵守绘图的基本规则。

1）双代号网络图各种逻辑关系的正确表示方法

①逻辑关系

逻辑关系，是指工作进行时客观上存在的一种相互制约或依赖的关系，也就是先后顺序关系。在表示工程施工计划的网络图中，根据施工工艺和施工组织的要求，应正确反映各项工作之间的相互依赖和相互制约的关系，这也是网络图与横道图的最大不同之处。各工作间的逻辑关系是否表示得正确，是网络图能否反映工程实际情况的关键。如果逻辑关系错了，网络图中各种时间参数的计算就会发生错误，关键线路和工程任务的计算工期跟着也将发生错误。

逻辑关系可划分为两大类：一类是施工工艺的关系，称为工艺逻辑关系；另一类是组织上的关系，称为组织逻辑关系。

A. 工艺逻辑关系

工艺逻辑关系是由施工工艺所决定的各个施工过程之间客观上存在的先后顺序关系。对于一个具体的分部工程来说，当确定了施工方法以后，则该分部工程的各个施工过程的先后顺序一般是固定的，有些是绝对不能颠倒的。

B. 组织逻辑关系

组织逻辑关系是施工组织安排中，考虑劳动力、机具、材料或工期等影响，在各施工过程之间主观上安排的先后顺序关系。这种关系不受施工工艺的限制，不是工程性质本身决定的，而是在保证施工质量、安全和工期的前提下，可以人为安排的顺序关系。

②各种逻辑关系的正确表示方法

在网络图中，各工作之间在逻辑上的关系是变化多端的，表5-4所列的网络图中常见的一些逻辑关系及其表示方法。表中的工作名称均以字母来表示。

2）绘制双代号网络图的基本规则

网络图中常见的各种工作逻辑关系的表示方法

表 5-4

序号	逻辑关系	双代号表示方法	单代号表示方法
1	A 完成后进行 B，B 完成后进行 C		
2	A 完成后同时进行 B 和 C		
3	A 和 B 都完成后进行 C		
4	A 和 B 都完成后同时进行 C、D		
5	A 完成后进行 C，A 和 B 都完成后进行 D		
6	A、B 都完成后进行 C，B、D 都完成后进行 E		

序号	逻辑关系	双代号表示方法	单代号表示方法
7	A 完成后进行 C，A、B 都完成后进行 D，B 完成后进行 E		
8	A、B 两项先后进行的工作，各分为三段进行。A_1 完成后进行 A_2、B_1。A_2 完成后进行 A_3、B_2。B_1 完成后进行 B_2。A_3、B_2 完成后进行 B_3		

绘制双代号网络图时，要正确地表示各工作之间的逻辑关系和遵循有关绘图的基本规则。否则，就不能正确反映工程的工作流程和进行时间计算。绘制双代号网络图一般必须遵循以下基本规则：

①双代号网络图必须正确表达已定的逻辑关系。

绘制网络图之前，要正确确定工作顺序，明确各工作之间的衔接关系，根据工作的先后顺序逐步把代表各项工作的箭线连接起来，绘制成网络图。

②双代号网络图中，严禁出现循环网络。

在网络图中如果从一个节点出发顺着某一线路又能回到原出发点，这种线路就称作循环回路。例如图 5-21 中的 2→3→5→2 就是循环回路，它表示的逻辑关系是错误的，在工艺顺序上是相互矛盾的。

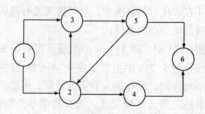

图 5-21　出现循环的错误网络图

③双代号网络图中，在节点之间严禁出现带双向箭头或无箭头的箭线。

用于表示工程计划的网络图是一种有序有向的网络图，沿着箭头指引的方向进行，因此一条箭线只有一个箭头，不允许出现方向矛盾的双箭头箭线和无方向的无箭头箭线，如图 5-22 中的 2—4 就是双箭头箭线。

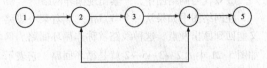

图 5-22　出现双向箭头箭线错误的网络图

④在双代号网络图中，严禁出现没有箭头节点或没有箭尾节点的箭线。

图 5-23 中，图 5-23a 中出现了没有箭头节点的箭线；图 5-23b 中出现了没有箭尾节点的箭线，都是不允许的。没有箭头节点的箭线，不能表示它所代表的工作在何处完成；没有箭尾节点的箭线，不能表示它所代表的工作在何时开始。

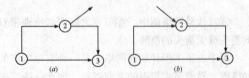

图 5-23　没有箭头节点的箭线和没有箭尾节点
的箭线的错误网络图

⑤当双代号网络图的某些节点有多条内向箭线或多条外向箭线时，在不违反"一项工作应只有唯一的一条箭线和相应的一对节点编号"的规定的前提下，可使用母线法绘图。

当箭线线形不同时，可在母线上引出的支线上标出。图 5-24 是母线的表示方法，图 5-24a 是多条外向箭线用母线绘制的示意图；图 5-24b 是多条内向箭线用母线绘制的示意图。

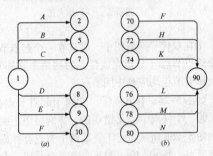

图 5-24 母线的表示方法

⑥绘制网络图时，箭线不宜交叉，当交叉不可避免时，可用过桥法或指向法，如图 5-25 所示。

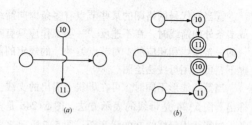

图 5-25　箭线交叉时的处理
(a) 过桥法；(b) 指向法

⑦在双代号网络图中，应只有一个起点节点和一个终点节点（分期完成任务的网络图除外）；而其他所有节点均应是中间节点。

如图 5-26a 中出现①、②两个起点节点，⑧、⑨、⑩三个终点节点是错误的。该网络图正确的画法如图 5-26b 所示，将①、②两个节点合并成一个起点节点，将⑧、⑨、⑩三个节点合并成一个终点节点。

⑧在双代号网络图中，不允许出现重复编号的箭线。

在网络图中一条箭线和其相关的节点只能代表一项工作，不允许代表多项工作。例如图 5-27a 中的 A、B 两项工作，其编号均是 1 – 2，当我们说 1 – 2 工作时，究竟指 A 还是指 B，不清楚，遇到这种情况，增加一个节点和一条虚箭线，如图 5 – 27b、图 5 – 27c 就都是正确的。

3）绘图的基本方法

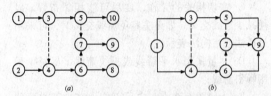

(a)   (b)

图 5 – 26 只允许有一个起点节点和终点节点
(a) 表达错误的网络图；(b) 表达正确的网络图

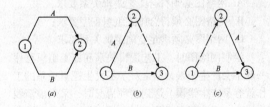

(a)   (b)   (c)

图 5 – 27 重复编号的工作示意图
(a) 错误；(b) 正确；(c) 正确

①网络图绘制技巧

A. 在保证网络图逻辑关系正确的前提下，要力求做到：图面布局合理、层次清晰和重点突出；

B. 关键工作及关键线路，均应以粗箭线或双箭线画出；

C. 密切相关的工作，要尽可能相邻布置，以便减少箭线交叉。如无法避免箭线交叉时，可采用过桥法或指向法表示；

D. 尽量采用水平箭线或折线箭线，尽量少采用倾斜箭线；

E. 为使图面清晰，应尽可能地减少不必要的虚箭线。

②判断网络图正确性的依据

A. 网络图必须符合工艺逻辑关系要求；

B. 网络图必须符合施工组织程序要求；

C. 网络图必须满足空间逻辑关系要求。

绘制网络图时，工艺逻辑关系和施工组织程序一般不会产生错误，但是对于不发生逻辑关系的工作就容易产生错误。遇到这种情况时，采用虚箭线在线路上隔断无逻辑关系的各项工作，这种方法称为"断路法"。

（3）双代号网络图时间参数的计算

1) 时间参数的概念

①时限 (time limitation)

网络计划或其中的工作因外界因素影响而在时间安排上所受到的某种限制。

②工作持续时间 (duration)

对一项工作规定的从开始到完成的时间, 以符号 D_{i-j} (用于双代号网络计划, 下同) 和 D_i (用于单代号网络计划, 下同) 表示。

③工作的最早开始时间 (earliest start time)

在紧前工作和有关时限的约束下, 工作有可能开始的最早时刻, 以符号 ES_{i-j}, ES_i 表示。

④工作的最早完成时间 (earliest finish time)

在紧前工作和有关时限的约束下, 工作有可能完成的最早时刻, 以符号 EF_{i-j}, EF_i 表示。

⑤工作的最迟开始时间 (latest start time)

在不影响任务按期完成和有关时限约束的条件下, 工作最迟必须开始的时刻, 以符号 LS_{i-j}, LS_i 表示。

⑥工作的最迟完成时间 (latest finish time)

在不影响任务按期完成和有关时限约束的条件下, 工作最迟必须完成的时刻, 以符号 LF_{i-j}, LF_i 表示。

⑦节点时间（event time）

亦称事件时间，双代号网络计划中，表明事件开始或完成时刻的时间参数。

⑧节点最早时间（earliest event time）

双代号网络计划中，该节点后各工作的最早开始时刻，以符号 ET_i 表示。

⑨节点最迟时间（latest event time）

双代号网络计划中，该节点前各工作的最迟完成时刻，以符号 LT_i 表示。

⑩工作的总时差（total float）

在不影响工期和有关时限的前提下，一项工作可以利用的机动时间，以符号 TF_{i-j}，TF_i 表示。

⑪工作的自由时差（free float）

在不影响其紧后工作最早开始时间和有关时限的前提下，一项工作可以利用的机动时间，以符号 FF_{i-j}，FF_i 表示。

⑫计算工期（calculated project duration）

根据网络计划时间参数计算出来的工期，以符号 T_c 表示。

⑬要求工期（specific project duration）

任务委托人所要求的工期，以符号 T_r 表示。

⑭计划工期（planned project duration）

在要求工期和计算工期的基础上综合考虑需要和可能而确定的工期，以符号 T_p 表示。

2）时间参数的标注形式

网络计划时间参数的计算应在确定各项工作持续时间之后进行。

①按工作计算法时间参数的标注形式

按工作计算法时间参数的标注形式如图 5-28 和图 5-29 所示。

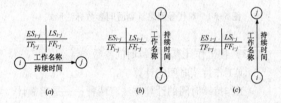

图 5-28　按工作计算法时间参数的标注形式之一

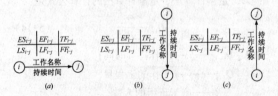

图 5-29　按工作计算法时间参数的标注形式之二

②按节点计算法时间参数的标注形式

按节点计算法时间参数的标注形式如图 5 - 30 所示。

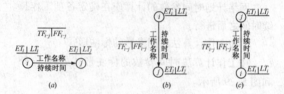

图 5 - 30　双代号网络计划时间参数标注形式

3）按工作计算法计算时间参数

①工作持续时间的计算

工作持续时间的计算方法有两种：一是定额计算法，二是经验估算法（三时估计法）。

A. 定额计算法，定额计算法的计算公式是：

$$D_{i-j} = \frac{Q_{i-j}}{RSb} \qquad (5-14)$$

式中　D_{i-j}——$i-j$ 工作持续时间；

　　　Q_{i-j}——$i-j$ 工作的工程量；

　　　R——施工班组的人数；

　　　S——劳动定额（产量定额）；

628

b——工作班数。

B. 三时估计法，当工作持续时间不能用定额计算法计算时，便可采用三时估计法，其计算公式是：

$$D_{i-j} = \frac{a + 4c + b}{6} \qquad (5-15)$$

式中　a——工作的乐观（最短）持续时间估计值；

b——工作的悲观（最长）持续时间估计值；

c——工作的最可能持续时间估计值。

虚工作必须视同工作进行计算，其持续时间为零。

②工作最早开始时间的计算

工作 $i—j$ 的最早开始时间 ES_{i-j} 的计算应符合下列规定：

工作 $i—j$ 的最早开始时间 ES_{i-j} 应从网络计划的起点节点开始，顺着箭线方向依次逐项计算，直至终点节点，计算方法可按下列步骤进行：

A. 以起点节点 i 为箭尾节点的工作 $i-j$，当未规定其最早开始时间 ES_{i-j} 时，其值应等于零，即：

$$ES_{i-j} = 0 \quad (i = 1) \qquad (5-16)$$

B. 当工作 $i—j$ 只有一项紧前工作 $h—i$ 时，其

最早开始时间 ES_{i-j} 应为：

$$ES_{i-j} = ES_{h-i} + D_{h-i} \qquad (5-17)$$

式中　ES_{h-i}——工作 i—j 的紧前工作 h—i 的最早开始时间；

　　　D_{h-i}——工作 i—j 的紧前工作 h—i 的持续时间。

C. 当工作 i—j 有多个紧前工作时，其最早开始时间 ES_{i-j} 应为：

$$ES_{i-j} = \max\{ES_{h-i} + D_{h-i}\} \qquad (5-18)$$

③工作最早完成时间的计算

工作 i—j 的最早完成时间 EF_{i-j} 的计算应按公式 5-19 的规定进行计算：

$$EF_{i-j} = ES_{i-j} + D_{i-j} \qquad (5-19)$$

④网络计划工期的计算

A. 网络计划的计算工期，计算工期是指根据网络计划的时间参数计算得到的工期，它应按公式 5-20 计算：

$$T_c = \max\{EF_{i-n}\} \qquad (5-20)$$

式中　EF_{i-n}——以终点节点（$j = n$）为箭头节点的工作 i—n 的最早完成时间；

　　　T_c——网络计划的计算工期。

B. 网络计划的计划工期的确定，网络计划的计划工期是指按要求工期和计算工期确定的作为实施目标的工期。应按下述规定进行确定：

（A）当已规定了要求工期 T_r 时，则：

$$T_p \leqslant T_r \qquad (5\text{-}21)$$

（B）当未规定要求工期时，则：

$$T_p = T_c \qquad (5\text{-}22)$$

此工期标注在终点节点之右侧，并用方框框起来。

⑤工作最迟完成时间的计算

工作 $i—j$ 的最迟完成时间 LF_{i-j} 应从网络计划的终点节点开始，逆着箭线方向依次逐项计算，直至起点节点。当部分工作分期完成时，有关工作必须从分期完成的节点开始逆着箭线方向逐项计算，其计算方法可按下列步骤进行：

A. 以终点节点 $(j=n)$ 为箭头节点的工作的最迟完成时间 LF_{i-n} 应按网络计划的计划工期 T_p 确定，即：

$$LF_{i-n} = T_p \qquad (5\text{-}23)$$

以分期完成的节点为箭头节点的工作的最迟完成时间应等于分期完成的时刻。

B. 其他工作 $i—j$ 的最迟完成时间 LF_{i-j} 应为其诸紧后工作最迟完成时间与该紧后工作的持续时间

之差中的最小值，应按公式 5-24 计算：

$$LF_{i-j} = \min\{LF_{j-k} - D_{j-k}\} \qquad (5-24)$$

式中　LF_{j-k}——工作 i—j 的各项紧后工作 j—k 的
　　　　　最迟完成时间；

　　　　D_{j-k}——工作 i—j 的各项紧后工作 j—k 的
　　　　　持续时间。

⑥工作最迟开始时间的计算

工作 i—j 的最迟开始时间 LS_{i-j} 应按公式 5-25
的规定计算，即：

$$LS_{i-j} = LF_{i-j} - D_{i-j} \qquad (5-25)$$

⑦工作总时差的计算

工作 i—j 的总时差 TF_{i-j} 是指在不影响总工期
的前提下，本工作可以利用的机动时间。该时间应
按公式 5-26 和 5-27 的规定计算，即：

$$TF_{i-j} = LS_{i-j} - ES_{i-j} \qquad (5-26)$$

$$TF_{i-j} = LF_{i-j} - EF_{i-j} \qquad (5-27)$$

⑧工作自由时差的计算

工作 i—j 的自由时差 FF_{i-j} 是指在不影响其紧
后工作最早开始时间的前提下，本工作可以利用的
机动时间，工作 i—j 的自由时差 FF_{i-j} 的计算应符
合下列规定：

A. 当工作 i—j 有紧后工作 j—k 时，其自由时差应为：

$$FF_{i-j} = ES_{j-k} - ES_{i-j} - D_{i-j} \qquad (5\text{-}28)$$

或 $\qquad FF_{i-j} = ES_{j-k} - EF_{i-j} \qquad (5\text{-}29)$

B. 终点节点 ($j = n$) 为箭头节点的工作，其自由时差 FF_{i-j}，应按网络计划的计划工期 T_p 确定，即：

$$FF_{i-n} = T_p - ES_{i-n} - D_{i-n} \qquad (5\text{-}30)$$

或 $\qquad FF_{i-n} = T_p - EF_{i-n} \qquad (5\text{-}31)$

⑨关键工作的确定

网络计划中机动时间最少的工作称为关键工作，因此，网络计划中工作总时差最小的工作也就是关键工作。

A. 当计划工期等于计算工期时，"最小值"为 0，即总时差为零的工作就是关键工作。

B. 当计划工期小于计算工期时，"最小值"为负，即关键工作的总时差为负值，说明应制定更多措施以缩短计算工期。

C. 当计划工期大于计算工期时，"最小值"为正，即关键工作的总时差为正值，说明计划已留有余地，进度控制主动了。

⑩关键线路的确定

网络计划中自始至终全部由关键工作组成的线路称为关键线路。在肯定型网络计划中是指线路上工作总持续时间最长的线路。关键线路在网络图中宜用粗线、双线或彩色线标注。

A. 双代号网络计划关键线路的确定，从起点节点到终点节点，将关键工作连接起来形成的通路就是关键线路。

B. 单代号网络计划关键线路的确定，将相邻两项关键工作之间的间隔时间为 0 的关键工作连接起来而形成的自起点节点到终点节点的通路就是关键线路。

【例题 5-4】按工作法计算图 5-31 所示的双代号网络计划各工作的时间参数，计算结果标注图上。

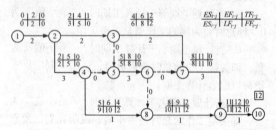

图 5-31 双代号网络计划按工作法计算示例

【解】计算方法和步骤如下：

（1）计算各工作的最早开始时间

工作的最早开始时间应从网络图的起点节点开始的工作算起，顺着箭线方向依次逐项计算，直到以终点节点为结束节点的工作计算完毕为止。必须先计算其紧前工作，然后才能计算本工作。

在图5-31中，以起点节点①为箭尾节点的工作1—2，因为未规定其最早开始时间，其值等于零，即：

$$ES_{1-2} = 0$$

其他工作 i—j 的最早开始时间按公式（5-18）进行计算，因此得到：

$$ES_{2-3} = \max \{ES_{1-2} + D_{1-2}\} = 0 + 2 = 2$$

$$ES_{2-4} = \max \{ES_{1-2} + D_{1-2}\} = 0 + 2 = 2$$

$$ES_{3-7} = \max \{ES_{2-3} + D_{2-3}\} = 2 + 2 = 4$$

$$ES_{5-6} = \max \{ES_{2-3} + D_{2-3}, ES_{2-4} + D_{2-4}\}$$
$$= \max \{2 + 2, 2 + 3\} = 5$$

$$ES_{4-8} = \max \{ES_{2-4} + D_{2-4}\} = 2 + 3 = 5$$

$$ES_{8-9} = \max \{ES_{5-6} + D_{5-6}, ES_{4-8} + D_{4-8}\}$$
$$= \max \{5 + 3, 5 + 1\} = 8$$

$$ES_{7-9} = \max \{ES_{5-6} + D_{5-6}, ES_{3-7} + D_{3-7}\}$$
$$= \max \{5 + 3, 4 + 2\} = 8$$

$$ES_{9-10} = \max \{ ES_{7-9} + D_{7-9}, \ ES_{7-9} + D_{7-9} \}$$
$$= \max \{ 8+3, \ 8+1 \} = 11$$

（2）计算各工作的最早完成时间

工作 $i-j$ 的最早完成时间 EF_{i-j} 的计算：

$$EF_{1-2} = ES_{1-2} + D_{1-2} = 0 + 2 = 2$$

$$EF_{2-3} = ES_{2-3} + D_{2-3} = 2 + 2 = 4$$

$$EF_{2-4} = ES_{2-4} + D_{2-4} = 2 + 3 = 5$$

$$EF_{3-7} = ES_{3-7} + D_{3-7} = 4 + 2 = 6$$

$$EF_{5-6} = ES_{5-6} + D_{5-6} = 5 + 3 = 8$$

$$EF_{4-8} = ES_{4-8} + D_{4-8} = 5 + 1 = 6$$

$$EF_{8-9} = ES_{8-9} + D_{8-9} = 8 + 1 = 9$$

$$EF_{7-9} = ES_{7-9} + D_{7-9} = 8 + 3 = 11$$

$$EF_{9-10} = ES_{9-10} + D_{9-10} = 11 + 1 = 12$$

（3）计算网络计划的工期

1）网络计划的计算工期 T_c 的计算：

$$T_c = \max \{ FF_{9-10} \} = 12$$

2）网络计划的计划工期 T_p，由于未规定要求工期 T_r，所以：

$$T_p = T_c = 12$$

（4）工作的最迟完成时间的计算

工作最迟完成时间应从网络图的终点节点开

始，逆着箭线的方向，自右至左进行计算，直到以起点节点为开始节点的工作计算完毕为止。必须先计算紧后工作，然后才能计算本工作。以终点节点为箭头节点的工作的最迟开始时间为：

$$LF_{i-n} = T_p = LF_{9-10} = 12$$

其他工作 $i—j$ 的最迟完成时间是其诸紧后工作最迟完成时间与该紧后工作的持续时间之差的最小值，其计算结果为：

$$LF_{7-9} = \min \{LF_{9-10}—D_{9-10}\} = \{12-1\} = 11$$

$$LF_{8-9} = \min \{LF_{9-10}—D_{9-10}\} = \{12-1\} = 11$$

$$LF_{3-7} = \min \{LF_{7-9}—D_{7-9}\} = \{11-3\} = 8$$

$$LF_{5-6} = \min \{LF_{7-9}—D_{7-9}, LF_{8-9}—D_{8-9}\}$$
$$= \min \{11-3, 11-1\} = 8$$

$$LF_{4-8} = \min \{LF_{8-9}—D_{8-9}\} = \{11—1\} = 10$$

$$LF_{2-4} = \min \{LF_{5-6}—D_{5-6}, LF_{4-8}—D_{4-8}\}$$
$$= \min \{8-3, 10-1\} = 5$$

$$LF_{2-3} = \min \{LF_{3-7}—D_{3-7}, LF_{5-6}—D_{5-6}\}$$
$$= \min \{8-2, 8-3\} = 5$$

$$LF_{1-2} = \min \{LF_{2-3}—D_{2-3}, LF_{2-4}—D_{2-4}\}$$
$$= \min \{5-2, 5-3\} = 2$$

（5）工作最迟开始时间的计算

工作 $i—j$ 的最迟开始时间 LS_{i-j} 是其最迟完成时

间与其持续时间之差，其计算结果为：

$$LS_{1-2} = LF_{1-2} - D_{1-2} = 2 - 2 = 0$$

$$LS_{2-3} = LF_{2-3} - D_{2-3} = 5 - 2 = 3$$

$$LS_{2-4} = LF_{2-4} - D_{2-4} = 5 - 3 = 2$$

$$LS_{3-7} = LF_{3-7} - D_{3-7} = 8 - 2 = 6$$

$$LS_{4-8} = LF_{4-8} - D_{4-8} = 10 - 1 = 9$$

$$LS_{5-6} = LF_{5-6} - D_{5-6} = 8 - 3 = 5$$

$$LS_{7-9} = LF_{7-9} - D_{7-9} = 11 - 3 = 8$$

$$LS_{8-9} = LF_{8-9} - D_{8-9} = 11 - 1 = 10$$

$$LS_{9-10} = LF_{9-10} - D_{9-10} = 12 - 1 = 11$$

（6）工作总时差的计算

一项工作可以利用的机动时间要受其紧前紧后工作的约束。它的极限机动时间是从其最早开始时间到最迟完成时间这一时间段，从中扣除本身作业必须占用的时间之后，其余时间才可机动使用，其计算结果为：

$$TF_{1-2} = LF_{1-2} - EF_{1-2} = 2 - 2 = 0$$

$$TF_{2-3} = LF_{2-3} - EF_{2-3} = 5 - 4 = 1$$

$$TF_{2-4} = LF_{2-4} - EF_{2-4} = 5 - 5 = 0$$

$$TF_{3-7} = LF_{3-7} - EF_{3-7} = 8 - 6 = 2$$

$$TF_{4-8} = LF_{4-8} - EF_{4-8} = 10 - 6 = 4$$

$$TF_{5-6} = LF_{5-6} - EF_{5-6} = 8 - 8 = 0$$

$$TF_{7-9} = LF_{7-9} - EF_{7-9} = 11 - 11 = 0$$
$$TF_{8-9} = LF_{8-9} - EF_{8-9} = 11 - 9 = 2$$
$$TF_{9-10} = LF_{9-10} - EF_{9-10} = 12 - 12 = 0$$

（7）工作自由时差的计算

根据自由时差的定义，其值应等于其紧后工作最早开始时间与本工作最早完成时间之差，其计算结果为：

$$FF_{1-2} = ES_{2-3} - EF_{1-2} = 2 - 2 = 0$$
$$FF_{2-3} = ES_{3-7} - EF_{2-3} = 4 - 4 = 0$$
$$FF_{2-4} = ES_{4-8} - EF_{2-4} = 5 - 5 = 0$$
$$FF_{3-7} = ES_{7-9} - EF_{3-7} = 8 - 6 = 2$$
$$FF_{4-8} = ES_{8-9} - EF_{4-8} = 8 - 6 = 2$$
$$FF_{5-6} = ES_{7-9} - EF_{5-6} = 8 - 8 = 0$$
$$FF_{7-9} = ES_{9-10} - EF_{7-9} = 11 - 11 = 0$$
$$FF_{8-9} = ES_{9-10} - EF_{8-9} = 11 - 9 = 2$$
$$FF_{9-10} = T_p - EF_{9-10} = 12 - 12 = 0$$

本例双代号网络计划按工作计算法计算的时间参数的结果，见图5-31所示。

（8）关键工作和关键线路的确定

1）关键工作的确定，在本例中计划工期等于计算工期，即 $T_p = T_c$，因此，总时差为零的工作就是关键工作，即①→②、②→④、⑤→⑥、⑦→

⑨、⑨→⑩为关键工作。

2）关键线路的确定，网络计划中自始至终全部由关键工作组成的线路即为关键线路，本例中的关键线路为①→②→④→⑤→⑥→⑦→⑨→⑩，见图5-31中粗箭线所标注。

5.1.2.3 时标网络计划

时标网络计划是网络计划的一种表示形式，亦称带时间坐标的网络计划，是以时间坐标为尺度编制的网络计划。在一般网络计划中，箭线长短并不表明时间的长短，而在时标网络计划中，箭线长短和所在位置即表示工作的时间进程，这是时标网络计划与一般网络计划的主要区别。

（1）时标网络计划的特点

时标网络计划形同水平进度计划，它是网络图与横道图的结合，它表达清晰醒目，编制亦方便，在编制过程中就能看出前后各工作之间的逻辑关系。这是一种深受计划部门欢迎的计划表达形式。它有以下特点：

1）时标网络计划既是一个网络计划，又是一个水平进度计划，它能标明计划的时间进程，便于网络计划的使用。

2）时标网络计划能在图上显示各项工作的开

始与完成时间、时差和关键线路。

3）时标网络计划便于在图上计算劳动力、材料等资源的需用量，并能在图上调整时差，进行网络计划的时间和资源的优化。

4）调整时标网络计划的工作较繁。对一般的网络计划，若改变某一工作的持续时间，只需更改箭线上所标注的时间数字就行，十分简便。但是，时标网络计划是用箭线或线段的长短来表示每一工作的持续时间的，若改变时间就需改变箭线的长度和位置，这样往往会引起整个网络图的变动。

实践经验说明，时标网络计划对以下两种情况比较适用：

1）编制工作项目较少，并且工艺过程较简单的建筑施工计划。它能迅速地边绘、边算、边调整。对于工作项目较多，并且工艺复杂的工程仍以常用的网络计划为宜。

2）将已编制并计算好的网络计划再复制成时标网络计划，以便在图上直接表示各工作的进程。目前在我国已编出相应的程序，可应用电子计算机来完成这项工作，并已经用于生产实际。

（2）编制时标网络计划的规定

1）时标网络计划必须以时间坐标为尺度表示工

作的时间，时标的时间单位应根据需要在编制网络计划之前确定，可为小时、天、周、旬、月或季等。

2）时标网络计划应以实箭线表示工作，以虚箭线表示虚工作，以波形线表示工作的自由时差。当实箭线之后有波形线且其末端有垂直部分时，其垂直部分用实线绘制；当虚箭线有时差且其末端有垂直部分时，其垂直部分用虚线绘制。

3）时标网络计划中所有符号在时间坐标上的水平位置及其水平投影，都必须与其所代表的时间值相对应。节点的中心必须对准时标的刻度线，虚工作必须以垂直虚箭线表示，有自由时差时加波形线表示。

4）时标网络计划宜按最早时间编制。编制时标网络计划之前，应先按已确定的时间单位绘出时标表。时标可标注在时标表的顶部或底部，并须注明时标的长度单位，必要时还可在顶部时标之上或底部时标之下加注日历的对应时间。为使图面清晰，时标表中部的刻度线宜为细线。

5）时标网络计划的编制应先绘制无时标网络计划草图，并可按以下两种方法之一进行：

①先计算网络计划的时间参数，再根据时间参数按草图在时标表上进行绘制；

②不计算网络计划的时间参数，直接按草图在时标表上编绘。

6）用先算后绘制的方法时，应先算每项工作的最早开始时间将其箭尾节点定位在时标表上，再用规定线型绘出工作及其自由时差，形成时标网络计划图。

7）不经计算直接按草图编绘时标网络计划时，应按下列方法逐步进行：

①将起点节点定位在时标表的起始刻度线上；

②按工作持续时间在时标表上绘制起点节点的外向箭线；

③工作的箭头节点必须在其所有内向箭线绘出以后，定位在这些内向箭线中最晚完成的实箭线箭头处，某些内向实箭线长度不足以到达该箭头节点时，可用波形线补足；

④用上述方法自左至右依次确定其他节点位置，直至终点节点定位绘完。

（3）双代号时标网络计划的绘制

"双代号时标网络计划"，是在时间坐标上绘制的双代号网络计划，每项工作的时间长度（箭线长度）和每个节点的位置，都按时间坐标绘制。它既有网络计划的优点，又有横道计划的时间直观的优点。但因为其箭线受时标约束，故绘图比较困难。对于工作项目少、工艺过程比较简单的进度计划，可以边绘、边算、边调整。对于大型的、复杂的工程计划可以先用时标网络计划的形式绘制各分部工程的网络计划，然后再综合起来绘制时标总网络计划；也可以先编制一个简明的时标总网络计划，再分别绘制分部工程的执行时标网络计划。

1）绘图的基本要求

①时间长度是以所有符号在时标表上的水平位置及其水平投影长度表示的，与其所代表的时间值相对应；

②节点的中心必须对准时标的刻度线；

③虚工作必须以垂直虚箭线表示，有时差时加波形线表示；

④时标网络计划宜按最早时间编制，不宜按最迟时间编制；

⑤时标网络计划编制前，必须先绘制无时标网络计划；

⑥绘制时标网络计划图可以在以下两种方法中任选一种：

A．先计算无时标网络计划的时间参数，再将该计划在时标表上进行绘制；

B. 不计算时间参数，直接根据无时标网络计划在时标表上进行绘制。

2）"先算后绘法"的绘图步骤

以图 5-32 为例，绘制完成的时标网络计划见图 5-33 所示。

①绘制时标计划表；

②计算每项工作的最早开始时间和最早完成时间，见图 5-32；

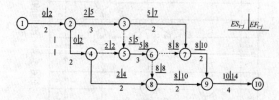

图 5-32　某工程双代号网络计划

③将每项工作的箭尾节点按最早开始时间定位在时标计划表上，其布局应与不带时标的网络计划基本相当，然后编号；

④用实线绘制出工作持续时间，用虚线绘制无时差的虚工作（垂直方向），用波形线绘制工作和虚工作的自由时差，见图 5-33 所示。

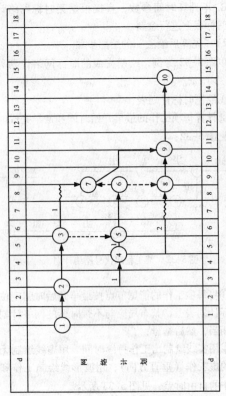

图 5-33 按图 5-32 绘制的时标网络计划

3) 直接绘图法

仍以图 5-32 为例说明,不经计算,直接按无时标网络计划编制时标网络计划的步骤:

①绘制时标计划表;

②将起点节点定位在时标计划表的起始刻度线上,见图 5-33 的节点①;

③按工作持续时间在时标表上绘制起点节点的外向箭线,见图 5-33 的 1—2;

④工作的箭头节点,必须在其所有内向箭线绘出以后,定位在这些内向箭线中最晚完成的实箭线箭头处,如图 5-33 中的节点⑤、⑦、⑧、⑨;

⑤某些内向实箭线长度不足以到达该箭头节点时,用波形线补足,如图 5-33 的 3—7、4—8。如果虚箭线的开始节点和结束节点之间有水平距离时,以波形线补足,如箭线 4—5。如果没有水平距离,绘制垂直虚箭线,如 3—5、6—7、6—8;

⑥用上述方法自左至右依次确定其他节点的位置,直至终点节点定位,绘图完成;

注意确定节点的位置时,尽量与无时标网络图的节点位置相当,保持布局基本不变。

⑦给每个节点编号,编号与无时标网络计划相同。

（4）时标网络计划关键线路和时间参数的确定

1）关键线路的判定

时标网络计划的关键线路，应自终点节点逆箭头方向朝起点节点观察，凡自终至始不出现波形线的通路，就是关键线路。

判别是否为关键线路，要看这条线路上的各项工作是否有总时差，这里是用有没有自由时差判断有没有总时差的。因为有自由时差的线路即有总时差，而自由时差集中在线路段的末端，既然末端不出现自由时差，那么这条线路便不存在总时差，自终至始没有自由时差的线路，自然就不存在总时差，这条线路就必然是关键线路。图 5 - 33 的关键线路是"①—②—③—⑤—⑥—⑦—⑨—⑩"和"①—②—③—⑤—⑥—⑧—⑨—⑩"两条。关键线路要求用粗线、双线或彩色线标注，图 5 - 33 是用粗线标注的。

2）计算工期的判定

时标网络计划的计算工期，应是其终点节点与起点节点所在位置的时标值之差。图 5 - 33 所示的时标网络计划的计算工期是 14 - 0 = 14d。

3）最早时间的判定

在时标网络计划中，每条箭线的箭尾节点中心所对应的时标值，代表工作的最早开始时间，箭线实线部分右端或当工作无自由时差时箭线右端节点中心所对应的时标值代表工作的最早完成时间。虚箭线的最早开始时间和最早完成时间相等，均为其所在刻度的时标值，如图 5-33 中箭线⑥→⑧的最早开始时间和最早完成时间均为第 8 天。

4）自由时差的判定

在时标网络计划中，工作自由时差值等于其波形线在坐标轴上的水平投影长度。

理由是：每条波形线的末端，就是这条波形线所在工作的紧后工作的最早开始时间；波形线的起点，就是它所在工作的最早完成时间；波形线的水平投影就是这两个时间之差，也就是自由时差值。如图 5-33 中工作③—⑦的自由时差值为 1d，工作④—⑤的自由时差值为 ld，工作④—⑧的自由时差值为 2d，其他工作无自由时差。

5）工作总时差的计算

时标网络计划中，工作总时差不能直接观察，但利用可观察到的工作自由时差进行计算亦是比较简便的。

工作总时差应自右向左逐个进行计算，一项工作只有在其诸紧后工作的总时差被计算出来后，本工作的总时差才能判定。工作总时差之值，等于诸紧后工作总时差的最小值与本工作的自由时差值之和，即：

$$TF_{i-j} = \min\{TF_{j-k}\} + FF_{i-j} \qquad (5\text{-}32)$$

式中　TF_{i-j}——i—j 工作的总时差；

　　　TF_{j-k}——i—j 工作的紧后工作 j—k 的总时差；

　　　FF_{i-j}——i—j 工作的自由时差（波形线的水平投影）。

例如，图 5-33 中各工作的总时差由公式（5-32）可得到：

$$TF_{9-10} = 14 - 14 = 0 \ (d)$$
$$TF_{7-9} = 0 + 0 = 0 \ (d)$$
$$TF_{3-7} = 0 + 1 = 1 \ (d)$$
$$TF_{8-9} = 0 + 0 = 0 \ (d)$$
$$TF_{4-8} = 0 + 2 = 2 \ (d)$$
$$TF_{5-6} = \min \ \{0 + 0, \ 0 + 0\} \ = 0 \ (d)$$
$$TF_{4-5} = 0 + 1 = 1 \ (d)$$
$$TF_{2-4} = \min \ (2 + 0, \ 1 + 0) \ = 1 \ (d)$$

以此类推，可计算出全部工作的总时差值。

计算完成后，可将工作总时差值标注在相应的波形线或实箭线之上，见图 5-33 所示。

6）最迟时间的计算

有了工作的总时差与最早时间，工作的最迟时间便可计算出来：

$$LS_{i-j} = ES_{i-j} + TF_{i-j} \qquad (5-33)$$

$$LF_{i-j} = EF_{i-j} + TF_{i-j} \qquad (5-34)$$

根据对图 5-33 的观察和前面的计算结果，运用以上公式便可计算各工作的最迟时间。例如：

$$LS_{2-4} = ES_{2-4} + TF_{2-4} = 2 + 1 = 3d$$

$$LF_{2-4} = EF_{2-4} + TF_{2-4} = 4 + 1 = 5d$$

……

其余各工作的最迟时间也可按此法计算出来。

5.2 施工进度计划的控制措施

施工进度计划控制是工程项目施工管理中的重点控制目标之一。它是保证工程项目施工按期完成，合理安排资源供应，节约工程成本的重要措施。

工程项目施工进度控制应以实现施工合同约定的交工日期为最终目标。

工程项目施工进度控制的总目标是确保工程项目的既定目标的实现，或者在保证施工质量和不因此而增加施工实际成本的条件下，适当缩短施工工期。工程项目进度控制的总目标应进行层层分解，形成实施进度控制、相互制约的目标体系。目标分解可按单项工程分解为交工分目标，按承包的专业或按施工阶段分解为完工分目标，按年、季、月计划分解为时间分目标。

工程项目进度控制应建立以项目经理为首的进度计划控制体系，各子项目负责人、计划人员、调度人员、施工队长和班组长都是该体系的成员。各承担施工任务者和生产管理者都应承担进度控制目标，并对进度控制负责。

工程项目施工进度计划控制方法主要是规划、控制与协调。规划是指确定工程项目总进度控制目标和分进度控制目标，并编制其进度计划。控制是指在工程项目实施的全过程中，进行施工实际进度与施工计划进度的比较，出现偏差及时采取措施进行调整。协调是指疏通、优化与施工进度有关的单位、部门施工队组织间的进度关系。

5.2.1 施工进度计划控制的组织措施

（1）健全项目管理的组织体系

组织是目标能否实现的决定性因素，因此，为实现工程项目的进度目标，应充分重视健全工程项

652

目管理的组织体系。

1）组织结构设置（设置专门负责工程项目进度控制的工作部门）；

2）专职人员定岗（选定符合进度控制岗位要求的专职人员负责进度控制工作）；

3）明确职能分工（编制进度控制的任务分工表、进度控制的管理职能分工表）；

4）确定工作流程（确定进度控制的工作流程）；

5）建立协调机制（建立进度控制的协调机制）；

6）会议组织设计（确定有关进度控制的会议组织设计）。

（2）工程项目组织结构和专职人员定岗的设置

在工程项目组织结构中应由专门的进度控制工作部门和符合进度控制岗位资格的专人负责进度控制工作。

（3）明确施工进度控制的工作任务和职能分工

施工进度控制的主要工作环节包括：施工进度目标的分析和论证、编制施工进度计划、定期跟踪检查实际进度情况、分析进度偏差、采取纠偏措施以及调整施工进度计划。这些工作任务和相应的管理职能应在项目管理组织设计的任务分工表和管理职能分工表中表示并落实。项目管理组织设计应属于施工项目管理规划中的一项内容。

（4）确定施工进度控制工作流程

施工进度控制工作的环节多，影响因素多，控制工作频繁。为使进度控制工作顺利进行，应编制施工进度控制的工作流程，如：

1）定义施工进度计划系统（由多个相互关联的施工进度计划组成）的组成；

2）各类施工进度计划的编制程序和审批程序；

3）工期延期的审查和处理程序；

4）施工进度计划执行情况的检查程序和调整程序等。

（5）确定施工进度控制的组织和协调工作

施工进度控制工作包含了大量的组织和协调工作，应通过会议协调的形式及时解决进度问题。施工进度协调会可安排在工程施工综合协调会中定期进行，也可根据工程实际需要单独进行。会议是组织和协调的重要手段，应进行有关进度控制会议的组织设计，明确以下内容：

1）会议的类型；

2）各类会议的主持人和参加单位及人员；

3）各类会议的召开时间；

4）各类会议文件（纪要）的整理、分发和确认等。

5.2.2 施工进度计划控制的管理措施

施工进度控制的管理措施涉及管理的思想、管理的方法、管理的手段、承发包模式、合同管理和风险管理等。在理顺组织的前提下，科学和严谨的管理十分重要。

（1）施工进度控制在管理观念方面存在的主要问题

1）缺乏进度计划系统的观念。往往分别编制各种独立而互不关联的计划，这样就形成不了计划系统；

2）缺乏动态控制的观念。只重视计划的编制，而不重视及时地进行计划的动态调整；

3）缺乏进度计划多方案比较和选优的观念。合理的进度计划应体现资源的合理使用、工作面的合理安排、有利于提高施工质量、有利于文明施工和有利于合理地缩短建设周期。

（2）网络计划技术的应用

用工程网络计划的方法编制进度计划必须很严

谨地分析和考虑工作之间的逻辑关系，通过工程网络图的计算可发现关键工作和关键路线，也可知道非关键工作可使用的时差，工程网络计划的方法有利于实现进度控制的科学化。

（3）承发包模式的选择直接关系到工程实施的组织和协调

为了实现进度目标，应选择合理的合同结构，以避免过多的合同交界面而影响工程的进展。施工过程中应加强合同管理，严格控制合同变更。工程物资的采购模式对进度也有直接的影响，对此应作比较分析。

（4）注意分析影响工程进度的风险

为实现进度目标，不但应进行进度控制，还应注意分析影响工程进度的风险，并在分析的基础上采取风险管理措施，以减少进度失控的风险量。常见的影响工程进度的风险，如：组织风险、管理风险、合同风险、资源风险、技术风险等。

（5）信息技术的应用

重视信息技术在进度控制中的应用（包括相应的软件、局域网、互联网以及数据处理设备）。虽然信息技术对进度控制而言只是一种管理手段，但它的应用有利于提高进度信息处理的效率，有利于提高进度信息的透明度，有利于促进进度信息的交流和项目各参与方的协同工作。

5.2.3 施工进度计划控制的经济措施

（1）施工进度控制的经济措施涉及工程资金的供应和加快施工进度的经济激励措施等。如：

1）施工阶段应及时办理工程预付款及工程进度款支付。

2）制定保证进度的奖惩措施，如工期提前的奖励措施和工期拖延的损失补偿措施。

（2）在编制工程成本计划时，应考虑加快工程进度所需要的资金，其中包括为实现施工进度目标将要采取的经济激励措施所需要的费用。

（3）为确保进度目标的实现，应编制与施工进度计划相适应的资源进度计划，包括资金需求计划和其他资源（人力和物力资源）需求计划，以反映工程施工的各时段所需要的资源。通过资源需求的分析，可发现所编制的进度计划实现的可能性，若资源条件不具备，则应调整施工进度计划。

5.2.4 施工进度计划控制的技术措施

（1）施工进度控制的技术措施涉及对实现施工

进度目标有利的设计技术和施工技术的选用。

（2）不同的设计理念、设计技术路线、设计方案对工程进度会产生不同的影响，在工程进度受阻时，应分析是否存在设计技术的影响因素，为实现进度目标要严格控制设计变更，分析有无设计变更的必要和是否可能变更。

（3）施工方案对工程进度有直接的影响，在选择施工方案时，不仅应分析技术的先进性和经济的合理性，还应考虑其对进度的影响。在工程进度受阻时，应分析是否存在施工技术的影响因素，为实现进度目标有无改变施工技术、施工方法和施工机械的可能性。

5.3　施工进度计划的实施、检查与调整

5.3.1　施工进度计划的实施

施工进度计划的实施就是施工活动的进展，也就是用施工进度计划指导施工活动、落实和完成计划。施工进度计划逐步实施的过程就是工程项目建造的逐步完成过程。为了保证工程项目进度计划的实施，并且尽量按编制的计划时间逐步进行，保证各进度目标的实现，应做好如下工作。

（1）施工进度计划的审核

项目经理应进行施工进度计划的审核，其主要内容包括：

1）进度安排是否符合施工合同确定的建设项目总目标和分目标的要求，是否符合其开、竣工日期的规定；

2）施工进度计划中的内容是否有遗漏，分期施工是否满足分批交工的需要和配套交工的要求；

3）施工顺序安排是否符合施工程序的要求；

4）资源供应计划是否能保证施工进度计划的实现，供应是否均衡，分包人供应的资源是否满足进度要求；

5）施工图设计的进度是否满足施工进度计划要求；

6）总分包之间的进度计划是否相协调，专业分工与计划的衔接是否明确、合理；

7）对实施进度计划的风险是否分析清楚，是否有相应的对策；

8）各项保证进度计划实现的措施设计得是否周到、可行、有效。

（2）施工进度计划的贯彻

1）检查各层次的计划，形成严密的计划保证

系统

工程项目的所有施工进度计划：施工总进度计划、单位工程施工进度计划、分部（项）工程施工进度计划，都是围绕一个总任务而编制的，它们之间的关系是高层次计划为低层次计划提供依据，低层次计划是高层次计划的具体化。在其贯彻执行时，应当首先检查是否协调一致，计划目标是否层层分解、互相衔接，组成一个计划实施的保证体系，以施工任务书的方式下达施工队，保证施工进度计划的实施。

2）层层明确责任并利用施工任务书

施工项目经理、作业队和作业班组之间分别签订责任书，按计划目标明确规定工期、承担的经济责任、权限和利益。用施工任务书将作业任务下达到施工班组，明确具体施工任务、技术措施、质量要求等内容，使施工班组必须保证按作业计划时间完成规定的任务。

3）进行计划的交底，促进计划的全面、彻底实施

施工进度计划的实施是全体工作人员的共同行动，要使有关人员都明确各项计划的目标、任务、实施方案和措施，使管理层和作业层协调一致，将

计划变成全体员工的自觉行动，在计划实施前可以根据计划的范围进行计划交底工作，以使计划得到全面、彻底的实施。

(3) 施工进度计划的实施

1) 编制月（旬）作业计划

为了实施施工进度计划，将规定的任务结合现场施工条件，如施工场地的情况、劳动力机械等资源条件和施工的实际进度，在施工开始前和过程中不断地编制本月（旬）作业计划，这是使施工计划更具体、更实际和更可行的重要环节。在月（旬）计划中要明确：本月（旬）应完成的任务；所需要的各种资源量；提高劳动生产率和节约措施等。

2) 签发施工任务书

编制好月（旬）作业计划以后，将每项具体任务通过签发施工任务书的方式下达班组进一步落实、实施：施工任务书是向班组下达任务，实行责任承包、全面管理和原始记录的综合性文件。施工班组必须保证指令任务的完成。它是计划和实施的纽带。

施工任务书应按施工班组编制和下达，在实施过程中要做好记录，任务完成后回收，作为原始记录和业务核算资料。它包括施工任务单、限额领料单和考勤表。施工任务单包括：分项工程施工任务、工程量、劳动量、开工日期、完工日期、工艺、质量和安全要求。限额领料单是根据施工任务单编制的控制班组领用材料的依据，应具体列明材料名称、规格、型号、单位和数量、领用记录、退料记录等。考勤表可附在施工任务单背面，按班组人名排列。

3）做好施工进度记录，填好施工进度统计表

在计划任务完成的过程中、各级施工进度计划的执行者都要跟踪做好施工记录，及时记载计划中的每项工作开始日期、每日完成数量和完成日期，记录施工现场发生的各种情况、干扰因素的排除情况；跟踪做好形象进度、工程量、总产值、耗用的人工、材料和机械台班等的数量统计与分析，为工程项目进度检查和控制分析提供反馈信息。因此，要求实事求是记载，并据实填好上报统计报表。

4）做好施工中的调度工作

施工中的调度是组织施工中各阶段、环节、专业和工种的互相配合、进度协调的指挥核心。调度工作是使施工进度计划实施顺利进行的重要手段。其主要任务是掌握计划实施情况，协调各方面关系，采取措施，排除各种矛盾，加强各薄弱环节，

实现动态平衡，保证完成作业计划和实现进度目标。

调度工作内容主要有：监督作业计划的实施、调整协调各方面的进度关系；监督检查施工准备工作；督促资源供应单位按计划供应劳动力、施工机具、运输车辆、材料构配件等，并对临时出现的问题采取调配措施；按施工平面图管理施工现场，结合实际情况进行必要的调整，保证文明施工；了解气候、水、电、气的情况，采取相应的防范和保证措施；及时发现和处理施工中各种事故和意外事件；调节各薄弱环节；定期、及时地召开现场调度会议，贯彻施工项目主管人员的决策，发布调度令。

5.3.2 施工进度计划的检查

在工程项目的实施过程中，为了进行进度控制，进度控制人员应经常地、定期地跟踪检查施工实际进度情况，主要是收集工程项目施工进度材料，进行统计整理和对比分析，确定实际进度与计划进度之间的关系，其主要工作包括：

（1）跟踪检查施工实际进度

为了对施工进度计划的完成情况进行统计、进行进度分析和调整计划提供信息，应对施工进度计划依据其实施记录进行跟踪检查。

跟踪检查施工实际进度是工程项目施工进度控制的关键措施。其目的是收集实际施工进度的有关数据。跟踪检查的时间和收集数据的质量，直接影响控制工作的质量和效果。

一般检查的时间间隔与工程项目的类型、规模、施工条件和对进度执行要求程度有关。通常可以确定每月、半月、旬或周进行一次。若在施工中遇到天气、资源供应等不利因素的严重影响，检查的时间间隔可临时缩短，次数应频繁，甚至可以每日进行检查，或派人员驻现场督阵。检查和收集资料的方式一般采用进度报表方式或定期召开进度工作汇报会。为了保证汇报资料的准确性，进度控制的工作人员，要经常到现场察看工程项目的实际进度情况，从而保证经常地、定期地准确掌握工程项目的实际进度。

根据不同需要，进行日常检查或定期检查的内容包括：

1）检查期内实际完成和累计完成工程量；

2）实际参加施工的人力、机械数量和生产效率；

3）窝工人数、窝工机械台班数及其原因分析；

4）进度偏差情况；

5）进度管理情况；

6）影响进度的特殊原因及分析。

（2）整理统计检查数据

收集到的工程项目实际进度数据，要进行必要的整理、按计划控制的工作项目进行统计，形成与计划进度具有可比性的数据，相同的量纲和形象进度。一般可以按实物工程量、工作量和劳动消耗量以及累计百分比整理和统计实际检查的数据，以便与相应的计划完成量相对比。

（3）对比实际进度与计划进度

将收集的资料整理和统计成具有与计划进度可比性的数据后，用工程项目实际进度与计划进度的比较方法进行比较。常用的比较方法有：横道图比较法、S形曲线比较法、"香蕉"形曲线比较法、前锋线比较法和列表比较法等。通过比较得出实际进度与计划进度相一致、超前、拖后三种情况。

（4）工程项目进度检查结果的处理

工程项目进度检查的结果，按照检查报告制度的规定，形成进度控制报告向有关主管人员和部门汇报。

进度控制报告是把检查比较的结果，有关施工进度现状和发展趋势，提供给项目经理及各级业务职能负责人的最简单的书面形式报告。

进度控制报告是根据报告的对象不同，确定不同的编制范围和内容而分别编写的。一般分为项目概要级进度控制报告、项目管理级进度控制报告和业务管理级进度控制报告。

1）项目概要级的进度报告是报给项目经理、企业经理或业务部门以及建设单位或业主的。它是以整个工程项目为对象说明进度计划执行情况的报告。

2）项目管理级的进度报告是报给项目经理及企业业务部的。它是以单位工程或项目分区为对象说明进度计划执行情况的报告。

3）业务管理级的进度报告是就某个重点部位或重点问题为对象编写的报告，供项目管理者及各业务部门为其采取应急措施而使用的。

进度报告由计划负责人或进度管理人员与其他项目管理人员协作编写。报告时间一般与进度检查时间相协调，也可按月、旬、周等间隔时间进行编写上报。

通过检查应向企业提供月度施工进度报告的

内容主要包括：项目实施概况、管理概况、进度概要的总说明；项目施工进度、形象进度及简要说明；施工图纸提供进度；材料、物资、构配件供应进度；劳务记录及预测；日历计划；对建设单位、业主和施工者的工程变更指令、价格调整、索赔及工程款收支情况；进度偏差的状况和导致偏差的原因分析；解决问题的措施；计划调整意见等。

5.3.3 施工进度计划的调整

（1）分析进度偏差的影响

通过进度比较方法，当判断出现进度偏差时，应分析该偏差对后续工作及总工期的影响：

1）若出现偏差的工作为关键工作，则无论偏差大小，都对后续工作及总工期产生影响，必须采取相应的调整措施；若出现偏差的工作不为关键工作，需要根据偏差值与总时差和自由时差的大小关系，确定对后续工作和总工期的影响程度。

2）若工作的进度偏差大于该工作的总时差，说明此偏差必将影响后续工作和总工期，必须采取相应的调整措施；若工作的进度偏差小于或等于该工作的总时差，说明此偏差对总工期无影响，但它对后续工作的影响程度，需要根据比较偏差与自由时差的情况来确定。

3）若工作的进度偏差大于该工作的自由时差，说明此偏差对后续工作产生影响，应该如何调整，应根据后续工作允许影响的程度而定；若工作的进度偏差小于或等于该工作的自由时差，则说明此偏差对后续工作无影响，因此；原进度计划可以不作调整。

经过如此分析，进度控制人员可以确认应该调整产生进度偏差的工作和调整偏差值的大小，以便确定采取调整措施，获得新的符合实际进度情况和计划目标的新进度计划。

（2）进度计划的调整方法

在对实施的进度计划分析的基础上，应确定调整原计划的方法，一般主要有以下几种：

1）改变某些工作间的逻辑关系

若检查的实际施工进度产生的偏差影响了总工期，在工作之间的逻辑关系允许改变的条件下，可改变关键线路和超过计划工期的非关键线路上的有关工作之间的逻辑关系，达到缩短工期的目的。用这种方法调整的效果是很显著的，例如可以把依次进行的有关工作改成平行的或互相搭接的，以及分成几个施工段进行流水施工等，都可以达到缩短工期的目的。

2）缩短某些工作的持续时间

这种方法是不改变工作之间的逻辑关系，通过缩短某些工作持续时间，而使施工进度加快，并保证实现计划工期的方法。这些被压缩持续时间的工作是位于由于实际施工进度的拖延而引起总工期增长的关键线路和某些非关键线路上的工作。同时这些工作又是可压缩持续时间的工作，这种方法实际上就是网络计划优化中工期优化和工期与成本优化的方法。

3）资源供应的调整

如果资源供应发生异常，应采用资源优化方法对计划进行调整，或采取应急措施，使其对工期影响最小。

4）增减施工内容

增减施工内容应做到不打乱原计划的逻辑关系，只对局部逻辑关系进行调整。在增减施工内容以后，应重新计算时间参数，分析对原网络计划的影响。当对工期有影响时，应采取调整措施，保证计划工期不变。

5）增减工程量

增减工程量主要是指改变施工方案、施工方法，从而导致工程量的增加或减少。

6）起止时间的改变

起止时间的改变应在相应工作时差范围内进行。每次调整必须重新计算时间参数，观察该项调整对整个施工计划的影响。调整时可在下列方法中进行：

①将工作在其最早开始时间与其最迟完成时间范围内移动；

②延长工作的持续时间；

③缩短工作的持续时间。

（3）施工进度控制总结

项目经理部应在施工进度计划完成后，及时进行施工进度控制总结，为进度控制提供反馈信息。

1）总结时宜依据以下资料

①施工进度计划；

②施工进度计划执行的实际记录；

③施工进度计划检查结果；

④施工进度计划的调整资料。

2）施工进度控制总结应包括

①合同工期目标和计划工期目标完成情况；

②施工进度控制经验；

③施工进度控制中存在的问题；

④科学的施工进度计划方法的应用情况；

⑤施工进度控制的改进意见。

6. 施工过程中常见问题
的处理

6.1 地基的局部处理

在地基基础施工过程中，由于地下土质构成各不相同，常遇到影响地基承载力的局部地基问题，如古墓、坑穴、地下障碍物、松土坑、土井、砖井以及局部软硬地基等。为保障地基承载力的均匀，防止地基基础的不均匀沉降，应对地基进行局部处理。

6.1.1 古墓、坑穴、地下障碍物

（1）基础下有古墓、地下坑穴

若墓穴中的填充物已恢复原状结构可不处理。墓穴中的填充物若为松土，则应将松土杂物挖掉，分层回填素土或 3:7 灰土夯实。

（2）基础下压缩土层范围内有古墓、地下坑穴

这种情况的处理如图 6-1 所示。

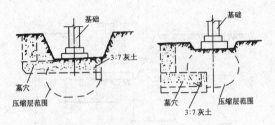

图 6-1　基础下压缩土层范围内有古墓、
地下坑穴时处理方法

1）挖基坑时，沿坑边周围每边加宽 500 mm，深到自然地面下 500 mm。开挖深度：当基坑深度小于基础压缩土层深度，仅挖到基坑；当基坑深度大于基础压缩土层深度，开挖深度应不小于基础压缩土层深度。

2）基坑和坑穴用 3:7 灰土回填夯实；回填土料宜选用粉质黏土分层回填，每层厚不超过 300mm。每层夯实后土的密度不小于 15.5kN/m³。

（3）基础外有古墓、地下坑穴

这种情况的处理如图 6-2 所示。将墓室、墓道内填充物清除，侧壁和底部各切入原土内 150mm，再用素土和 3:7 灰土分层夯实。若墓穴、坑穴位于基坑平面轮廓外 $1/h > 1.5$ 时，可不作处理。

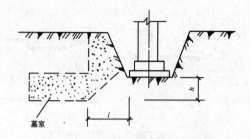

图 6-2　基础外有古墓、地下坑穴时处理方法

（4）基础下局部有障碍物

这种情况可根据障碍物类型采取下列两种处理方法：

1）当基础下有类似于旧墙基、化粪池、树根、孤石等障碍物时，应尽可能挖除，至天然土层后，再用与基底天然土层压缩性相近的材料或灰土回填并夯实。

2）如果硬物挖出困难，可局部凿除。在其上设置钢筋混凝土梁跨越硬物，并与硬物间保留一定空隙以调整沉降。

6.1.2　松土坑

（1）松土坑在基槽范围内

这种情况的处理应将坑中松土挖去，至侧壁和坑底均见老土，再用与天然土压缩性相近的材料回填，每层厚度不大于200mm。当老土为砂土时，用砂或级配砂石回填；当为较密实的黏性土时，则用3:7灰土回填；当为中密可塑的黏性土时，则用1:9或2:8灰土回填。

(2) 松土坑超过基槽边沿

这种情况的处理如图6-3所示。应将该范围内的基槽适当加宽，加宽宽度 l_1 按下列条件确定：

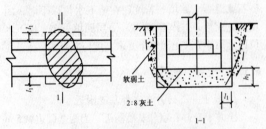

1-1

图6-3 松土坑超过基槽边沿的处理方法

1）用灰土或砂土回填时，基槽壁边均应按 $l_1:h_1 = 1:1$ 坡度放宽；

2）用灰土1:9或2:8回填时，按 $l_1:h_1 = 0.5:1$ 坡度放宽；

3）用3:7灰土回填时，如果坑的长度不大于2m，基槽可不放宽，但应夯实。

（3）松土坑较深，大于基槽宽或超过1.5m

这种情况的处理是将松土坑挖至老土，用灰土分层回填夯实至坑底平，并在灰土基础上1~2皮砖（或混凝土基础内）、防潮层下1~2皮砖处加配4根 ϕ8~12的钢筋，跨越松土坑两端各1m。

（4）松土坑下地下水位较高

这种情况的处理可将坑中松土挖去，再用砂土、砂石或混凝土回填。若坑底在地下水位以下时，回填前先用粗砂与碎石（1:7）分层回填夯实；地下水位以上用3:7灰土回填至要求高度，并夯实。

6.1.3 土井、砖井

（1）土井、砖井在室外基础附近

土井、砖井在室外基础附近，当距基础边缘5m以内时，应对其进行处理，以防止地基的局部沉降过大。处理的方法是：将井先用素土分层夯实，回填至室外地坪以下1.5m标高处。将井壁四周砖拆除或松软部分挖去，然后用素土分层回填并夯实。

（2）土井、砖井在室内基础附近

这种情况的处理：首先将井中水位降低到最低

限度，用中、粗砂及块石、卵石或碎砖等回填至地下水位以上 500mm。将砖井四周砖拆除至基坑下 1m 处，用素土分层回填并夯实。

（3）土井、砖井在基础下

土井、砖井在基础下，或在条形基础 3 倍基底宽度，或在柱基 2 倍基底宽度范围内，在此范围内的土井、砖井，直接影响地基的承载力，必须进行处理。其处理方法是：先用素土分层回填并夯实至基底下 2 m 处，将井壁四周松软部分挖去，将砖井拆至基槽底 1～1.5m 处。当井内有水时，应用中、粗砂或碎砖回填至水位以上 500mm 处，然后再将井壁四周砖圈拆除或松软部分挖去至槽底以下 1.5m 处。当井内已有填土但不密实，且挖出困难时，可在部分拆除后的砖石井圈上加钢筋混凝土板封口，上面用素土或灰土回填夯实至槽底。

（4）土井、砖井已淤填，但不密实

若遇土井、砖井已淤填，但密实度达不到设计要求时，可用大石块将下面挤密再用前述方法回填。如井内不能夯实，而上部荷载又较大，可在井内设灰土挤密桩或石灰桩。如土井在大体积混凝土基础下，可在井圈上加钢筋混凝土盖板封口，上部再用素土或灰土回填密实，要求盖板到基底的高差大于井的直径。

6.1.4 局部软硬地基

（1）基础下局部遇基岩、旧墙基、大孤石、老灰土或地下构筑物

由于局部地基坚硬，沉降量减少，易造成基础的不均匀沉降，为此，应尽可能地挖去局部硬物，减少建筑物不均匀沉降。但若坚硬地基范围较大，也可将坚硬地基部分凿去 300～500mm 深，再回填砂土作褥垫，以调整地基变形。

（2）基础一部分落至基岩或硬土层上，一部分落于软土层上，基岩表面坡度较大

这种情况的处理如图 6-4 所示。

在软土层上采用现场钻孔灌注桩至基岩；或在软土部位作混凝土或砌块石支承墙至基岩；或将基础下基岩凿去 300～500mm 深，填以中粗砂或土砂混合物作软性褥垫；或采用加强基础和上部结构的刚度，来克服软硬地基的不均匀变形。

（3）基础落于厚度不一的软土层上，下部有坡度较大的岩层

这种情况的处理方法是：当基岩表面坡度较大，可在软土层部位采用钻孔钢筋混凝土灌注短桩直至基岩；或在基础板底下做砂石垫层处理，使应

力扩散；也可采用调整基础的底宽和埋深的方法，使其下部土层基本一致；若建筑平面尺寸较大且复杂时，应考虑设置沉降缝将基础和上部结构分成若干个沉降相同的单元。

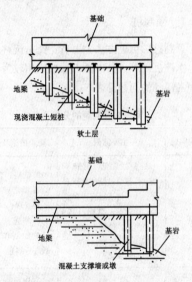

图 6-4　基础下软硬地基，基岩
表面坡度较大

6.2 桩基工程

常用桩基础的材料为钢筋混凝土，按其施工方法主要分为预制桩和灌注桩两大类。

6.2.1 预制桩

预制桩的沉桩方法主要有：锤击沉桩、静力压桩、水冲沉桩等，其中锤击沉桩应用较为广泛，施工中常遇到的问题见表 6-1。

沉桩常遇问题的分析及处理　　　表 6-1

常遇问题	主要原因	防止措施及处理方法
桩头打坏	桩头强度低，配筋不当，保护层过厚，桩顶不平；锤与桩不垂直，有偏心；锤击过轻；落锤过高，锤击过久，使桩头受冲击力不均匀，桩帽顶板变形大，凹凸不平	加桩垫，楔平桩头；低锤慢击或垂直度纠正等处理；严格按质量标准进行桩的制作，桩帽变形进行纠正
桩身扭转或位移	桩尖不对称，桩身不正直	可用棍撬慢锤低击纠正；偏差不大，可不处理

常遇问题	主要原因	防止措施及处理方法
桩身倾斜或位移	桩尖不正，桩头不平；遇横向障碍物压边，土层有陡的倾斜角；桩帽与桩身不在同一直线上，桩距太近，邻桩打桩土体挤压	偏差过大，应拔出移位再打或作补桩；入土不深（<1m）偏差不大时，可用木架顶正，再慢锤打入纠正；障碍物不深时，可挖除回填后再打或作补桩处理
桩身破裂	桩质量不符合设计要求，遇硬土层时硬性施打	加钢夹箍用螺栓拧紧后焊固补强。如符合贯入度要求，可不处理
桩涌起	遇流砂或较软土层或饱和淤泥层	将浮起量大的重新打入，经静载荷试验，不符合要求的进行复打或重打
桩急剧下沉	遇软土层、土洞；接头破裂或桩尖劈裂；桩身弯曲或有严重的横向裂缝，落锤过高，接桩不垂直	将桩拔起检查改正重打，或在靠近原桩位补桩处理；加强沉桩前的检查，不符合要求及时更换或处理

常遇问题	主要原因	防止措施及处理方法
桩不易沉入或达不到设计标高	遇旧埋设物，坚硬土夹层或砂夹层，打桩间隙时间过长，摩阻力增大，定错桩位	遇障碍物或硬土层，用钻孔机钻透后再打入，或边射水边打入；根据地质资料正确选择桩长
桩身跳动，桩锤回弹	桩尖遇树根或坚硬土层，桩身弯曲，接桩过长；落锤过高	检查原因，采取措施穿过或避开障碍物；如入土不深应拔起避开或换桩重打
接桩处松脱开裂	连接处表面清理不干净，有杂质、油污；连接铁件不平或法兰平面不平，有较大间隙，造成焊接不牢或螺栓拧不紧，硫磺胶泥配比不当，未按操作规程熬制，接桩处有曲折	接桩表面杂质，油污清除干净，连接铁件不符合要求的经修正后再用，两节桩应在同一直线上，焊接或螺栓拧紧后锤击几下检查合格再施打；硫磺胶泥严格按操作规程操作，配合比应先经试验确定

6.2.2 灌注桩

灌注桩的成孔方法主要有：钻孔灌注桩（干作业成孔灌注桩、泥浆护壁成孔灌注桩）、套管成孔灌注桩、人工挖孔灌注桩以及爆扩成孔灌注桩等。

6.2.2.1 泥浆护壁成孔灌注桩

（1）护筒冒水

护筒外壁冒水，会造成护筒倾斜和位移，桩孔偏斜，甚至无法施工。冒水原因一般是埋设护筒时周围填土不密实，或者由于起落钻头时碰动了护筒。处理方法是，如发现护筒冒水初期，可用黏土在护筒四周填实加固；如护筒有严重下沉或位移，则应返工重埋。

（2）孔壁坍塌

在钻孔过程中，如发现排出的泥浆中不断出气泡，有时护筒内的水位突然下降，这都是塌孔的迹象。其原因是土质松散、泥浆护壁不好、护筒水位不高等因素造成的。处理办法是，如在钻孔过程中出现缩颈、塌孔，应保持孔内水位，并加大泥浆比重，以稳定孔壁。如缩颈、塌孔严重，或泥浆突然漏失，应立即回填黏土，待孔壁稳定后再进行钻孔。

（3）钻孔偏斜

造成钻孔偏斜的原因是钻杆不垂直、钻头导向部分太短、导向性差，土质软硬不一，或遇上孤石等。处理办法是减慢钻速，并提起钻头，上下反复扫钻几次，以便削去硬层，转入正常钻孔状态。如离孔口不深处遇孤石，可用炸药炸除。

6.2.2.2 套管成孔灌注桩

（1）断桩

断桩一般常见于地面以下 1～3m 的不同软硬土层交接处。其裂痕呈水平或略倾斜状态，一般都贯通整个截面。造成断桩的原因是：桩距过小受邻桩施打时挤压影响；桩身混凝土不够；软硬土层间传递水平力不同，对桩产生剪应力。处理办法：将断的桩段拔去，将孔清理后，略增大面积或加上铁箍连接，再重新浇筑混凝土补做桩身；施工时控制桩距不小于3.5倍桩径；或采用跳打法减少对邻桩影响。

（2）瓶颈桩（缩颈）

瓶颈桩常发生在饱和的淤泥或淤泥质软土地基中。其表现为桩在某部分桩径缩小，截面不符合要求。造成瓶颈桩的原因是：地下水压力（孔隙水压）大于混凝土自重而产生。处理办法：进行复打处理。在施工中应保持混凝土在管中有足够高度，以增加混凝土的扩散压力。

（3）吊脚桩

吊脚桩是桩底部混凝土隔空，或混凝土中混进泥砂而形成松软层。造成吊脚桩的原因是：桩靴强度不够，沉管时被破坏变形，水或泥砂进入套管；或活瓣未及时打开，混凝土未能充盈桩尖。处理办法：将套管拔出纠正桩靴或用砂回填桩孔后重新沉管。施工中应注意增加第一次混凝土的灌注量，以保证混凝土有足够的压力压开活瓣式桩靴。

（4）桩靴进水进泥

桩靴进水进泥常发生在地下水位高、饱和淤泥或粉砂土层中。造成的原因是：桩靴活瓣闭合不严、预制桩靴被打坏或活瓣变形。处理方法：拔出桩管，清除泥砂，整修桩靴活瓣，用砂回填后重打。地下水位高时，可待桩管沉至地下水位时，先灌入 0.5m 厚的水泥砂浆作封底，再灌 1m 高混凝土增压，然后再继续沉管。

（5）有隔层

灌注桩的隔层主要以地下水为主。造成的原因是：钢套管的管径较小；混凝土骨料粒径过大、和易性差；拔管速度过快。处理方法：施工时严格控制混凝土的坍落度 ≥ 50 ~ 70mm，骨料粒径

≤30mm；拔管速度在淤泥中≤0.8m/min，拔管时宜密振慢拔。

6.3 砌筑工程

砌体工程出现质量缺陷，主要原因，一是材料达不到质量要求，二是大部分为手工操作，人的因素（不符合工艺操作规程）对砌体结构质量影响很大。

6.3.1 砌筑砂浆的原因

6.3.1.1 砂浆强度不稳定

砂浆强度不稳定，是指砌筑砂浆强度低于设计要求。

（1）主要原因

1）砂浆的单位水泥用量存在差异，形成砂浆的离散性大，没有采用重量比，在配制中往往凭经验，忽视了砂的含水率的变化；

2）运输过程中，泌水使砂浆降低了保水性、和易性，在砌筑时，因失水过多不能保证水泥正常水化；

3）为了使水泥混合砂浆有和易性，无机掺合料（石灰膏、黏土膏、粉煤灰等）超过规定用量，水泥砂浆掺微沫剂过量或微沫剂质量不好，降低了砂浆强度；

4）砂浆试块的制作和强度的取值，没有执行规范的统一标准。

（2）防治措施

1）在配制砂浆时，配合比的确定，应根据施工现场的材质先进行试配，采用重量比，注意砂的含水率变化。施工配合比一般应高于设计配合比的15%。

2）夏季炎热干燥，为了确保砂浆的保水性、和易性，在砂浆中应掺入塑化剂，随拌随用。气温连续5d低于5℃时，砂浆水泥宜选用普通硅酸盐水泥，砂应加温到40℃，水可加温（不超过80℃），砂浆强度宜提高一级，并适量掺入防冻剂。

3）无机掺合料（湿料），计量困难，应以标准稠度（120mm）为准，计量误差控制在±5%以内。

4）试块的制作、养护和抗压强度的取值，应严格按规范规定执行。

6.3.1.2　砂浆和易性差

砂浆和易性差，一般是指铺浆不易铺匀，流动性差。

（1）主要原因

1）砂浆配比时水泥量不够，或砂过细，增加砂间摩擦阻力，使胶结材料降低了悬浮支托作用，砂沉淀，砂浆表面泛水。

2）人工搅拌不均匀，或机械搅拌时间太短，拌好的砂浆存放时间过久。

（2）防治措施

1）采用低强度砂浆宜采用混合砂浆，禁忌用高强度等级水泥与过细的砂配制砂浆，采用低强度水泥砂浆，可适量掺入微沫剂或粉煤灰（粉煤灰的掺量控制在水泥用量的 5%～10%）；

2）砌筑砂浆应采用机械搅拌，从投料起，搅拌时间应符合下列规定：

水泥砂浆和水泥混合砂浆不得少于 2min；

水泥粉煤灰砂浆和掺用外加剂的砂浆不得少于 3min；

掺用有机塑化剂的砂浆应为 3～5min。

3）砂浆应随拌随用，水泥砂浆和水泥混合砂浆应分别在 3h 和 4h 内用完，当施工期间温度超过 30℃时，应分别在拌成后 2h 和 3h 内使用完毕（对掺用缓凝剂的砂浆，使用时间可根据具体情况适当延长）。

6.3.2 砌体结构施工违反操作规程

(1) 砌体组砌混乱

砌体结构组砌混乱，如出现多层砖上下通缝，包心砌法，里外砖互不咬合，采用大量半砖、七分砖等。

为防止砌体组砌混乱，在砌体砌筑时，应根据砌体断面和实际使用情况预先确定砌体组砌方式，砌体组砌必须满足上下错缝、内外搭接的质量要求，搭接长度不少于1/4砖长，如采用一顺一丁和梅花丁等组砌方式。

(2) 水平砂浆层不饱满

如水平灰缝砂浆饱满度低于80%，竖缝无砂浆等现象。为此施工时应优先采用"三一"砌筑法，不宜采用摊尺铺灰法或摆砖砌法。严禁用干砖砌筑，确保砂浆和易性。

(3) 墙体接槎不严

如砌筑时随意留槎、留阴槎，槎口部位用砖填砌，槎口处砂浆不严，灰缝不顺直等。

防治措施是在安排施工组织设计时应对施工留槎作统一考虑。外墙大角做同步砌筑不留槎，或在一步架留槎处第二步改为同步砌筑。如必须留槎时应按规范要求留设斜槎或直槎。

（4）墙面水平灰缝不直，游丁走缝以及标高误差形成"罗丝"墙

应在砌墙前测定所砌部位基面的标高，并用砂浆找平后再行砌筑；做好摆底（摆底时应将窗口位置列出，使墙的竖缝与窗口边相齐，使窗间墙处的上下竖缝不错缝）；对现场用砖的尺寸进行实测，画好皮数杆；每步架校正一次垂直度，调整灰缝厚度和墙体标高；砌砖时应注重"三皮一吊、五皮一靠"，并注意丁砖中线与下层条砖中线重合。

6.3.3 环境因素影响

环境因素影响，对砌体结构来说，主要是指砖砌体长期浸水后产生的泛霜现象，含水砖砌体经多次冻融产生的酥松脱皮现象，以及地震作用带来的震害现象等。

（1）泛霜现象

烧结砖中的氧化钙（CaO）和氧化镁（MgO）遇水消解成白霜状散布在砖块的表面，称为泛霜现象。泛霜现象有损墙体外观，但只要不使砖块出现砖粉、掉角、脱皮现象，就对砖的强度和耐久性影响不大，也就对砌体强度和耐久性影响不大。

为防止泛霜现象，施工中应对烧结砖进行泛霜试验，以确定烧结砖的泛霜程度。对于重要的砌体结构不得采用泛霜试验不合格的砖；对于一般砌体结构中有可能浸水的部位，不得采用严重泛霜的砖。

(2) 冻融

在北方寒冷地区，许多砌体房屋使用若干年后，发生砖块酥松脱皮现象，使砖表面坑洼不平，使砌体内部结构松软，它不但影响着建筑物的外形美观，也降低了砖砌体的强度和砖构件的承载力。砖砌体酥松脱皮的原因，是砖块内含有大量水分，经过多次冬季冻融，使其内部结构遭到破坏。

对已出现酥松脱皮的砖砌体，首先要分析其原因，采取相应措施防止继续浸水、遭冻，然后根据不同的严重程度加以处理：

1) 对酥松脱皮不严重且对结构强度和稳定性影响不大的部位，可采取表面修补法，即将酥松部分剔除，清洗干净，浇水湿润，用 1:3 水泥砂浆修补。

2) 对酥松脱皮严重且对结构强度和稳定性影响较大的部位，应采取局部拆除重砌法加固。即在不影响周围结构砌体的情况下，将酥松砌体拆除，再用原强度等级的砖和高一强度等级的砂浆重新砌筑。

6.4 钢筋混凝土工程

钢筋混凝土结构及其构件是房屋的主要承载系统，其质量将直接影响房屋的安全使用和耐久性，因此，应从设计、施工、材料等各方面控制其质量。

对于混凝土而言，在拆除模板后其表面常会出现麻面、掉角、蜂窝、露筋、孔洞和裂缝等质量缺陷，应分析造成这些质量缺陷的原因，防止以后再发生类似现象，并应根据具体情况进行修补。

6.4.1 麻面

麻面是指混凝土表面缺浆、起砂、掉皮的缺陷。表现为构件外表呈现质地疏松的凹点，其面积不大（≤0.5m²）、深度不深（≤5mm），且无钢筋裸露现象。这种缺陷一般是由于模板润湿不够、支模不严，振捣时发生漏浆或振捣不足，气泡未排出以及振捣后没有很好养护而产生。

麻面虽对构件承载力无大影响，但由于表面不平，在凹凸处容易发生各种物理化学作用，从而破坏构件表皮，影响结构的外观和耐久性。

麻面的处理可用钢丝刷将表面疏松处刷净，用清水冲洗，充分湿润后用水泥浆或1：2水泥砂浆抹平。修补后按一般结构面层做法进行装饰。

6.4.2 掉角

掉角是指梁、柱、墙、板和孔洞处直角边上的混凝土局部残损掉落。产生掉角的原因有：

（1）混凝土浇筑前模板未充分湿润，造成棱角处混凝土失水或水化不充分，强度降低，拆模时棱角受损；

（2）拆模或抽芯过早，混凝土尚未建立足够强度，致使棱角受损；

（3）起吊、运输时对构件保护不好，造成边角部分局部脱落、劈裂受损等。

掉角较小时，可将该处用钢丝刷刷净，用清水冲洗，充分湿润后用1：2水泥砂浆抹补整齐。掉角较大时，可将不实的混凝土和突出的骨料颗粒凿除，用水冲洗干净，充分湿润后支模，用比原强度等级高一级的细石混凝土补好，认真加以养护。

6.4.3 蜂窝

蜂窝有表面的、深进的和贯通的三种，也常遇到水平的、倾斜的、斜交的单独蜂窝和相连的蜂窝群。其表现为局部表面酥松，无水泥浆，粗骨料外露，深度大于5mm（小于混凝土保护层厚），石子间存在小于最大石子粒径的空隙，呈蜂窝状。有蜂窝处混凝土的强度较低。

蜂窝一般出现在钢筋密集处或混凝土难以捣实的部位。通常由下列原因造成：

（1）混凝土在浇筑时振捣不实，尤其是没有逐层振捣；

（2）混凝土在倾倒入模时，因下落高度太大而分层；

（3）采用干硬性混凝土，或施工时混凝土材料配合比控制不严，尤其是水灰比太低；

（4）模板不严密，浇筑混凝土后出现漏浆现象，水泥浆流失；

（5）混凝土在运输过程中已有离析现象。

蜂窝形状决定着蜂窝的具体补强方案。例如对柱内贯通的蜂窝进行补强时，要从各个侧面按预先设计的步骤凿去疏松的混凝土，填补新的混凝土，避免在填补过程中发生不利于柱原受力状态的破坏，补强用混凝土应比原构件混凝土的强度等级高一级。当蜂窝的清理工作会引起构件承载力减弱时，可在构件外做好钢夹板，随后通过事先装置好通往蜂窝深处的灌注管进行压力灌浆，使构件内外都得到补强。

6.4.4 露筋

露筋是指拆模后钢筋暴露在混凝土外面的现象。其产生原因主要是浇筑时垫块移动，使钢筋紧贴模板，以致保护层厚度不足所造成；有时也因保护层的混凝土振捣不密实或模板湿润不够、吸水过多造成掉角而露筋。

露筋的补强是将外露钢筋上的混凝土残渣和铁锈清理干净，用水冲洗湿润，再用 1：2 水泥砂浆抹压平整；如露筋较深，应将薄弱混凝土剔除，再用高一级强度等级的细石混凝土捣实并妥善养护。

6.4.5 孔洞

由于混凝土浇筑时有一些部位堵塞不通，构件中局部没有混凝土而形成孔洞。孔洞的尺度通常较大，以至于钢筋全部裸露，造成构件内贯通的混凝土断缺，极易使结构发生整体性破坏。

孔洞往往在结构构件的下列部位出现：

（1）有较密的双向配筋的钢筋混凝土板或薄壁

构件中；

（2）梁下部有较密的纵向受拉钢筋处或梁的支座处；

（3）正交梁的连接处或梁与柱的连接处，钢筋较密时；

（4）钢筋混凝土墙与钢筋混凝土底板的连接处；

（5）钢筋混凝土构件中的预埋件附近。

孔洞的补强工作比蜂窝简单一些，可用混凝土进行一次性的补强，也可分几次进行补强。首先清除孔洞周围所有疏松的旧混凝土，并进行冲洗，充分湿润至少24h。补强混凝土通常用比旧混凝土高一强度等级的细石混凝土，水灰比控制在0.5以内，一般应掺入适量的膨胀剂。灌注混凝土时，应仔细捣实和养护。其模板应适应孔洞的具体条件做成带托盒的悬挂式模板。托盒要高出混凝土浇筑处的水平面，以形成灌注液压，使孔洞得以全部填实。

6.5 防水工程

6.5.1 常见屋面渗漏防治方法

造成屋面渗漏的原因是多方面的，包括设计、施工、材料质量、维修管理等。要提高屋面防水工程的质量，应以材料为基础，以设计为前提，以施工为关键，并加强维护，对屋面工程进行综合治理。

6.5.1.1 屋面渗漏的原因

（1）山墙、女儿墙和突出屋面的烟囱等墙体与防水层相交部位渗漏雨水

其原因是节点做法过于简单，垂直面卷材与屋面卷材没有很好地分层搭接，或卷材收口处开裂，在冬季不断冻结，夏季炎热熔化，使开口增大，并延伸至屋面基层，造成漏水。此外，由于卷材转角处未做成圆弧形、钝角或角太小，女儿墙压顶砂浆强度等级低，滴水线未做或没有做好等原因，也会造成渗漏。

（2）天沟漏水

其原因是天沟长度大，纵向坡度小，雨水口少，雨水斗四周卷材粘贴不严，排水不畅等造成漏水。

（3）屋面变形缝（伸缩缝、沉降缝）处漏水

其原因是处理不当，如薄钢板凸棱安反，薄钢板安装不牢，泛水坡度不当等造成漏水。

（4）挑檐、檐口处漏水

其原因是檐口砂浆未压住卷材，封口处卷材张口，檐口砂浆开裂，下口滴水线未做好而造成漏水。

（5）雨水口处漏水

其原因是雨水口处水斗安装过高，泛水坡度不够，使雨水沿雨水斗外侧流入室内而造成渗漏。

（6）厕所、厨房的通气管根部处漏水

其原因是防水层未盖严，或包管高度不够，在油毡上口未缠麻丝或钢丝，油毡没有做压毡保护层，使雨水沿出气管进入室内造成渗漏。

（7）大面积漏水

其原因是屋面防水层找坡不够，表面凹凸不平，造成屋面积水而渗漏。

6.5.1.2 屋面渗漏的预防及治理办法

女儿墙压顶开裂时，可铲除开裂压顶的砂浆，重抹 1:2～2.5 水泥砂浆，并做好滴水线，有条件者可换成预制钢筋混凝土压顶板。突出屋面的烟囱、山墙、管根等与屋面交接处、转角处做成钝角，垂直面与屋面的卷材应分层搭接。对已漏水的部位，可将转角渗漏处的卷材割开，并分层将旧卷材烤干剥离，清除原有沥青胶，按图 6-5、图 6-6 处理。

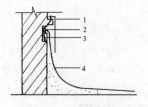

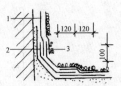

图 6-5　女儿墙镀锌薄
钢板泛水

1—镀锌薄钢板泛水；

2—水泥砂浆堵缝；

3—预埋木砖；4—防水卷材

图 6-6　转角渗漏处
卷材处理

1—原有卷材；

2—干铺一层新卷材；

3—新附加卷材

雨水口漏雨渗水，将雨水斗四周卷材铲除，检查短管是否紧贴基层板面或铁水盘。如短管浮搁在找平层上，则将找平层凿掉，清除后安装好短管，再用搭槎法重做三毡四油防水层，然后进行雨水斗附近卷材的收口和包贴，如图 6-7 所示。

如用铸铁弯头代替雨水斗时，则需将弯头凿开取出，清理干净后安装弯头，再铺卷材一层，其伸入弯头内应大于 50mm，最后做防水层至弯头内并与弯头端部搭接顺畅、抹压密实。

对于大面积渗漏屋面，针对不同原因可采用不同方法处理。一般有以下两种方法：

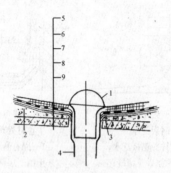

图 6-7 雨水口漏水处理

1—雨水罩；2—轻质混凝土；3—雨水斗紧贴基层；

4—短管；5—沥青胶或油膏灌缝；

6—三毡四油防水层；7—附加一层卷材；

8—附加一层再生胶卷材；9—水泥砂浆找平层

第一种方法，是将原豆石保护层清扫一遍，去掉松动的浮石，抹20mm厚水泥砂浆找平层，然后做一布三油乳化沥青（或氯丁胶乳沥青）防水层和黄砂（或粗砂）保护层。

第二种方法，是按上述方法将基层处理好后，将一布三油改为二毡三油防水层，再做豆石保护层。第一层油毡应干铺于找平层上，只在四周女儿墙和通风道处卷起，与基层粘贴。

6.5.2 地下防水工程渗漏及防治方法

地下防水工程，常常由于设计考虑不周，选材不当或施工质量差而造成渗漏，直接影响生产和使用。渗漏水易发生的部位主要在施工缝、蜂窝麻面、裂缝、变形缝及穿墙管道等处。渗漏水的形式主要有孔洞漏水、裂缝漏水、防水面渗水或是上述几种渗漏水的综合。因此，堵漏前必须先查明其原因，确定其位置，弄清水压大小，然后根据不同情况采取不同的防治措施。

6.5.2.1 渗漏部位及原因

（1）防水混凝土结构渗漏的部位及原因

由于模板表面粗糙或清理不干净，模板浇水湿润不够，隔离剂涂刷不均匀，接缝不严，振捣混凝土不密实等原因，致使混凝土出现蜂窝、孔洞、麻面而引起渗漏。墙板和底板及墙板与墙板间的施工缝处理不当而造成地下水沿施工缝渗入。由于混凝土中砂石含泥量大，养护不及时等，产生干缩和温度裂缝而造成渗漏。混凝土内的预埋件及管道穿墙处未做认真处理致使地下水渗入。

（2）卷材防水层渗漏部位及原因

由于保护墙和地下工程主体结构沉降不同，致使粘在保护墙上的防水卷材被撕裂而造成漏水。卷材的搭接接头宽度不够，搭接不严，结构转角处卷材铺贴不严实，后浇或后砌结构时卷材被破坏，或由于卷材韧性较差，结构不均匀沉降而造成卷材被破坏，也会产生渗漏。另外，管道处的卷材与管道粘结不严，出现张口翘边现象而引起渗漏。

（3）变形缝处渗漏原因

止水带固定方法不当，埋设位置不准确或在浇筑混凝土时被挤动，止水带两翼的混凝土包裹不严，特别是底板止水带下面的混凝土振捣不实；钢筋过密，浇筑混凝土时下料和振捣不当，造成止水带周围骨料集中、混凝土离析，产生蜂窝、麻面；混凝土分层浇筑前，止水带周围的木屑杂物等未清理干净，混凝土中形成薄弱的夹层，均会造成渗漏。

6.5.2.2 堵漏技术

堵漏技术就是根据地下防水工程特点，针对不同程度的渗漏水情况，选择相应的防水材料和堵漏方法，进行防水结构渗漏水处理。在拟定处理渗漏水措施时，应本着将大漏变小漏、片漏变孔漏、线漏变点漏，使漏水部位汇集于一点或数点，最后堵塞的方法进行。

对防水混凝土工程的修补堵漏，通常采用的方法是用促凝剂和水泥拌制而成的快凝水泥胶浆，进行快速堵漏或大面积修补。近年来，采用膨胀水泥（或掺膨胀剂）作为防水修补材料，其抗渗堵漏效果更好。对混凝土的微小裂缝，则采用化学灌浆堵漏技术。

（1）快硬性水泥胶浆堵漏法

堵漏材料主要采用促凝剂和快凝水泥胶浆。

促凝剂是以水玻璃为主，并与硫酸铜、重铬酸钾及水配制而成。配制时按配合比先把定量的水加热至100℃，然后将硫酸铜和重铬酸钾倒入水中，继续加热并不断搅拌至完全溶解后，冷却至30～40℃，再将此溶液倒入称量好的水玻璃液体中，搅拌均匀，静置0.5h后就可使用。

快凝水泥胶浆的配合比是水泥:促凝剂为1:0.5～0.6。由于这种胶浆凝固快（一般1min左右就凝固），使用时，注意随拌随用。

地下防水工程的渗漏水情况比较复杂，堵漏的方法也较多。因此，在选用时要因地制宜。常用的堵漏方法有堵塞法和抹面法。

堵塞法适用于孔洞漏水或裂缝漏水时的修补处

理。孔洞漏水常用直接堵塞法和下管堵漏法。直接堵塞法适用于水压不大，漏水孔洞较小的情况。操作时，先将漏水孔洞处剔槽，槽壁必须与基面垂直，并用水冲洗干净，随即将配制好的快凝水泥胶浆捻成与槽尺寸相近的锥形团，在胶浆开始凝固时，迅速压入槽内，并挤压密实，保持 30s 左右即可。当水压力较大，漏水孔洞较大时，可采用下管堵漏法，如图 6-8 所示。孔洞堵塞好后，在胶浆表面抹素灰一层，砂浆一层，以作保护。待砂浆有一定的强度后，将胶管拔出，按直接堵塞法将管孔堵塞。最后拆除挡水墙，再做防水层。

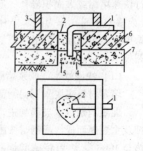

图 6-8　下管堵漏法
1—胶皮管；2—快凝胶浆；
3—挡水墙；4—油毡一层；
5—碎石；6—构筑物；
7—垫层

裂缝漏水的处理方法有裂缝直接堵塞法和下绳堵漏法。裂缝直接堵塞法适用于水压较小的裂缝漏水，操作时，沿裂缝剔成八字形坡的沟槽，冲洗干净后，用快凝水泥胶浆直接堵塞，经检查无渗水，再做保护层和防水层。当水压力较大，裂缝较长时，可采用下绳堵漏法，如图6-9所示。

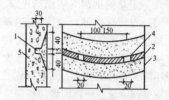

图6-9　下绳堵漏法
1—小绳（导水用）；2—快凝胶浆填缝；
3—砂浆层；4—暂留小孔；5—构筑物

抹面法适用于较大面积的渗水面，一般先降低水压或降低地下水位，将基层处理好，然后用抹面法做刚性防水层修补处理。先在漏水严重处用凿子剔出半贯穿性孔眼，插入胶管将水导出。这样就使"片渗"变为"点漏"，在渗水面做好刚性防水层修补处理。待修补的防水层砂浆凝固后，拔出胶管，再按"孔洞直接堵塞法"将管孔堵填好。

（2）化学灌浆堵漏法

灌浆材料主要包括：氰凝和丙凝。

氰凝的主体成分是以多异氰酸酯与含羟基的化合物（聚酯、聚醚）制成的预聚体。使用前，在预聚体内掺入一定量的副剂（表面活性剂、乳化剂、增塑剂、溶剂与催化剂等），搅拌均匀即配制成氰凝浆液。氰凝浆液不遇水不发生化学反应，稳定性好；当浆液灌入漏水部位后，立即与水发生化学反应，生成不溶于水的凝胶体；同时释放二氧化碳气体，使浆液发泡膨胀，向四周渗透扩散直至反应结束。

丙凝由双组分（甲溶液和乙溶液）组成。甲溶液是丙烯酰胺和 N，N'-甲撑双丙烯酰胺及 β－二甲铵基丙腈的混合溶液。乙溶液是过硫酸铵的水溶液。两者混合后很快形成不溶于水的高分子硬性凝胶，这种凝胶可以密封结构裂缝，从而达到堵漏的目的。

灌浆堵漏施工，可分为对混凝土表面处理、布置灌浆孔、埋设灌浆嘴、封闭漏水部位、压水试验、灌浆、封孔等工序。灌浆孔的间距一般为 1m 左右，并要交错布置，灌浆结束，待浆液固结后，拔出灌浆嘴并用水泥砂浆封固灌浆孔。

6.6 建筑装饰装修工程

6.6.1 抹灰工程

抹灰工程中常见的缺陷有：空鼓裂缝、雨水倒流、外墙面雨水污染和墙面爆灰等。

（1）空鼓裂缝

内墙、外墙和顶棚的抹灰都有可能产生空鼓和裂缝。砖墙和混凝土基体上抹灰后过一段时间，在门窗框与墙面交接处，木基体与砖石、混凝土基体相交处，基体平整偏差较大的部位，以及墙裙、踢脚板上口等处出现空鼓裂缝。混凝土现浇楼板板底抹灰，往往在顶板四角产生不规则裂缝，中部产生通长裂缝，预制楼板则沿板缝产生纵向裂缝和空鼓现象。

空鼓和裂缝现象产生的主要原因是：①基体清扫不干净，浇水湿润不透；②一次抹灰太厚、抹灰层间间隔时间太短；⑧砂浆失水太快，养护不良；④底层砂浆材质差或配合比不当；⑤大面积的水泥砂浆抹面却没有设置分格缝等等。

对空鼓裂缝事故的处理，主要采用挖补抹灰的方法。其施工步骤是：

1）确定起鼓破损的范围并铲除与基体结合不紧密的抹灰。

2）清理抹灰，铲除部分底层，并在其周围铲口向里倾斜15°左右，目的是使新旧抹灰接槎咬口。当基体为砖砌体时，应刮掉砖灰缝10～20mm深，使新抹灰能嵌入缝内，与砖墙结合牢固。

3）基体表面湿水。用扫帚向基体表面及铲口洒水湿润，洒水应均匀而不宜太多。不得用喷壶喷水，以免过于潮湿而使新底灰与基体结合不牢。

4）抹底层。按原抹灰层的分层厚度分层进行补抹。混凝土基体用1:3水泥砂浆，砖基体用1:3石灰砂浆。抹完第一遍接着抹第二遍。

5）抹罩面层。待第二遍抹灰干到六、七成（一般约为1～4h，因气温和砂浆成分而异），罩面层应与原抹灰面层取平，并在接缝处用排笔刷水压实抹光。

（2）雨水倒流

在阳台、雨篷、窗台等抹灰饰面中，由于结构施工时现浇混凝土或构件安装偏差过大，抹灰不易纠正，或抹灰时未掌握好这些部位的抹灰面的水平倾斜方向，以至于窗台阳台护栏、雨篷顶面的抹灰外高内低，造成雨水倒流入室内或阳台上，甚至引起墙体渗漏。

对阳台护栏，雨篷顶面和窗台面发生的雨水倒流质量事故处理的方法比较简单，可以将抹灰面层铲除重抹，使其坡面向外；也可以用找坡法，即将原抹灰面层清扫干净，后刷一道水泥浆，再抹面层，抹时使里高外低，做成向外坡度即可。

（3）雨水污染外墙面

外墙的水泥砂浆抹面或水刷石、斩假石、干粘石饰面，由于在窗台、雨篷、阳台、压顶、突出腰线等部位没有做好流水坡度或未做滴水槽，则易发生雨水顺墙流淌，污染墙面，有时还造成墙体的渗漏。

雨水污染外墙面的处理方法也很简单，只需将窗台、雨篷、阳台、压顶、突出腰线等应做成滴水槽的部位开凿滴水槽，并进行抹灰处理，或将上述结构下表面做成里高外低的形状即可。

（4）墙面爆灰

由于在墙面抹灰时，采用的灰膏对慢性灰、过火灰颗粒及杂质没有滤净，加之熟化时间不够，未完全熟化的石灰颗粒掺在灰膏内，抹灰后继续热化，体积膨胀，造成抹灰表面炸裂，出现开花和麻点，即称为墙面爆灰。

墙面爆灰需经过 1 个多月甚至更长时间的过程，故须待到掺在灰浆内未完全熟化的石灰颗粒继续熟化膨胀完，墙面确实没有再爆灰的情况时，方可着手处理。处理墙面爆灰的方法，一般是挖去爆灰处松散表面并清扫干净，再用石膏腻子找补刮平，然后涂刷罩面层。

(5) 地面起砂、起壳

水泥砂浆楼地面抹灰起砂的原因有：①水泥过期、受潮、结硬；②砂过细或含泥量过大；③砂浆水灰比过大或过小，搅拌不匀；④最后一遍压光过早或过迟；⑤养护不好；⑥过早脱水受冻；⑦过早有人走动。

起壳的原因有：①水泥过期、受潮、结硬；②砂过细或含泥量过大；③砂浆水灰比过大或过小，搅拌不匀；④结构变形引起的裂缝；⑤基体表面光滑粘结不好，或有垃圾杂物未清除，扫浆不匀，有积水；⑥抹压次数过多，水泥浆挤出面层。

处理方法：可采取空鼓裂缝的处理方法，挖补抹灰。

6.6.2 饰面工程常见缺陷及处理

饰面工程中常见的缺陷有：贴面空鼓、裂缝、掉块；镶面裂缝、碰损、掉块；接缝不平、缝宽不匀；表面污染等。

（1）贴面空鼓、裂缝、掉块

在贴面施工中，由于块材浸泡和晾干的时间不够，基体表面不清洁或过于光滑；粘贴砂浆配合比不准，稠度控制不好；砂中含泥量过大或在同一施工面上采用几种不同配合比砂浆等等，都可能产生贴面的空鼓。由于基体的强度低或饰面板本身的缺陷产生应力集中，外力超过软弱处的强度时，引起面层板材开裂。如果块材自重大，粘结层与底层灰之间，底层灰与基体表面之间产生较大的剪应力而导致贴面板材掉块。

对产生空鼓的贴面，应取下贴面块材铲去一部分原有粘贴砂浆，采用掺水泥重量3%的108胶水泥砂浆粘贴修补。

对产生裂缝的块材饰面，应先清理裂缝，用水冲洗干净裂缝残渣并让其自然风干，然后采用108胶和水泥浆掺色修补。色浆的颜色应尽量做到与修补的块材表面一致。

对粘贴面层掉块，若掉块后仍能找到掉块的原饰面板材则可重复使用进行修补；若掉块遗失，则用颜色尽可能一致的新块材替换修补。不需替换修补的块材宜采用环氧树脂钢螺栓锚固法进行固定。这样固定修补后的饰面牢固，表面不易破坏，而且施工方法简便，省工省料。这种修补具体施工步骤如下：

1）钻孔　对需要固定修补的块材用电钻钻 $\phi10$ 孔，孔深至基体 30mm，再在钻孔口处用 $\phi12$ 钻头在块材面层上钻入 5mm 深。钻孔时钻头向下成 15°倾角，以防止灌浆后环氧树脂从孔内外流出。

2）除灰　钻孔后，用压力为 $0.6N/mm^2$ 的压缩空气清除孔洞内灰尘。除灰空气嘴头应插到孔底，使灰尘随压缩空气全部由孔洞中溢出。

3）配制环氧树脂水泥浆　先按一定比例将固化剂、稀释剂与环氧树脂搅拌均匀，再按比例加入水泥搅匀，然后倒入密闭容器内待用。

4）灌浆　采用最大压力为 $0.4N/mm^2$ 的压力枪灌注环氧树脂水泥浆。灌浆时，为了使孔内树脂浆饱满，枪头应深入孔底，灌注时慢慢向外退出。

5）放置螺栓　将螺栓表面涂一层环氧树脂浆，再慢慢转入孔内。为避免环氧树脂水泥浆流出弄脏块材表面，放入螺栓后可暂用石灰膏堵塞洞口，待环氧树脂水泥浆固化后再将堵口清除干净。对残留在块材表面的树脂浆，应用丙酮或二甲苯及时擦洗干净。

6）封口　在环氧树脂水泥浆灌入 2～3d 后，孔洞可用掺 108 胶白水泥浆掺色封口。色浆的颜色应尽量做到与修补的块材面层接近。

（2）镶面的裂缝、碰损

由于块材镶面时，上、下块间空隙较小，当结构受压变形时，镶面块材受到垂直方向的压力；或由于块材安装不严密，侵蚀性气体和湿空气（或水）透入板缝，使钢筋网和挂钩等连接件锈蚀，产生膨胀后给块材一种向外推力等，使镶面块材产生裂缝。

由于块材在搬运过程中或镶好后保护不善，使块材遭到碰撞受损。

镶面块材的裂缝，严重者应予更换，损害轻微的，可用水泥胶浆掺色修补，色浆的颜色应尽量做到与被修补的块材表面接近。

受到碰损的镶面块材，宜用环氧树脂修补缺棱掉角。修补前，先将粘贴面清洗干净；干燥后，在两个粘贴面上均涂上 0.5mm 厚的环氧树脂再粘贴，经养护 3d 后即可。

（3）镶面掉块

镶面掉块与粘贴面掉块的原因较相似。由于雨水的侵入，腐蚀了板块与墙面钢筋网的金属连接件，同时还由于外部的振动，使镶面块材松动甚至有掉块的危险。

镶面掉块的处理方法同贴面起鼓掉块。一般掉块可用环氧树脂和螺栓锚固；较严重者，则采取部分拆除重新镶贴的方法。具体施工方法和步骤同贴面块材掉块处理。

（4）外观色彩不匀，表面不净

外观色彩不匀，主要是块材产品质量问题。在铺设以前应先进行试摆。发现有差错，立即纠正。表面不净，一是由于原块材中的残品，应在试摆后剔除；二是由于吸水率大，杂质渗入；三是由于砂浆坠落。防治表面污染措施是避免日晒雨淋；如有污染，可用草酸或用 10% 的稀盐酸溶液刷洗，再用清水冲洗，擦干上蜡。

6.6.3 油漆工程常见缺陷及处理

在油漆工程中，由于受施工环境、气候、油漆质量及操作技术等因素的影响，会产生各种质量缺陷。常见的油漆工程质量缺陷有：油漆流坠、漆膜粗糙、漆膜咬底、失光或倒光、漆膜脱落等。

（1）油漆流坠

在垂直物体的表面或线角的凹槽处，油漆产生流淌。较轻的形成泪痕状像一串珠子，严重的如帐幕下垂，形成突出油漆面的倒影山峰状态。用手摸明显地感到流坠处的漆膜比其他部分凸出。

形成油漆流坠的原因很多，其主要的成因有：

1）收刷不及时　泪痕状流坠常出现在边缘棱角处与合页连接处，因刷涂或喷涂后，未及时将余漆收刷干净，流到漆面上形成泪痕状。

2）油漆刷得过厚或油漆太稀　油漆刷得过厚，油漆的聚合与氧化作用未完成前，由于油漆自重造成流坠，油漆中加稀释剂过多，降低了油漆正常的施工黏度，使油漆不能附着漆物表面，造成流淌下坠。

3）刷子太小或太大或刷毛太软　涂刷油漆的刷子太小、太大或刷毛太长、太软，均易造成油漆涂刷厚薄不均，在较厚处则容易引起自然流坠。

4）油漆干性慢　由于施工环境温度过低、湿度过大，或漆质干性较慢，在漆膜缓慢形成的过程中，油漆自垂也易形成流坠。

5）喷枪操作不规范　喷涂油漆时，选用喷嘴孔径太大，喷枪距离漆物表面太近或距离不能保持一致；喷漆的气压太小或太大，都容易造成漆膜不均匀而自然下垂。

6）油漆黏度太大　涂刷油漆时，由于油漆黏度太大而流平性能差，形成漆膜厚薄不均。

以上的 6 种情况是造成油漆垂幕状流坠的主要原因。

对油漆泪痕状流坠的处理，一般是在流痕未干时，即用刷子或手指轻轻地将痕道压平。如果流挂已经干燥，可用小刀将泪痕轻轻刮平，或用砂纸将痕道打磨平整，再用原品种油漆罩面。

对垂幕状流坠的处理，则需要按不同的情况采用不同的办法。

对酚醛、酯胶、钙酯漆类油漆形成的流挂，可立即用干净的漆刷蘸松节油将流挂部位刷一次，使流挂重新溶解，然后用漆刷用力将垂幕推开刷平。如果流挂已干燥，可用刮刀刮平后再刷漆。

对喷漆产生的流挂，可用同类溶剂将垂幕部位擦掉，然后再重新喷涂。对已经干燥的喷涂漆膜流挂，可用粗水砂纸将流挂磨平（不要把底磨穿），然后补刷同种漆 1～2 次。

（2）漆膜粗糙

涂饰在物体上的油漆干燥后，漆膜中出现较多的小颗粒，使其表面粗糙。这不但影响美观，而且还会引起粗粒凸出，使部分漆膜提前损坏。

以下情况均能引起漆膜粗糙：

1）油漆本身的填料、颜料研磨未达到规定的细度；

2）油漆变质或基料与溶剂不相匹配；

3）油漆施工现场不清洁，烟尘、风沙洒落在尚未干燥的油漆表面；

4）喷涂时，喷枪与物面相距太远，漆中溶剂挥发太快，使漆液失去流动性。

对粗糙漆膜的处理首先要清理粗糙的表面。漆膜出现颗粒后，通常应先等漆膜干透后用细水砂纸蘸温肥皂水将颗粒磨平，抹干水分，擦净灰尘。清理好表面后，如果原为喷涂漆面，可用同类漆再喷涂一遍；如果原为刷涂漆面，可用同种漆再涂刷一遍；如果原为硝基漆面，可用棉纱团蘸已稀释的硝基漆擦几次，再打蜡进行抛光处理。

（3）漆膜咬底

在涂刷完面漆的短时间内，由于面漆溶剂把底漆膜软化，影响底漆与基层的附着力，使底漆的膜自动膨胀、移位、收缩、发皱、鼓起，甚至脱皮，缩短使用寿命。

在施工过程中由于底漆未干即过早涂刷面漆且

底漆和面漆又不匹配，或者涂刷面漆时操作不迅速，反复涂刷次数太多，或者使用虫胶漆或硝基清漆等涂刷面层等等，均可能产生咬底现象。

如果咬底后出现皱皮、起泡，轻者可采用局部修补，即用水砂纸磨平后重刷油漆；重者应全部铲除漆膜后，重新涂刷油漆。

（4）失光或倒光

有光漆成膜后表面色泽暗淡无光称为失光。若漆膜干燥后，表面先有光泽而后变得无光泽或有一层白雾状物凝聚在漆膜上（有时呈蓝色光彩），或表面浑浊或呈半透明牛乳色等，这种现象称之为倒光。此弊端常在涂漆后立即产生或几小时后出现。

引起失光和倒光的原因大致相同，主要有：

1）被涂刷的表面粗糙或多孔眼；

2）虫胶漆和硝基漆涂刷的遍数过少；

3）漆料中混入了煤油或柴油，或稀释剂用量过多（超过10%）；

4）漆料中含颜料过多而又搅拌不匀；

5）几种不同性质的油漆混合涂刷；

6）施工现场有尘埃或漆膜干燥时遭暴晒；

7）底漆及腻子未干就刷面漆。

对漆膜失光或倒光的处理，一般应在漆膜完全干燥后重刷。重刷时亦应注意造成失光或倒光的原因，防止继续造成失光或倒光。

(5) 漆膜脱落

漆膜干透后，发生局部或全都与物体表面脱落的现象称为漆膜脱皮或脱落。

若被涂刷的物体表面不清洁，如有油污、水分、氧化层等，或被涂表面过于光滑均可产生脱皮现象。被涂表面的处理不当或漆质不良（内含松香或稀释剂过多），或先后两层涂漆之间有油污，或底漆未干透等也可能产生脱皮。

对局部的漆膜脱落，应局部铲除重刷。若大面积或全部脱皮，则应全部铲除后重新涂刷油漆。

6.6.4 刷浆工程常见缺陷及处理

一般的刷浆饰面，如用石灰浆、大白浆、可赛银浆等粉刷室内墙面、顶棚，在当今的永久性工程中已很少采用，讨论其质量缺陷及处理方法意义不大。这里主要讨论用有机或无机高分子涂料涂刷内墙墙面、顶棚、外墙墙面等所形成的涂料饰面。这类涂料饰面工程中常见的质量缺陷有裂缝、起鼓、剥离和老化等。

(1) 涂料饰面的裂缝

由于涂料配方中干燥剂用量过多，涂层太厚，基体的膨胀和收缩以及涂膜的硬度大于基体等原因，都会引起涂料饰面的裂缝。

裂缝较宽时，可注入环氧树脂修补。若因裂缝引起剥离趋势时，应铲除涂层后在基体表面披刮腻子进行平整，并重新涂饰涂料面层。

(2) 涂料饰面的起鼓

由于基体的水分蒸发，在水蒸气压力下涂膜面层起鼓；或由于涂膜中的溶剂挥发时所产生的气体压力使得面层起鼓；或涂膜面层不致密和基体表面开裂浸透水分后，涂膜中的可溶物质溶解，在其压力下面层起鼓。

对发生起鼓的涂料饰面，在起鼓部位用针将每个气泡挑破，放出气体，然后再涂饰面层涂料；或铲除起鼓部分，用干布擦净后再重新进行涂刷。

(3) 涂料饰面的剥离

由于涂料本身的附着力差，或基体表面与涂膜间有水分、油、灰尘等，或基体材料的锈蚀，或起鼓现象的发展等等，均可引起涂料饰面的剥离。

产生剥离现象的涂料饰面，一般只能铲除旧涂膜及脆弱部分，适当进行基体表面平整后再重新进行涂刷。

（4）涂料饰面的老化

涂料饰面的老化是一常见的弊病。视其严重的程度一般可分为轻度、中度、重度三类。轻度老化的涂料面层有些粉化、变色和褪色，表面光泽降低及黏附污染物等；中度老化引起质量下降，涂料层上多数可见表面开裂、膨胀鼓出，有时有小量剥离和露出骨料，表面逐渐变脆并开始脱落；重度老化引起质量明显下降，饰面老化裂缝可深达基体表面，出现明显的部分剥离，骨料及脆弱部分多处可见，水泥浮浆皮多见，附着强度下降，露出基体。

对涂料饰面老化的处理，应视其严重程度不同而分别对待。对轻度老化者，应将表面污染物用水冲洗除去，待干后在上面重新涂刷面层；如老化程度更轻者，仅需更新面层。对中度老化者，应将老化部用高压水冲洗干净，或先将其铲除后再冲洗其表面，保存较完好的基体和涂层。将铲除部分表面用聚合物水泥砂浆修补平整，然后用与旧涂膜相同的涂料或可以结合的其他涂料更新涂饰。对重度老化者，应将旧涂料全部用高压水冲洗或用人工或用机械剔凿后，再清洗表面，待干后全部用聚合物水泥浆或水泥砂浆找平后，做新涂饰层。

6.6.5 裱糊工程常见缺陷及处理

在裱糊工程施工时，由于对基体表面处理不当，或受施工环境、施工水平的影响，常造成裱糊不垂直、离缝或亏纸、花色不对称、翘边、空鼓等质量事故。

（1）裱糊不垂直

裱糊不垂直的现象主要有：相邻两张壁纸的接缝不垂直，阴阳角处壁纸不垂直，或者壁纸的接缝虽垂直，但花纹不与纸边平行，造成花饰不垂直。

引起裱糊不垂直的主要原因是：在粘贴第一张壁纸时未做垂线，或操作中掌握不准确，依次裱糊多张壁纸后，偏离越来越严重，造成花饰不垂直；墙壁的阴阳角抹灰垂直偏差较大，造成壁纸裱糊不平整，也影响壁纸接缝和花纹的垂直；壁纸选用不严格，花饰与纸边不平行且未经处理就裱糊，也将造成裱糊的不垂直。

对裱糊不垂直处理时，一般将垂直度偏差较大的已贴壁纸撕掉，把基体表面处理平整后，再严格按照壁纸粘贴施工工艺重新进行粘贴。

（2）离缝或亏纸

相邻壁纸间的连接缝隙超过允许范围称为离缝；

壁纸的上口与挂镜线（无挂镜线时，为弹出的水平线），下口与踢脚线连接不严，显露基底称为亏纸。

造成离缝或亏纸的主要原因是：粘贴时未连接准确就压实，或虽连接准确，但在粘贴时赶压底层胶液推力过大而使壁纸伸张，在干燥过程中产生回缩造成离缝或亏纸现象；裁割壁纸时尺寸丈量不准确或对粘贴过程中壁纸的胀亏估计不准确，也会造成壁纸裱糊后的离缝或亏纸。

对离缝或亏纸，轻微的可用同墙纸颜色相同的乳胶漆点描在缝隙内，漆膜干燥后即可掩盖缺陷。对较严重的部分，可用相同的墙纸补贴或撕掉重贴。重贴时应注意严格按有关工艺标准，否则将重新造成原有的事故。

（3）花色不对称

粘贴的壁纸图案整体不连续或不对称的现象称为花色不对称。

造成花色不对称的主要原因是：裁割墙纸时未区别有花饰墙纸和无花饰墙纸的特点；粘贴时未仔细区别同一张墙纸上的正花与反花、阴花与阳花，均能造成相邻墙纸的花饰不同，使整体效果不流畅；对裱糊墙纸的房间未进行调查研究，将造成门窗两边及室内对称的柱或两面对称的墙上粘贴的墙纸图案不对称。

对花色、图案明显不对称的墙纸饰面，应将裱贴的墙纸全部铲除干净，修补好基体后重新裱贴。重新裱贴时应严格遵循有关施工工艺，以避免又造成花色不对称的质量事故。

(4) 翘边

壁纸边沿脱胶离开基体而卷翘起来的现象称为翘边。

造成翘边的主要原因是：裱糊壁纸的基体表面不清洁，或基体表面粗糙、干燥、潮湿，均能引起胶液与基体表面粘结不牢，从而使纸边翘起；胶粘剂的粘结力不强或阳角处包过阳角的壁纸少于20mm，也容易引起翘边。

处理翘边的方法视其产生的原因不同而异。若由基体表面不清洁引起，应待清理好基体表面后再补刷胶液粘牢。若由胶粘剂粘结力差引起，则应换成粘结力强的胶粘剂粘贴，若墙纸翘边已坚硬，则除了用较强的胶粘剂粘贴外，还应设法加压，待粘贴平整牢固后，才能去掉压力。

(5) 空鼓

壁纸表面出现小块凸起，用手按压时，有弹性和与基体表面附着不实的感觉，敲击时有鼓音的现象叫壁纸空鼓。

引起壁纸空鼓的原因主要有：

1）粘贴壁纸时，赶压不得当，往返挤压胶液次数过多，使胶液干结失去粘结作用；或赶压力量太小，多余的胶液未能挤出，存留在壁纸内长期不能干结而形成胶囊状，或未将壁纸内部的空气赶出而形成气泡；

2）基体表面或壁纸底面，抹刷胶液厚薄不匀或漏刷；

3）基体表面潮湿，含水率超过8%以上或表面不清洁；

4）由于石膏板、白灰等基体强度不够，加之对其表面缺陷未处理好就进行粘贴。

对壁纸空鼓现象的处理一般采用鼓包注胶法，即对由于基体含有潮气或空气造成的空鼓先用刀子割开壁纸，将潮气或空气排净，待基体完全干燥后，再用医用注射器将胶液打入鼓包内压实，使之粘贴牢固。也可用电熨斗加热加压使胶液干结，但必须控制好温度，防止损坏壁纸面层。对壁纸内部含有胶液过多的情况，可先用医用注射器穿透壁纸抽出多余胶液，然后再压实即可。

参 考 文 献

[1] 中国建筑学会建筑统筹管理分会. 工程网络计划技术规程. 北京：中国建筑工业出版社，2000.

[2] 张华明，杨正凯. 建筑施工组织. 北京：中国电力出版社，2007.

[3] 中国建设监理协会. 建设工程质量控制. 北京：中国建筑工业出版社，2003.

[4] 北京土木建筑学会. 建筑工程施工组织设计与施工方案. 北京：经济科学出版社，2005.

[5] 全国建筑业企业项目经理培训教材编写委员会. 施工组织设计与进度管理. 修订版. 北京：中国建筑工业出版社，2001.

[6] 中国建设监理协会. 建设工程合同管理. 北京：知识产权出版社，2007.

[7] 成虎. 工程合同管理. 北京：中国建筑工业出版社，2005.

[8] 何佰洲. 工程合同法律制度. 北京：中国建筑工业出版社，2003.

[9] 赵志缙，庄惠清. 建筑施工. 上海：同济大学出版社，2007.

[10] 郭立民，方承训. 建筑施工. 北京：中国建筑工业

出版社，2006.

[11] 《实用建筑施工手册》编写组．实用建筑施工手册
2 版．北京：中国建筑工业出版社，2005.

[12] 江正荣．实用高层建筑施工手册．北京：中国建筑
工业出版社，2005.